Studienskripten zur Soziologie

20 E.K.Scheuch/Th.Kutsch, Grundbegriffe der Soziologie
    Grundlegung und Elementare Phänomene
    2. Auflage. Vergriffen

22 H. Benninghaus, Deskriptive Statistik
    (Statistik für Soziologen, Bd. 1)
    5. Auflage. 280 Seiten. DM 19,80

23 H. Sahner, Schließende Statistik
    (Statistik für Soziologen, Bd. 2)
    2. Auflage. 188 Seiten. DM 15,80

24 G. Arminger, Faktorenanalyse
    (Statistik für Soziologen, Bd. 3)
    198 Seiten. DM 17,80

25 H. Renn, Nichtparametrische Statistik
    (Statistik für Soziologen, Bd. 4)
    138 Seiten. DM 15,80

26 K. Allerbeck, Datenverarbeitung in der empirischen Sozialforschung
    Eine Einführung für Nichtprogrammierer
    187 Seiten. DM 10,80

27 W.Bungard/H.E.Lück, Forschungsartefakte
    und nicht-reaktive Meßverfahren
    181 Seiten. DM 16,80

28 H. Esser/K. Klenovits/H. Zehnpfennig,
    Wissenschaftstheorie 1 Grundlagen
    und Analytische Wissenschaftstheorie
    285 Seiten. DM 20,80

29 H. Esser/K. Klenovits/H. Zehnpfennig,
    Wissenschaftstheorie 2 Funktionsanalyse
    und hermeneutisch-dialektische Ansätze
    261 Seiten. DM 19,80

30 H. v. Alemann, Der Forschungsprozeß
    Eine Einführung in die Praxis der empirischen Sozialforschung
    351 Seiten. DM 20,80

31 E. Erbslöh, Interview (Techniken der Datensammlung, Bd. 1)
    119 Seiten. DM 15,80

32 K.-W. Grümer, Beobachtung (Techniken der Datensammlung, Bd. 2)
    290 Seiten. DM 20,80

35 M. Küchler, Multivariate Analyseverfahren
    262 Seiten. DM 19,80

36 D. Urban, Regressionstheorie und Regressionstechnik
    245 Seiten. DM 18,80

37 E. Zimmermann, Das Experiment in den Sozialwissenschaften
    308 Seiten. DM 20,80

38 F. Böltken, Auswahlverfahren, Eine Einführung für Sozialwissenschaftler
    407 Seiten. DM 21,80

39 H. J. Hummell, Probleme der Mehrebenenanalyse
    160 Seiten. DM 16,80

Fortsetzung auf der 3. Umschlagseite

Zu diesem Buch

Empirische Sozialforschung ist ohne den
Einsatz elektronischer Datenverarbeitung
undenkbar geworden. Dies heißt nicht, daß
der Forscher zugleich Programmierer sein
muß. Fertigprogramme erleichtern die
Eingabe, Aufbereitung und insbesondere
auch die statistische Auswertung aller
in der Sozialforschung üblicherweise
anfallenden Daten.

Das ohne Zweifel am weitesten verbreitete
Programm-Paket ist SPSS-X. Jeder Empiriker
kennt es. Jedes Programm wird an diesem
Standard gemessen. Jeder an empirischer
Sozialforschung interessierte Student muß
den Umgang mit diesem Programm erlernen.

Dieses Buch ist eine Einführung in das
Programmsystem SPSS-X und vermittelt zugleich Grundkenntnisse der elektronischen
Datenverarbeitung. Im Vordergrund stehen
die Anwendungsmöglichkeiten von SPSS-X
für die speziellen Probleme des Sozial-
wissenschaftlers, der Umfragedaten auf-
bereiten und analysieren will.

Studienskripten zur Soziologie

Herausgeber: Prof. Dr. Erwin K. Scheuch
           Prof. Dr. Heinz Sahner

Teubner Studienskripten zur Soziologie sind als in sich
abgeschlossene Bausteine für das Grund- und Hauptstudium
konzipiert. Sie umfassen sowohl Bände zu den Methoden der
empirischen Sozialforschung, Darstellung der Grundlagen
der Soziologie, als auch Arbeiten zu sogenannten Binde-
strich-Soziologien, in denen verschiedene theoretische
Ansätze, die Entwicklung eines Themas und wichtige empirische Studien und Ergebnisse dargestellt und diskutiert
werden. Diese Studienskripten sind in erster Linie für
Anfangssemester gedacht, sollen aber auch dem Examens-
kandidaten und dem Praktiker eine rasch zugängliche In-
formationsquelle sein.

Datenverarbeitung in den Sozialwissenschaften

Eine anwendungsorientierte Einführung
in das Programm-System SPSS-X

Von Prof. Gerhard Hofmann, Ph.D.
Universität Frankfurt am Main

B. G. Teubner Stuttgart 1988

Prof. Gerhard Hofmann, Ph.D.

1944 geboren in Vandsburg (Polen). 1964 bis 1966 Studium
der Soziologie an der Universität Frankfurt am Main. 1966
bis 1972 Studium in den USA am Bowdoin College und der
Purdue University. 1972 bis 1973 Research Associate an der
Purdue University; 1973 Promotion an der Purdue University.
1973 bis 1975 Senior Staff Sociologist und Coordinator
of Data Processing am Gary Income Maintenance Experiment,
Indiana University North-West. Seit 1975 Professor für
Methoden der empirischen Sozialforschung an der Universität Frankfurt am Main.

CIP-Titelaufnahme der Deutschen Bibliothek

Hofmann, Gerhard:
Datenverarbeitung in den Sozialwissenschaften : e.
anwendungsorientierte Einf. in d. Programm-System SPSS-X /
von Gerhard Hofmann. - Stuttgart : Teubner, 1988
  (Teubner-Studienskripten ; 130 : Studienskripten zur Soziologie)
  ISBN 978-3-519-00130-0   ISBN 978-3-322-93053-8 (eBook)
  DOI 10.1007/978-3-322-93053-8
NE: GT

Gesamtherstellung: Druckhaus Beltz, Hemsbach/Bergstraße
Umschlaggestaltung: M. Koch, Reutlingen

Vorwort

Das vorliegende Buch wendet sich an Studenten der Sozialwissenschaften, die im Rahmen ihrer methodologischen Grund-
ausbildung an einem "Empirie-Praktikum" teilnehmen und zum
ersten Mal vor dem Problem stehen, Daten in einen Computer
einzugeben, sie aufzubereiten und zu analysieren. Dies ist
heute viel leichter — dank der in den letzten zwanzig Jahren
vor allem in Amerika entwickelten "Programmpakete", einem
integrierten Bündel von Fertigprogrammen zur Verwaltung von
Dateien und für statistische Analysen.

Das hier vorgestellte Programmpaket SPSS-X hat hierzu einen
wesentlichen Beitrag geleistet und hat sicherlich auch aus
diesem Grund in den Sozialwissenschaften seine Marktführung
gegen viele Konkurrenten behauptet: es ist selbst in der
Bundesrepublik an jeder Universität zugänglich. Es gibt kaum
einen "Empiriker", der damit nicht vertraut ist.

Die Erfahrung zeigt jedoch, daß es nicht ausreicht, Anfän-
gern ein entsprechendes Handbuch (z.B. Schubö und Uehlinger,
1984) oder gar das voluminöse, englische SPSS-X "Manual"
(SPSS Inc., 1983) in die Hand zu drücken. So gut und notwendig diese auch sein mögen, sie setzen im Grunde schon EDV-
Kenntnisse voraus und sind daher eher als Nachschlagwerke geeignet. Der Anfänger wird durch die Fülle der Programm-
Möglichkeiten überwältigt, zumal er davon zunächst nur einen
kleinen Teil davon benötigt. Wichtiger ist, daß er davon
richtig Gebrauch macht. Danach ist es nicht schwer, sich auch
allein weiterzubilden.

Eine Voraussetzung ist natürlich, daß er mittlerweile die
englischen Fachausdrücke kennt, die in handelsüblichen Wör-
terbüchern kaum zu finden sind. Deshalb habe ich bei der Einführung wichtiger Begriffe zugleich den entsprechenden englischen Terminus in den Text aufgenommen. Kaum jemand wird
sich diese aber unauslöschlich dem Gedächnis einverleiben.
Deshalb wurden die englischen Fachausdrücke auch in das Sach-
register aufgenommen, so daß man auch später ihre Bedeutung
ermitteln kann.

Dieses Buch ist auch so konzipiert, daß zumindest etwas Licht
auf den Kontext fällt, in dem ein Programmsystem wie SPSS-X
arbeitet, und auf die Voraussetzungen und Anwendungsmöglichkeiten in der empirischen Sozialforschung.

Aus diesem Grund wurde der Kern der Einführung in das Programmsystem SPSS-X (Kapitel 4-11) ergänzt durch weitere Kapitel über den Aufbau und die Funktionsweise des Computers
(Kapitel 2), die notwendigen Vorbereitungen für den Einsatz
von EDV (Kapitel 3) und einige andere Anwendungsprobleme wie
Datensäuberung, Indexkonstruktion, fehlende Beobachtungswerte und die Dokumentation aller Arbeitsschritte (Kap. 12).

Unter der Annahme, daß der an SPSS-X interessierte Leser bereits Grundkenntnisse in Statistik besitzt, wurde auf eine weitergehende Exposition der verschiedenen Verfahren verzichtet und die Darstellung der einzelnen Analyseprozeduren recht knapp gehalten. Sollten die Statistik-Kenntnisse für einzelne Prozeduren nicht ausreichen, empfiehlt sich eine parallele Lektüre allgemeiner Lehrbücher wie z.B. Bortz (1979), Wallis und Roberts (1969) oder Yamane (1976) bzw. thematisch eingeschränkte Einführungen wie Benninghaus (1974), Sahner (1971), Küchler (1979) oder Urban (1982).

Danken möchte ich an dieser Stelle Heinz Sahner, Manfred Glang und Thomas Krickhahn für Ihre große Mühe bei der Korrektur der Endfassung und auch Frau Annemarie Rose, die mit sehr viel Geduld das Manuskript angefertigt hat. Für alle noch verbliebenen Fehler bin jedoch nur ich verantwortlich.

Frankfurt (Main), im Januar 1988   G. Hofmann

INHALT

KAPITEL 1

EINFÜHRUNG

Schon Kinder wissen: der Computer ist ein interessantes Spielzeug. Die Großen tun sich schwerer. Ihnen scheint er bedrohlich, sie weichen ihm aus. Steckt er nicht voller hintergründiger Logik? Wen der Computer nicht schreckt, den schrecken die Experten: moderne Hexenmeister, geheimnisvolle Drahtzieher. Horrorvisionen von der totalen Kontrolle und Manipulierbarkeit des Menschen steigen auf. Ein "alternatives" Utopia?

Die Kleinen stört das nicht: sie spielen mit Hingabe und Ausdauer, aus Freude am Spaß. Doch wissen sie nicht, daß man mit diesem Instrument nicht nur spielerisch experimentieren, sondern auch ernsthaft arbeiten kann. Man kann sich insbesondere in der Forschung viel Arbeit abnehmen lassen und Fragen nachgehen, die ohne diese Hilfe praktisch nicht zu untersuchen wären. Darin liegt die eigentliche Herausforderung des Computers. Der für den Computer-Einsatz notwendige Lernaufwand ist erstaunlich gering. Während bis in die sechziger Jahre der Forscher auch Programmierer sein mußte, stehen ihm heute Fertigprogramme zur Verfügung, mit denen prinzipiell jeder in kurzer Zeit höchst aufwendige Datenmanipulationen oder statistische Berechnungen durchführen kann.

Keine Angst also vor dem Computer! Und keine Angst vor den Experten, die mit dem erhobenen Zeigefinger vor Mißbräuchen warnen und drohen, wenn man "zu viel" Rechenzeit verbraucht, "zu viel" Papier bedruckt oder Dinge berechnet, mit denen später nicht viel anzufangen ist. Wir werden freveln! Wer lernen will, muß experimentieren und riskieren, in den Augen der Experten sündig zu werden. Zu viele Verbotsschilder sind für den Anfänger schädlich. Er wird selbst schrittweise erkennen, wie Problemstellungen mit den verfügbaren Mitteln zweckmäßiger zu lösen sind. Der Computer überlebt unsere Fehler allemal. Dennoch gilt, was immer der Computer produziert: nicht er ist für das Ergebnis verantwortlich, sondern der Benutzer. Die Technik versagt nur selten. Fast immer liegt der Fehler in den Programmanweisungen. Selbst wenn alles scheinbar problemlos "gelaufen" ist, können die Ergebnisse unsinnig oder irreführend sein, weil möglicherweise notwendige Spezifizierungen oder Transformationen unterlassen wurden.

Die Gefahr einer Fehlanwendung läßt sich am Beispiel der Faktorenanalyse illustrieren. Ihre Ergebnisse werden manchmal so präsentiert, als habe der Computer die wahren, in der Realität vorfindbaren Faktoren entdeckt. Dabei vergißt man, daß auch bei diesem Verfahren eine Reihe von Entscheidungen möglich sind: wie und wieviele Faktoren aus den jeweiligen Daten extrahiert werden, welche Rotation vorzunehmen ist und vieles andere. Auch wenn sich der Forscher an vorgegebenen, "üblichen Konventionen" orientiert, muß er den ausgeführten Analyseweg begründen. Aus dieser Verantwortung wird er prinzipiell nicht entlassen.

Wir sehen also: der Computer kann uns das Denken nicht abnehmen. Das Gegenteil ist richtiger. Dies beginnt etwa damit, daß wir schon zu Beginn eines Forschungsprojekts überlegen müssen, ob der Computereinsatz für diese Arbeit sinnvoll ist, welche Vorbereitungen dafür notwendig sind, wie die Eingabe und Aufbereitung der Daten erfolgen soll und welche Analysestrategie geplant ist. Diese Anforderungen stehen in klarem Widerspruch zu der menschlichen Neigung, kniffligen Entscheidungen aus dem Weg zu gehen oder sie zumindest hinauszuschieben. Wir alle halten uns gern ein paar Hintertürchen offen.

In manchen Situationen ist dies weise, etwa wenn wir über den Untersuchungsgegenstand wenig wissen und wir uns nicht die Möglchkeit nehmen wollen, unerwartete Zwischenergebnisse zu verfolgen. Bei dieser Sachlage sollte aber ein entsprechendes

Forschungsdesign gewählt werden, bei dem der Einsatz eines
Computers nicht notwendig ist.

Zumindest für den Einsatz des hier besprochenen Programmsystems *SPSS* ("Statistical Package for the Social Sciences")
gilt als Faustregel, daß wir über mehr als 1oo *Untersuchungseinheiten* bzw. *Fälle ("cases")* verfügen, daß für sie im wesentlichen die gleichen *Merkmale ("Variablen")* erhoben und die zur
Analyse herangezogenen Informationen vorzugsweise numerisch
verschlüsselt wurden. Im Zweifelsfall sollte man schon bei der
Planung eines Forschungsprojekts einen in Fragen der elektronischen Verarbeitung sozialwissenschaftlicher Daten bewander-
ten Berater hinzuziehen. Nichts ist gefährlicher, als mit
einem Stoß ausgefüllter Fragebögen unter dem Arm im Rechenzentrum oder bei einem Methoden-Spezialisten aufzukreuzen in
der Hoffnung, daß man ihm dann schon irgendwie weiterhelfen
werde. Zu oft stellt sich heraus, daß hinter "rein technischen"
Schwierigkeiten gravierende konzeptionelle Probleme verborgen
sind. Im günstigsten Fall zeigt sich, wieviel Arbeit unnötig
war.

Auf konzeptionelle Probleme oder Fragen eines angemessenen
Forschungsdesigns können wir hier natürlich nicht eingehen.
Dafür sind Methoden-Lehrbücher[1] sowie die thematisch einschlä-
gige Forschungsliteratur zu Rate zu ziehen. Wir konzentrieren
uns stattdessen auf die eher praktischen Probleme des For-
schungsalltags. Wir gehen davon aus, daß die Probleme der
Formulierung eines Forschungsproblems, der Operationalisierung zentraler Begriffe, der Stichprobenziehung usw. "gelöst"
sind und daß es im wesentlichen nur noch darum geht, effiziente Techniken für die Aufbereitung und Analyse der Daten
einzusetzen. Daß man diese Arbeit im Prinzip auch "per Hand"

---

1) Z.B. Babbie, 1979; Bortz, 1984; Friedrichs, 198o; König,
   1973; Mayntz, Holm, Hübner, 1972; Moser und Kalton, 1979;
   Roth, 1984.

mit Papier und Bleistift erledigen kann, steht außer Frage;
nur würde dies unangemessen viel Zeit in Anspruch nehmen.
Deswegen wollen wir möglichst viele Arbeiten dem Computer
übertragen. Dazu ist es notwendig, daß wir mit den Grund-
zügen seiner Funktionsweise vertraut sind.

KAPITEL 2

AUFBAU UND FUNKTIONSWEISE DES COMPUTERS

In futuristischen Filmen werden Computern oft übermenschliche,
fast magische Fähigkeiten zugeschrieben. Und nicht nur dort.
Die Werbung attestiert schon Micro-Computern phantastische
Qualitäten. "Freund-Apple", die Maschine mit dem "human touch",
kann sich mit uns angeblich in leichtem Konversationsstil un-
terhalten. Weil sie über ein umfangreiches Wissen verfügt,ana-
lysiert sie selbständig locker formulierte Probleme, zeigt
Entscheidungsalternativen auf und wünscht uns auch noch viel
Spaß vor der Urlaubsreise. Schön wär's. Tatsächlich kann der
Computer nichts von alldem; er funktioniert ganz anders. Er
kann nicht agieren, sondern nur reagieren. Jedes Problem muß
man zunächst selbst durchdenken und evtl. in Teilschritte zerlegen. Erst dann können wir ihm eine der Lösung unseres Pro-
blems angemessene Serie von "Befehlen" erteilen. Diese Arbeitsanweisungen erfolgen in einer künstlichen Sprache, deren
Grammatik *(Syntax)* und Vokabular von jedem Benutzer erlernt
werden muß.

Mit einer solchen *Programmsprache* setzen wir komplexe Schalt-
anweisungen in Gang, die zunächst unsere Eingaben *(Quellenprogramm* bzw. *"source deck")* in die *Maschinensprache ("object-
deck")* umwandeln: der Eingabetext wird zu einer fast endlos
langen Kette von *"Bits"* umgewandelt. Ein Bit ist die kleinste
Informationseinheit des Computers und kann unterschiedlich repräsentiert werden: durch elektromagnetische Zustände wie
"Strom fließt" oder "fließt nicht", "Strom fließt in der einen
Richtung oder der anderen", durch Lochungen auf Karten oder
Papierstreifen, durch Magnetisierung oder Nichtmagnetisierung
von Kunststoffbändern oder -platten. Welche technische Reali-
sierung auch gewählt wird: es gibt nur zwei Zustände, und jede
Information, jeder Befehl muß letztlich durch eine Reihe von
"Bits" repräsentiert werden, die jeweils den einen oder ande-

ren Zustand anzeigen. Dies ist gemeint, wenn man von einer
Umwandlung in das *Binärsystem* spricht.

Wir können den zwei möglichen Zuständen die Symbole "+" bzw.
"-" zuordnen, gewöhnlich verwendet man aber die Zahlen 0 und 1,
weil so der Bezug zum *Dualsystem* deutlich wird. Im Prinzip
kann jede Zahl durch eine beliebige Kombination von "+" und
"-" repräsentiert werden; für spätere arithmetische Operationen ist das Dualsystem jedoch einfacher. Die folgende Tabelle
zeigt, welche Dualzahlen den Dezimalzahlen 0 bis 10 entsprechen.

Tabelle 2.1   Dezimal - und Dualzahlen von 0 bis 10

Dezimal- zahl	Dualzahl			
	2^3	2^2	2^1	2^0
0	0	0	0	0
1	0	0	0	1
2	0	0	1	0
3	0	0	1	1
4	0	1	0	0
5	0	1	0	1
6	0	1	1	0
7	0	1	1	1
8	1	0	0	0
9	1	0	0	1
10	1	0	1	0

In diesem Dualsystem entspricht die Zahl 2 also einer 2^1
= 1o ,   die 3 einer $2^1 + 2^0$ = 11, die 4 einer 2^2 = 100 usw.

Wenn wir jeder Zahl eine Taste zuweisen, die über Drähte mit
vier Lampen verbunden sind, so können wir diese Anlage so
konstruieren, daß beim Drücken eines Knopfes mit dem Symbol
"2" von vier Glühbirnen nur die dritte brennt, entsprechend
unserer Kodierung 0010 im Dualsystem, bei dem Knopf "3" die

dritte <u>und</u> vierte Birne usw. Die Umwandlung von Buchstaben
oder Sonderzeichen erfolgt entsprechend. Abbildung 2.1 zeigt
eine Schalteranordnung, mit der die Zahlen 1 bis 9 in Dualzahlen umgewandelt werden. Die fett gedruckten, unterbroche-
nen Linien symbolisieren, wie der Strom bei der Umwandlung
der Zahl 5 fließt.

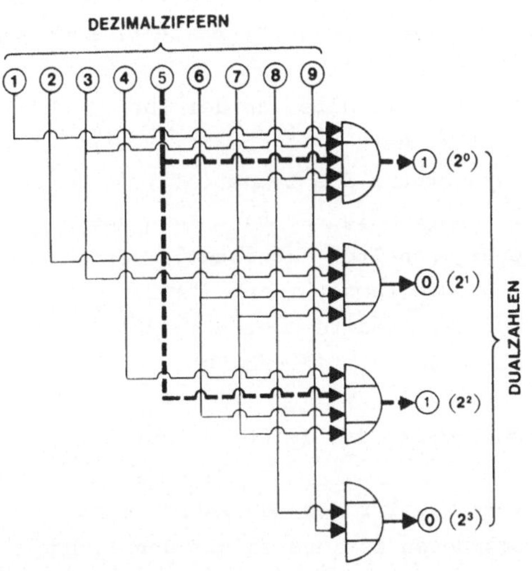

Abb. 2.1   Schalteranordnung für die Umwandlung
            der Dezimalzahl 5 in die Dualzahl 0101

Für solche Umwandlungen benötigen wir nur eine Reihe von UND-
Schaltungen: eine 5 wird dadurch dargestellt, daß Strom durch
die Schalter 2^0 <u>und</u> 2^2 fließt. Ähnliche Schalteranordnungen
kennen wir aus dem Alltag. Betrachten wir zunächst eine Steh-
lampe:

> *Wenn* der Stecker in der Steckdose sitzt ("1")
> *UND* die Zugschaltung betätigt wird ("1"),
> *dann* brennt die Lampe ("1").
> Ist eine der beiden Voraussetzungen nicht

gegeben (bei "0" und "1" bzw. "1" und "0"),
brennt die Lampe nicht ("0").

Daneben verwendet der Computer noch ODER- und NICHT-Schaltungen, welche der Darstellung anderer, logischer Beziehungen dienen. Auch diese Schaltungen sind uns im Prinzip aus dem Alltag bekannt. Im Schlafzimmer oder Korridor finden wir oft eine ODER-Schaltanordnung in der Form von Wechselschaltern und entsprechender "Verdrahtung". Es zeigt sich sodann:

Wenn der Schalter an der Tür ("1")
ODER am Bett ("1") betätigt wird,
dann brennt die Lampe ("1").
Der notwendige Kontakt kann über
<u>einen</u> Schalter hergestellt werden,
d.h. die Lampe brennt ("1") sowohl
bei der Schalteranordnung "0" und "1"
als auch bei "1" und "0".

Der Kühlschrank liefert das dritte Beispiel:

Wenn die Tür des Kühlschranks geschlossen ist und so auf den Lichtschalter drückt, *dann* brennt die Lampe im Inneren *NICHT*.

Diese Schaltungen sind die zentralen Elemente zur Darstellung und Lösung höchst komplexer, logischer und mathematischer Relationen. Schon unser einfaches Beispiel der Umwandlung einer Dezimalzahl macht deutlich, daß ein entsprechender "Befehl" (Druck auf die Taste "5") nur Strom durch bestimmte Drähte leitet und bestimmte Schaltungen aktiviert. Nur so "versteht" der Computer Befehle, nur so "führt er sie aus".

Um die Umwandlung der Eingabebefehle bzw. des *Quellenprogramms* in die Maschinensprache braucht sich der Benutzer nicht zu

kümmern. Die Entwickler der verschiedenen Programmiersprachen
haben für alle Operationselemente Maschineninstruktionen definiert, welche diese im Grunde repetitiven Umwandlungen automatisch vornehmen. Diese Instruktionen - in ihrer Gesamtheit
auch *Compiler* bzw. *Umwandler* genannt - werden neben anderen
Programmen im Computer in komplexeren Schaltkreisen gespeichert, die im Prinzip nach den obengenannten Schaltbeispielen
aufgebaut sind.

Ohne solche automatisierten Umsetzungsprogramme wäre die Arbeit mit dem Computer für den Benutzer zu aufwendig. Sie sind
Voraussetzung für die Entwicklung sogenannter "problemorien-
tierter" Sprachen wie FORTRAN, ALGOL, COBOL oder PL1. Diese
Sprachen gestatten es dem Benutzer, sich darauf zu konzentrieren, ein bestimmtes Datenverarbeitungsproblem mit Hilfe
einer <u>begrenzten</u> Anzahl von Befehlen in einzelne Schritte zu
zerlegen, die dann vom Computer automatisch weiterverarbeitet
werden können. Auch komplexere Problemstellungen kann man auf
diese Weise in den Griff bekommen.

So wird das Prinzip deutlich: komplexe Sachverhalte "versteht"
der Computer nicht; alles muß in elementare Einzelschritte
zerlegt werden. Dies ist prinzipiell zwar aufwendig, aber
ständig wiederkehrende Arbeitsschritte können automatisiert
werden, wobei der mit "Lichtgeschwindigkeit" diese Teilpro-
bleme bearbeitende Computer schneller zu Gesamtergebnissen
gelangt als der Mensch, der zwar komplexere Sachverhalte be-
greifen, aber nur relativ langsam lösen kann. So lohnt sich
die Mühe des Programmierers letztlich doch, zumindest für
routinemäßig anfallende Probleme oder Arbeitsschritte.

Das Prinzip, die in einer problemorientierten Sprache (wie
FORTRAN) geschriebenen Programme automatisch in die Maschinensprache umzuwandeln, wurde weiterentwickelt, und es entstanden
eine Reihe sogenannter *Fertigprogramme* bzw. *Programmpakete*.
Diese sind, wie SPSS, überwiegend in FORTRAN geschrieben, der

Benutzer braucht aber nur eine weiter vereinfachte *Metasprache*
zu erlernen. Diese Befehle werden vom Programmpaket in FORTRAN-
Befehle umgewandelt und dann, wie üblich, vom Compiler in die
Maschinensprache. So kommt es, daß selbst der Novize in kurzer
Zeit den Computer für statistische Datenanalysen einsetzen
kann. Für die Umwandlung von solchen Befehlen braucht der
Zentralrechner zwar mehr Zeit und Speicherkapazität. Da die
Computer aber immer leistungsfähiger werden und ihre Herstel-
lungskosten gleichwohl noch sinken, wird der Zeitaufwand des
Benutzers zum entscheidenden Kostenfaktor, trotz der bisweilen
nicht unerheblichen Lizenzgebühren für Fertigprogramme.

Selbst wenn sich Anwender im wesentlichen nur mit Programm-
sprachen bzw. Programmpaketen herumschlagen, der sogenannten
"Software", müssen sie dennoch bis zu einem gewissen Grad
mit der apparativen oder maschinentechnischen Ausstattung
einer Datenverarbeitungsanlage vertraut sein, der *"Hardware"*.
Deswegen ist die Kenntnis einiger Grundbegriffe unerläßlich.
Zunächst unterscheiden wir zwischen der *Peripherie* und der
Zentraleinheit. Letztere wird auch als *"central processing
unit" (CPU)* oder *"main frame"* bezeichnet. *Periphere Geräte*
- auch "input/output units" oder kurz *"I/O-Units"* genannt -
dienen sowohl der *Eingabe* als auch der *Ausgabe* von Informationen.

Eingegeben wird zunächst das *Programm*, d.h. alle Anweisungen,
wie bestimmte Daten zu verarbeiten sind. Danach folgen die
zu verarbeitenden *Daten* (Beobachtungswerte, Meßergebnisse).
Oft werden dafür Kartenleser oder Bildschirme eingesetzt,
aber auch andere Geräte können verwendet werden.

Die Ausführung des Programms erfolgt in der Zentraleinheit,
dem Kernstück einer Datenverarbeitungsanlage. Zwischen-
resultate werden im *Massenspeicher* abgelegt und bei Bedarf
von dort abgerufen. Die dafür verwendeten und zur Peripherie
gehörenden Speichergeräte *(Magnetplatten, -trommeln oder*

-*bänder)* sind also kombinierte Ein- und Ausgabegeräte.

Endergebnisse werden von der Zentraleinheit meist an einen
Schnelldrucker oder an einen Bildschirm gelenkt. Werden die
Ergebnisse für die Weiterarbeit wieder gebraucht, wird man
sie *maschinenlesbar* speichern, d.h. die Ausgabe wird zusätzlich auf ein Magnetband (*"tape"*), eine Magnetplatte (*"disc"*)
oder ein anderes geeignetes "Medium" kopiert.

Alle Geräte sind über *Kanäle* mit der Zentraleinheit verbunden.
Sie besteht aus *Steuerwerk*, *Rechenwerk* und *Haupt-*, *Kern-* oder
Arbeitsspeicher. Mittelpunkt der Zentraleinheit ist das Steu-
erwerk. Es besteht aus logischen Verknüpfungselementen (Und-,
Oder-, Nicht-Schaltungen) und ist u.a. für folgende Aufgaben
zuständig:

> Ablaufsteuerung: Befehle werden immer
> sequentiell bearbeitet. Wenn ein Be-
> fehl ausgeführt ist, wählt das Steuer-
> werk den nächsten aus.
>
> Speichersteuerung: Daten oder Zwischen-
> ergebnisse müssen von Eingabe- oder
> Speichergeräten in den Hauptspeicher
> oder vom Hauptspeicher zu Ausgabege-
> räten gesteuert werden.
>
> Zeitsteuerung: alle Arbeiten, die teils
> gleichzeitig, teils hintereinander
> ablaufen, müssen programmgemäß auf-
> einander abgestimmt werden.
>
> Operationssteuerung: alle Programm-
> anweisungen müssen auf korrekte Aus-
> führung hin geprüft werden.

Das Rechenwerk besteht aus logischen Verknüpfungselementen
(Und-, Oder-, Nicht-Schaltungen) und aus *Registern*. Dies sind
Schaltungen, welche zwei stabile Zustände annehmen können,
denen man die Werte "1" oder "O" zuordnet.

Der Hauptspeicher speichert in einem Teil das Programm und
hält die einzelnen Kommandos für den Abruf durch das Steuer-

werk bereit. In einem zweiten, dem Datenbereich, werden die
zu verarbeitenden Daten in Eingabebereiche eingelesen, in Ar-
beitsbereichen zwischengespeichert und an Ausgabebereiche weitergeleitet. Die Zugriffszeit im Kernspeicher ist wesentlich
kürzer als auf anderen Speichereinheiten, allerdings ist seine
Kapazität begrenzt. Deswegen müssen die nicht unmittelbar benötigten Daten auf andere Speichereinheiten ausgelagert und
bei Bedarf wieder in den Kernspeicher eingelesen werden. Der
Verarbeitungsprozeß wird insgesamt vom Steuerwerk geleitet
und kontrolliert.

Schematisch läßt sich ein Datenverarbeitungssystem wie folgt
darstellen:

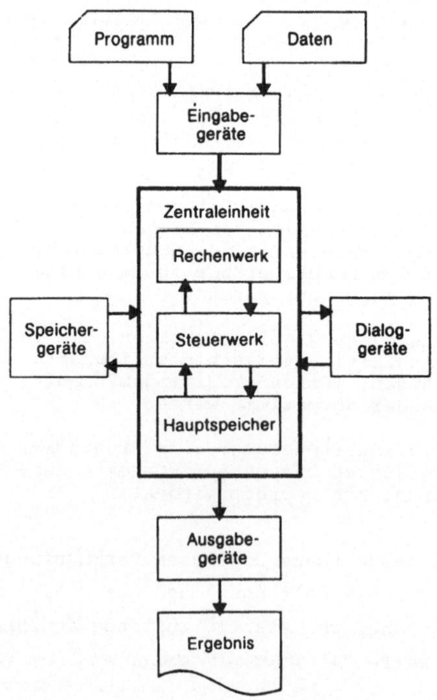

Abb. 2.2   Schematische Darstellung eines elektronischen
           Datenverarbeitungssystems

In einer modernen Datenverarbeitungsanlage werden in der
Regel mehrere Programme nahezu gleichzeitig ausgeführt. Sie
werden allerdings nicht in einem Zug bearbeitet, sondern immer "scheibchenweise" reihum. Die Steuerung übernimmt das
sogenannte *Betriebssystem*, ein Programm, dessen Ablauf der
Operateur von einem speziellen Bildschirm aus überwacht. Von
dieser Konsole kann er als "deus ex machina" mit speziellen
Kommandos in den Prozeßablauf eingreifen und bestimmte Programme als *"Job"* zur Ausführung in den Computer lassen, sie
in die *Warteschlange ("queue")* einreihen oder ihre Bearbeitung abbrechen. In der Regel ist sein Eingreifen nicht erforderlich; das Betriebssystem reguliert die Arbeit des Computers weitgehend automatisch.

Die Eingabe von Programmen und Daten erfolgt traditionell
über Lochkarten. In jüngster Zeit kommen zwar verstärkt Bildschirmgeräte *("Terminals")* zum Einsatz, aber für den Anfänger
ist die Eingabe über Lochkarten am einfachsten. Sie bietet
zudem den Vorteil, daß das Lochen der Daten einem EDV-Ser-
vice-Büro übertragen werden kann und eine optische Kontrolle
auch für Laien möglich ist.

Lochkarten (s. Abb.2.3) sind in 80 Spalten und 12 Zeilen un-
terteilt; die Spalten sind von links nach rechts numeriert,
die Zeilen haben von oben nach unten die Zahlen O bis 9.
Über der Zeile "O" gibt es zwei weitere, nicht numerierte
Zeilen mit "Überlöchern", von denen die untere als *11er-*, die
obere als *12er-Zeile* bezeichnet wird. Diese beiden Zeilen
nennt man den *Zonen-Teil* einer Lochkarte. Darunter befindet
sich der sogenannte *Ziffern-Teil*.

Das Lochen der Karten erfolgt auf einem *Schreiblocher ("key-
punch")*. Er hat eine Tastatur ähnlich der Schreibmaschine,
nur werden bei ihrer Betätigung bestimmte Lochkombinationen
in die einzelnen Spalten gestanzt. Zur leichteren Kontrolle
druckt der Stanzer die einer Lochkombination entsprechenden
Zeichen in Klarschrift über die 12er-Zeile. Was immer sonst

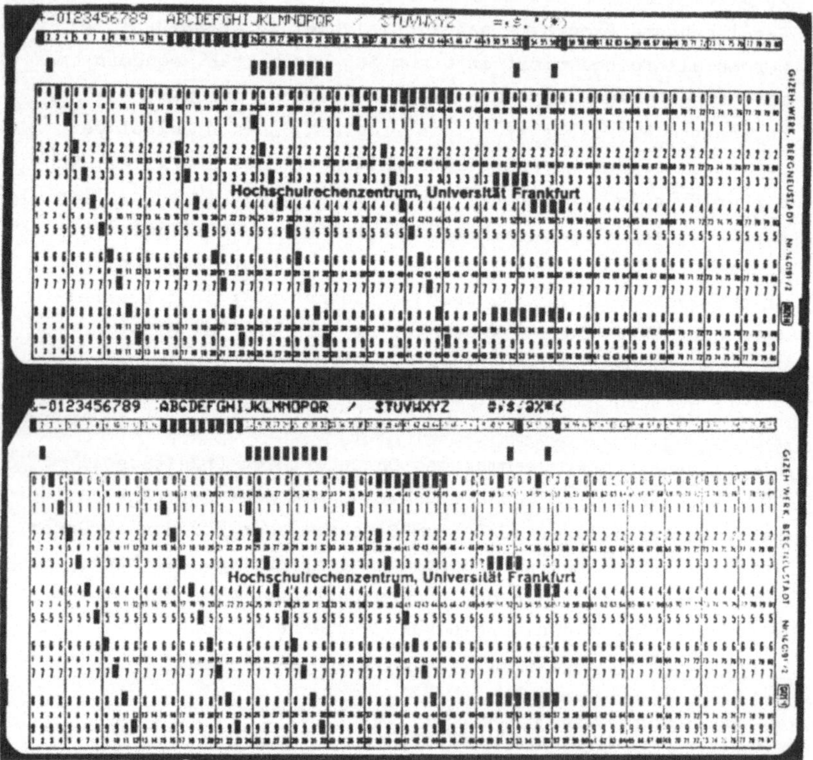

Abb. 2.3   Lochkarten im 029-Kode (oben) und
            im 026-Kode (unten)

auf die Karten gedruckt oder geschrieben wird, dient nur der
Orientierung oder Arbeitserleichterung des Benutzers. Die
Maschine liest nur die vorhandenen Lochungen.

Bei Lochkarten ist die linke obere Ecke abgeschnitten. Dadurch
läßt sich leicht feststellen, ob eine Karte verdreht ist oder
"auf dem Kopf" steht. Letzteres hätte die fatale Konsequenz,
daß eine "7" als "O" oder "6" als "1" gelesen würde; manche

nichtnumerischen Symbole könnten überhaupt nicht interpretiert werden und zahlreiche Fehlermeldungen des Computers
wären die Folge. Ist eine Karte verdreht, wird die Spalte 1
als Spalte 80 gelesen, Spalte 2 als Spalte 79 usw. Deswegen
müssen die Karten nicht nur gleich ausgerichtet sein, der Stoß
Karten muß auch insgesamt richtig in den Kartenleser ein-
gelegt werden, gewöhnlich mit dem "Gesicht" nach vorn, der
9er-Kante ("9-edge") unten bzw. der *12er-Kante ("12-edge")*
oben. Bei manchen Geräten kann eine andere Eingabe erforderlich sein, was an der Maschine durch Hinweise wie *"9-edge face
up"* oder *"12-edge face down"* angezeigt wird.

Der Locher verwendet für jedes Zeichen (Zahlen, Buchstaben,
Sonderzeichen) eine Spalte. Jedem Zeichen entspricht eine bestimmte Kombination von Lochungen. Bei 12 *Lochstellen* und bis
zu drei Lochungen pro Spalte sind nach den Regeln der Kombi-
natorik schon 298 verschiedene Kombinationen möglich (ohne
Wiederholung). Abbildung 2.3 zeigt die gebräuchlichsten Lochkombinationen mit den ihnen zugeordneten Zeichen. Bei mehr
als drei Lochungen pro Spalte steigt die Zahl der möglichen
Lochbombinationen um ein Vielfaches. Tatsächlich wird also
nur ein Bruchteil aller insgesamt möglichen Lochkombinationen
verwendet: den Zahlen "0" bis "9" entspricht <u>eine</u> Lochung in
Zeile 0 bis 9; dem Buchstaben "A" entspricht eine Lochung in
Zeile 12 und 1, dem Buchstaben O eine Lochung in Zeile "11"
und "6" usw. Der Buchstabe O (wie in Otto) wird also durch
eine andere Lochkombination repräsentiert, als die Zahl 0
(Null). Ein entsprechendeer Unterschied besteht zwischen dem
Buchstaben "I" (wie Inge) und der Zahl 1.

Diese Lochkartenkodes gelten im wesentlichen für alle Rechner.
Nur einigen Symbolen entsprechen auf Lochern vom Typ '029'
andere Lochkombinationen als den von Lochern des Typs '026'.
Die obere Karte hat die '029'-Lochungen, die untere die
'026'-Lochungen. Ein Vergleich der beiden Karten zeigt, daß
die Lochungen in beiden Fällen identisch sind; nur befinden

sich in der Klarschriftzeile an einigen Stellen andere Symbole:

Lochung	029-Locher	026-Locher
'12'	+	&
3/8	=	≠
4/8	'	@
0/4/8	(	%
12/4/8	)	<

Der Benutzer braucht sich im allgemeinen um die Unterschiede
zwischen dem O26- und dem O29-Lochkartenkode nicht zu kümmern,
da jedes Rechenzentrum die passenden Schreiblocher bereit-
stellt. *Werden an einem Rechenzentrum O26-Locher verwendet,
muß man beim Lochen von SPSS-Programmkarten allerdings statt
der oben gezeigten "O29"er Zeichen die entsprechenden "O26"er
Zeichen stanzen: & für +, # für =, % für (usw.*

Außer diesen Lochkombinationen gibt es weitere, für zusätzliche Sonderzeichen. Diese Symbole werden vom Locher allerdings nicht mehr in Klarschrift reproduziert, sondern nur auf
Druckern oder Sichtgeräten. So entsprechen im O29-Kode folgende Mehrfachlochungen den daneben aufgeführten Sonderzeichen:

Lochung	Symbol	Lochung	Symbol
7/8	@	5/8	:
11/7/8	Δ	11/8	!
12/6/8	<	0/6/8	\
6/8	>	11/6/8	;
2/8	&	0/7/8	□
0/5/8	%	0/2/8	≠

Auch hier zeigen sich Unterschiede zu dem O26-Kode:

Symbol	O29-Kode	O26-Kode
@	7/8	4/8
<	12/6/8	12/4/8
&	2/8	12
%	o/5/8	O/4/8

Faßt man mehrere aufeinanderfolgende Spalten einer Lochkarte
logisch zu einer Einheit zusammen, um in diese etwa den Fami-
liennamen oder das Geburtsjahr eines Befragten zu stanzen.
so entsteht ein *Lochfeld*. Bleiben _eine_ oder mehrere aufeinanderfolgende Spalten frei, spricht man entsprechend von
einer *Leerspalte* bzw. einem *Leerfeld*. Die Gesamtheit aller
Spalten bzw. Felder auf einer Karte bezeichnet man als *physischen Satz ("physical record")*. Wenn eine Karte nicht ausreicht, um alle Daten aufzunehmen, stanzt man einfach weitere
Karten. Jede erhält dann außer der Identifikationsnummer noch
eine Kartennummer, damit eindeutig ist, welche Daten sich auf
dieser Lochkarte befinden. Nur so kann man prinzipiell alle
Lochungen an Hand des Erhebungsinstruments prüfen. Die zu
einer Untersuchungseinheit *("case")* gehörenden Karten ergeben einen *logischen Satz ("logical record")*. Mit "logisch"
soll zum Ausdruck kommen, daß sich die Zusammengehörigkeit
dieser Karten aus unserem Wissen um die Datenstruktur ergibt
und nicht durch objektive, physische Markierungen, Zeichen
oder Einschnitte. Die "Daten-Karten" aller Untersuchungseinheiten bezeichnet man dagegen als *Datei* oder *Daten-File*. Alle
zu einem Programm gehörenden Karten heißen analog *Programm-
Datei* oder *Programm-File*. Diese Files haben am Ende immer
eine *EOF ("_end_ _of_ _file_")-Marke*, eine Karte, mit einem speziellen Befehl oder Symbol, welche das Ende eines Programms
oder der Daten anzeigt. Entsprechend sind diese Files "physische" und nicht "logische" Einheiten.

Programm- oder Steueranweisungen werden wie Datenkarten abgelocht, nur gibt es bei Programm- oder Steueranweisungen hinsichtlich des Formats spezielle Konventionen. Diese Konventionen lernt man jedoch schnell. Der Benutzer muß nur zwischen
Programm- bzw. Steueranweisungen und Datenkarten unterscheiden. Das Einlesen der Lochkarten ist für alle Karten gleich.
Bei manchen Kartenlesern laufen sie alle z.B. über eine Me-
tallrolle, und Metallbürsten streichen über sie hinweg. Bei
Lochungen wird Strom weitergeleitet, ansonsten nicht. Andere
Lesegeräte saugen die Karten über eine Lichtschranke, so daß
auch hier Impulse entstehen. Stanzer müssen natürlich exakt
arbeiten; verrutscht eine Lochung um 1 mm, sind Lesefehler
unvermeidlich.

Als Medium zum langfristigen Speichern von Daten und Programmen sind Lochkarten ungeeignet. Sie können durch Luftfeuchtig-
keit aufquellen und werden außerdem durch mehrfaches Einlesen
ramponiert, so daß man sie von Zeit zu Zeit erneuern muß. Bei
großen Datenmengen ist dies aufwendig; überdies sind solche
Lochkartenberge schwer und benötigen viel Platz. Für den ALL-
BUS 1982[1) mit ca. 3ooo Fällen und 11 Karten pro Fall wäre der
Kartenstoß etwa 5 Meter lang! Meistens stellen die Rechenzentren einzelnen Benutzern in beschränktem Umfang Speicherplatz auf *Magnet-Platten ("discs")* zur Verfügung. Dies ist
zwar bequem, aber relativ teuer. Deswegen muß man bei großen
Dateien oft auf *Magnetbänder ("tapes")* ausweichen. Die
Bänder sind 12 mm breit, in der Regel 24oo Fuß (etwa 732 m)
lang und kosten weniger als DM 5o.- ; sie werden von *Bandstationen ("tape drives")* gelesen. Dabei werden unterschied-

---

1) Der ALLBUS ist eine repräsentative, von der Deutschen
   Forschungs-Gemeinschaft (DFG) geförderte und in enger Zu-
   sammenarbeit mit dem Zentrum für Umfragen und Analysen
   (ZUMA), Mannheim, sowie dem Zentralarchiv, Köln, reali-
   sierte Bevölkerungsumfrage. Sie wird seit 198o im Turnus
   von zwei Jahren durchgeführt (vgl. hierzu Porst, 1985).

liche *Lese-* oder *Schreibdichten* verwendet. Die Dichte ("*density*") ist definiert als Anzahl von Zeichen pro Zoll Magnetband ("*bytes per inch*" oder kurz "*BPI*"). Ein Zoll ("inch") entspricht etwa 2.5 cm. Im wesentlichen gibt es die folgenden Lese- bzw. Schreibdichten: 556 BPI, 8oo BPI, 16oo BPI und 625o BPI.

Wie Abbildung 2.4 zeigt, sind die Bänder längs in 7 bzw. 9 *Spuren* ("*tracks*") zerlegt. Quer dazu verlaufen die *"Sprossen"* ("*frames*"). Aus dieser Aufteilung ergeben sich 7 bzw. 9 Elemente, die jeweils ein "*Bit*" speichern: ein "-" oder ein "+" bzw. "O" oder "1". Eine Zelle pro Sprosse enthält das *Prüfbit* zur Kontrolle der *Parität* der gespeicherten Bits. Die übrigen 6 bzw. 8 Bits einer Sprosse genügen, um ein beliebiges Zeichen ("*byte*") zu repräsentieren. Für Zahlen reichen schon vier Bits aus, denn eine "9" entspricht der Dualzahl 1oo1. Deswegen nennt man die ersten vier Spuren - analog zur Lochkarte - den *Ziffern-Teil*. Die übrigen 2 bzw. 4 Bits benötigt man zur Darstellung von Buchstaben und Sonderzeichen. Diese Bits ergeben den *Zonen-Teil*.

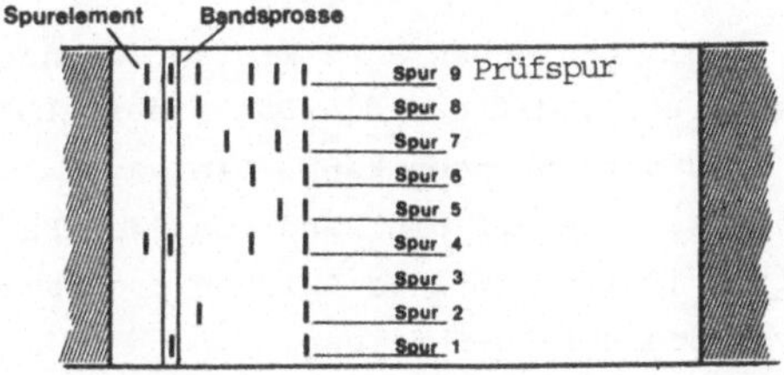

Abb.2.4 Datenspeicherung auf einem Magnetband
         aus: Hansen 1983

Beim Beschreiben eines Bandes wird festgestellt, ob die Summe der Magnetisierungen im Ziffern- und Zonenteil einer Spros-

se gerade oder ungerade ist. Ist sie gerade, kann das Prüfbit
magnetisiert werden; ist sie ungerade, bleibt das Prüfbit un-
magnetisiert. In diesem Fall spricht man von *gerader Parität*
("even parity"). Manche Bandstationen verfahren umgekehrt, d.h.
nur bei einer ungeraden Zahl von Magnetisierungen wird das Prüfbit magnetisiert. Man spricht dann analog von *ungerader Parität*
("odd parity").

Die Paritätsprüfung beim Lesen eines Magnetbandes erfolgt dann
in der Weise, daß jede Sprosse dahingehend geprüft wird, ob
die Zahl der Magnetisierungen im Ziffern- oder Zonenteil einer
Sprosse mit der Magnetisierung des Prüfbits übereinstimmt.
Wenn nicht, wird der Leseversuch wiederholt oder eine Fehlermeldung ausgedruckt.

Achtzig Zeichen ergeben einen *physischen Satz* ("record"). Bei
einer Schreibdichte von 8oo BPI (*"bytes per inch"*) kann die
Information einer Lochkarte (8o Zeichen) also auf 2.5 mm Band
untergebracht werden. Moderne Bandstationen arbeiten meist
mit 16oo BPI, d.h. wir benötigen nur etwas mehr als 1 mm Band
für eine Lochkarte. Nach jedem *physischen Satz* bleibt das Band
ein 0.75 Zoll leer. Dieser Bandteil heißt *Blocklücke ("inter-*
record-gap") und dient als *"end of record"-Marke* (vgl. Abb.2.5).

Rechnen wir zu einem physischen Satz mit 8o Zeichen die Blocklücke hinzu, zeigt sich, daß man die Daten des ALLBUS bequem auf einem Band unterbringen kann. Die genaue Rechnung
sieht wie folgt aus, wenn wir ein Band von 24oo Fuß bzw.
288oo Zoll (1 ft = 12 inch) mit 8o Zeichen pro Satz und einer
Schreibdichte von 8oo BPI beschreiben:

$$\text{Zahl der logischen Sätze} = \frac{\text{Bandlänge (in Zoll)}}{\text{Länge eines logischen Satzes bei 8oo BPI} + \text{Block-lücke}}$$

$$= \frac{24oo * 12}{0.1 + 0.75} = 33882.35$$

Wir haben ungeblockt also rund 33800 <u>physische</u> Sätze bzw.
"PRU's" (physical <u>r</u>ecord <u>u</u>nits) pro Band. Dies entspricht
ebensovielen Lochkarten bzw. einem Stoß von über 5 m Länge.

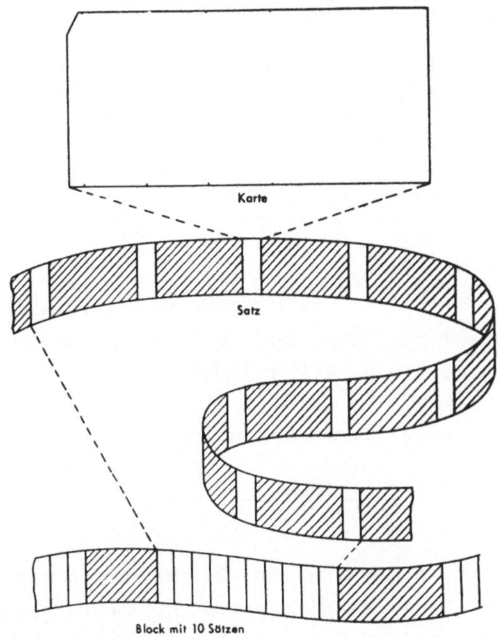

Abb. 2.5   Geblockte und ungeblockte Speicherung
            von Daten

Wie Abb. 2.5 zeigt, ist bei dieser Art der Speicherung das
Magnetband praktisch zu fast 90% "leer", weil die Blocklücke
im Vergleich zu den gespeicherten Datensätzen unverhältnis-
mäßig lang ist. Um dieses Verhältnis zu verbessern und mehr
Daten auf einem Magnetband unterzubringen, können wir 2, 5,
1o oder 5o (bei manchen Computern noch mehr) "Karten" zu
einem Block zusammenfassen.

Daten sind dann "geblockt", und zwar mit einem *Blockungs-faktor* von 2, 5, 1o oder 5o.

Bei einem Blockungsfaktor von 2 ändert sich die Speicherkapa-zität eines Magnetbandes von 24oo Fuß wie folgt:

$$\text{Zahl der logischen Sätze} = \frac{\text{Länge des Magnetbandes}}{\text{Länge eines log. Satzes} * \text{Blockungs-faktor} + \text{Block-lücke}} =$$

$$= \frac{24oo * 12}{o.1 * 2 + o.75} = \frac{288oo}{o.95} = 3o315.79$$

Da jeder logische Satz aus 2 "Lochkarten" besteht, können wir bei einem Blockungsfaktor von 2 mehr als 6o ooo Karten spei-chern, ein Stoß von über 1o m Länge.

Bei einem Blockungsfaktor von 5o erhalten wir entsprechend

$$\frac{288oo}{o.1 * 5o + o.75} = 5ooo \text{ PRU's}$$

Dies entspricht einem Stoß von 25o ooo Karten mit einer Länge von ca. 42 m. Wenn das nicht ausreicht, bestellen wir ein zweites Magnetband! Abbildung 2.5 zeigt, wie Daten ungeblockt bzw. mit dem Blockungsfaktor 1o auf Band gespeichert werden.

Wir haben nun - hoffentlich - eine grobe Vorstellung von der Arbeitsweise des Computers und davon, wie Daten und Pro-gramme in den Computer eingegeben, verarbeitet und gespei-chert werden. Trotz vielfältiger Einsatzmöglichkeiten ist der Computer aber nicht so flexibel, daß man im Stile eines Science-Fiction-Helden nur ein paar Knöpfe zu drücken braucht nach dem Motto: Planung ist Zeitverschwendung, der Computer richtet sich nach unseren Bedürfnissen. Das Gegenteil ist der Fall! Wir müssen uns nicht nur darüber Gedanken machen, was der Computer für uns tun kann und soll; wir müssen auch die

"Bedürfnisse" des Computers berücksichtigen, und zwar schon in der Phase der Datenerhebung, bei der Gestaltung der Instrumente und der Planung der einzelnen Arbeitsabläufe. Diesen Problemen wollen wir uns im nächsten Kapitel zuwenden.

KAPITEL 3

VORBEREITUNGEN FÜR DEN EINSATZ VON EDV

Die Entwicklung eines Fragebogens oder Beobachtungsprotokolls
ist immer eine schwierige und zeitraubende Angelegenheit.
Viele inhaltliche Probleme müssen gelöst oder zumindest entschieden werden. Mit der *Operationalisierung* theoretischer
Begriffe, also ihrer Umsetzung in eine Reihe von Einzelfragen
oder Beobachtungsmerkmalen *("Items")* und der Spezifizierung
von Antwortkategorien bzw. Merkmalsausprägungen ist die Entwicklung eines Erhebungsinstruments keineswegs abgeschlossen.
Neben Anweisungen für Interviewer müssen in der Regel auch
Informationen für das Kodieren und Ablochen der Daten eingefügt werden, denn ein EDV-gerechtes Format des Erhebungsinstruments erspart Doppelarbeit und hilft Fehler zu vermeiden.

Eine gute graphische Gestaltung des Erhebungsinstruments ist
somit äußerst wichtig. Wer einen Fragebogen zur Bearbeitung
in die Hand nimmt, muß die für ihn relevante Information auf
einen Blick erkennen. Ein schlampig gestaltetes Erhebungsinstrument irritiert:

> - der flüssige Ablauf des Interviews wird behindert,
>   die Belastung des Interviewers und des Befragten
>   nimmt zu;
>
> - die Kompetenz des Forschers wird zweifelhaft und
>   es entsteht die Gefahr, daß Interviewer weniger
>   sorgfältig arbeiten;
>
> - die Wahrscheinlichkeit von Fehlern nimmt zu; ihre
>   Korrektur ist aufwendig oder gar unmöglich, aus
>   Kostengründen oder weil sie unentdeckt bleiben.

3.1 Die Gestaltung des Erhebungsinstruments

Ein für alle Erhebungszwecke gleichermaßen ideales Fragebogen-
format existiert nicht; wahrscheinlich wird es dies auch nie
geben, denn die graphische Gestaltung hängt u.a. ab von

- der Art der Befragung (schriftlich,
  mündlich, telephonisch),

- der maschinellen Weiterverarbeitung
  (Belegleser, direkte Dateneingabe
  über Sichtgeräte oder über Lochkarten),

- dem Bildungsgrad und der Kooperations-
  bereitschaft der Zielgruppe,

- dem Untersuchungsgegenstand bzw. der
  Art der zu erfassenden Merkmale.

Deswegen empfiehlt es sich, die Erhebungsinstrumente ver-
gleichbarer Studien heranzuziehen, um sich von ihnen anregen
zu lassen. Nach Möglichkeit sollte unser Fragebogen nicht
schon auf den ersten Blick als Erstlingswerk zu erkennen sein.

Wir können hier auf nur einige technische Probleme der Frage-
bogengestaltung eingehen und zur Illustration Beispiele aus
dem ALLBUS präsentieren, einer im zweijährigen Turnus vom
Zentrum für Umfragen und Analysen (ZUMA) in Mannheim durchgeführten, repräsentativen Bevölkerungsumfrage. Betrachten
wir zunächst die Darstellung einer Serie *geschlossener Fragen*
im *Matrixformat*, wie es bei Einstellungsmessungen häufig verwendet wird.

Dieses Format ist klar und übersichtlich. Die Einzelfragen
mit jeweils gleichen Antwortvorgaben folgen unmittelbar aufeinander. Dadurch erzielt man einen Lerneffekt: der Befragte
prägt sich die Antwortkategorien besser ein und kann die Fragen leichter beantworten. Dieses Format ist zeitsparend und
hilft Mißverständnisse bei den Antwortvorgaben zu vermeiden.
Andererseits kann es zu schematischem Antworten verleiten.

<table>
<tr><td>U 301/82</td><td>Seite 5</td><td>Karte 3</td></tr>
</table>

9   *INT.: weiße Liste 5 vorlegen*

Über die Aufgaben der Frau in der Familie und bei der Kindererziehung gibt es verschiedene Meinungen.

Bitte sagen Sie mir nun zu jeder Aussage auf dieser Liste, ob Sie ihr voll und ganz zustimmen, eher zustimmen, eher nicht zustimmen oder überhaupt nicht zustimmen.

INT.: zu jeder Aussage eine Antwortziffer *notieren*		stimme voll und ganz zu	stimme eher zu	stimme eher nicht zu	stimme überhaupt nicht zu	weiß nicht	
A	Eine berufstätige Mutter kann ein genauso herzliches und vertrauensvolles Verhältnis zu ihren Kindern finden wie eine Mutter, die nicht berufstätig ist.	1	2	3	4	8	10
B	Für eine Frau ist es wichtiger, ihrem Mann bei seiner Karriere zu helfen, als selbst Karriere zu machen.	1	2	3	4	8	11
C	Ein Kleinkind wird sicherlich darunter leiden, wenn seine Mutter berufstätig ist.	1	2	3	4	8	12
D	Es ist für alle Beteiligten viel besser, wenn der Mann voll im Berufsleben steht und die Frau zu Hause bleibt und sich um den Haushalt und die Kinder kümmert.	1	2	3	4	8	13
E	Es ist für ein Kind sogar gut, wenn seine Mutter berufstätig ist und sich nicht nur auf den Haushalt konzentriert.	1	2	3	4	8	14
F	Eine verheiratete Frau sollte auf eine Berufstätigkeit verzichten, wenn es nur eine begrenzte Anzahl von Arbeitsplätzen gibt, und wenn ihr Mann in der Lage ist, für den Unterhalt der Familie zu sorgen.	1	2	3	4	8	15

9

Abb. 3.1   Fragebatterie im Matrixformat

Ein "wohlgeordneter Fragebogen" hat also auch Nachteile.[1]
Aus praktischen Gründen wird man auf Fragebatterien im Matrix-
format allerdings nicht ganz verzichten können. Eine Güter-
abwägung ist unumgänglich.

Abb. 3.1 zeigt ferner, wie die Information für Interviewer,
Kodierer und Locher "eingebaut" wurde. Die Anweisungen für
den Interviewer sind kursiv gedruckt und unterstrichen. So
heißt es dort:

und
"INT: weiße Liste 5 vorlegen"

"INT: zu jeder Aussage eine Antwortziffer notieren"

Für die Interviewer-Anweisungen wurde ein anderes Schrift-
bild gewählt, um den Text hervorzuheben, welcher dem Befragten nicht vorgelesen wird. Der Interviewer braucht die gegebenen Antworten auch nicht wörtlich niederzuschreiben. Das
Format stellt klar, daß nur das entsprechende Kästchen anzu-
kreuzen ist. Für Antwortverweigerungen, "trifft nicht zu"
(TNZ) oder die Antwort "weiß nicht" können weitere Spalten
vorgesehen werden. In unserem Beispiel (Abb.3.1) steht "8"
für "weiß nicht". Kodes dieser Art nennt man *fehlende Werte*
(*"missing values"* bzw. *"dump codes"*). Sie signalisieren, daß
die interessierende Merkmalsausprägung (Einstellung, Eigen-
schaft) nicht festgestellt oder gemessen werden konnte und
daß der Befragte (Untersuchungseinheit, "Fall") bei der Analyse dieses Merkmals von der Untersuchung ausgeschlossen
werden muß.[2] Prinzipiell kann man alle Antworten wörtlich
ablochen und auf die Frage nach dem Beruf eingeben: "KAUF-
MAENNISCHER ANGESTELLTER","SPEDITIONSKAUFMANN", "HAUSFRAU".

---

1) Siehe Noelle, 1963: 8o-82; Babbie, 1979: 322-323; Karmasin
   und Karmasin, 1977: 197-2o3.
2) Oft wird man allerdings versuchen, solche Fälle zu "retten",
   indem man die fehlenden Werte an Hand anderer Informationen schätzt. Siehe dazu Abschnitt 12.3.

Obwohl der Computer auch solche *alphanumerischen* Zeichen verarbeiten kann, ist es zweckmäßiger, solche Angaben durch *numerische* Werte zu repräsentieren, weil dies die Eingabe der Daten und insbesondere ihre Weiterverarbeitung erheblich erleichtert. Diese Zuweisung von Zahlen für beobachtete Sachverhalte nennt man *Kodierung* oder *Verschlüsselung*. Die Zuweisungsregeln sind in einem *Kodebuch* oder *Kodeplan* festgehalten. Das Kodebuch dient dem Kodierer als Nachschlagewerk und der Nachwelt als Dokumentation. Es enthält für jede Frage die einzelnen Antwortkategorien, die ihnen zugewiesenen Zahlenschlüssel sowie die Karten- und Spaltennummern, in welche die Kodes zu stanzen sind.

Die Datenerfassung läßt sich weiter vereinfachen, wenn man den Befragten *Antwortvorgaben* ("*response categories*") vorlegt, statt sie frei antworten zu lassen. Das können viele und komplexe Kategorien sein oder so einfache wie "JA" oder "NEIN". Der Befragte wählt sich die passendste Antwort aus und enthebt uns der Mühe, außer etwa JA = 1 und NEIN = 2 die vielen anderen, möglichen Variationen und Intensitätsgrade von Zustimmung und Ablehnung zusätzlich ins Kodebuch aufzunehmen. Dieses ist ein triviales Beispiel. Wenn wir aber Berufstätigkeiten erheben und auf eine besonders differenzierte Erfassung der Angaben verzichten können, ist der Nutzen vorgegebener Antwortkategorien offenkundig. Detaillierte Angaben sind nur notwendig, wenn feine Unterschiede auch in der Analyse berücksichtigt werden. Andernfalls ist der Aufwand nicht gerechtfertigt.

In Abbildung 3.1 sind die Antworten *vorkodiert* und die ihnen zugewiesenen Kodes direkt im Fragebogen ausgedruckt. Dadurch braucht man sie nicht erst nachzuschlagen und die Antworten können unmittelbar abgelocht werden. Deswegen enthält der Fragebogen noch die Spaltennummern, in welche die einzelnen Kodes zu stanzen sind. Diese Angaben stehen in Abb.3.1 rechts neben der Spalte für "weiß nicht". Da eine Karte nur selten

ausreicht, um alle Daten eines Fragebogens aufzunehmen, müssen
auch die Karten eine Nummer erhalten. Andernfalls wüßte man
nicht sicher, welche Antworten sich auf einer gegebenen Karte
befinden. In Abb. 3.1 steht dieser Hinweis über der Umrandung
rechts oben. Die Antwort auf die Frage nach dem Verhältnis
zwischen berufstätigen Müttern und ihren Kindern wurde dem-
nach auf der 3. Karte in Spalte 1o abgelocht. Die Antworten
auf die weiteren Fragen folgen unmittelbar in den Spalten
11-15. Es ist nicht notwendig, nach jeder Antwort eine Spalte
freizulassen.

Geeignete Antwortkategorien zu bilden und zu verschlüsseln
ist leider schwieriger als es zunächst scheint. Nun gibt es
viele *natürliche Kodes* für Variablen wie Alter, Einkommen
oder Kinderzahl, bei denen die numerischen Werte direkt übernommen werden. Dann gibt es Merkmale, deren Ausprägungen relativ eindeutig sind und dem Forscher ein bestimmtes Klassifikationsschema nahelegen. Dies ist etwa bei den Variablen
Geschlecht, Religionsgemeinschaft oder Familienstand der
Fall. Auch hier ist die Kodierung prinzipiell einfach. Problematisch dagegen sind Variablen mit sehr vielen und diffu-
sen Merkmalsausprägungen wie bei Beruf oder Konsumverhalten
oder theoretische Konstrukte wie Autoritarismus, Segregation
oder die endlos scheinende Zahl sozialpsychologischer Ein-
stellungen. Hier sind die Ausprägungen erst zu definieren,
und zwar so, daß sich ein logisch widerspruchsfreies und
vollständiges Klassifikationsschema ergibt. Zur *Operationalisierung* solcher Variablen empfiehlt sich die Durchsicht der
einschlägigen Forschungsliteratur oder von Skalenhandbüchern[1],
in denen die wichtigsten Meßinstrumente beschrieben werden.

---

1) Siehe Shaw und Wright, 1967; Bonjean et al., 1967; Robinson
   et al., 1973a, 1973b, 1973c. Für den deutschsprachigen
   Raum wurde vom Zentrum für Umfragen und Analysen ein ähnlicher Bestandskatalog erstellt (ZUMA, 1983).

Das *Skalenniveau* solcher Variablen bestimmt, welche statistischen Verfahren für die Analyse eingesetzt werden können (vgl. Benninghaus, 1974; Küchler, 1979). Das niedrigste Meßniveau ist das *nominale*. Merkmale wie Fakultätszugehörigkeit, Religion, Familienstand oder Parteipräferenz sind Beispiele für nominale Variablen. Die Abfolge in der Zuweisung von Kodes für die einzelnen Merkmale ist beliebig, weil es keine zugrundeliegende Rangfolge gibt. Der Forscher kann willkürlich entscheiden, ob er der juristischen Fakultät den Kode 1 und der philosophischen den Kode 2 zuweisen will oder umgekehrt. Auch bei Religion oder Familienstand kann man den einzelnen Ausprägungen beliebige Kodes zuweisen. Die Analyse wird nicht davon beeinträchtigt, solange nur solche statistischen Analyseverfahren eingesetzt werden, die bei nominalen Variablen zulässig sind.

Bei *ordinalen* Daten ist der Forscher weniger frei in seiner Zuweisung von Kodes; hier gibt es eine Rangfolge, und diese sollte auch durch die Kodes ausgedrückt werden. Wenn in einer Umfrage die Antwortmöglichkeiten "richtig", "ist etwas Wahres dran" und "falsch" vorgesehen sind, würden normalerweise die Antworten wie folgt verschlüsselt: "richtig" erhält den Wert 1, "ist etwas Wahres dran" den Wert 2 und "falsch" den Wert 3 oder umgekehrt. In beiden Fällen bleibt die Ordinalität der Antworten erhalten, denn wer zu einem Item antwortet "ist etwas Wahres dran", stimmt diesem Item ja mehr zu, als ein Befragter, der darauf antwortet "falsch", aber weniger, als ein Befragter, der dies Item "richtig" findet.

Aus interviewtechnischen Gründen kann manchmal eine andere Kodierung zweckmäßiger sein, wie im folgenden Beispiel (ALLBUS 1982):

Im Vergleich dazu, wie Andere hier in der Bundesrepublik leben: glauben Sie, daß Sie Ihren gerechten Anteil erhalten, mehr als Ihren gerechten Anteil, etwas weniger oder sehr viel weniger?	gerechten Anteil 1
	mehr als gerechten Anteil . . . 2
	etwas weniger 3
	sehr viel weniger 4
	weiß nicht 8

In diesem Fall sollte aber später unbedingt eine Umkodierung
vorgenommen und das Kodebuch entsprechend geändert werden.
Der Aufwand für das Vertauschen der Kodes 1 und 2 mit Hilfe des Computers ist denkbar gering. Bei der Verwendung von
SPSS-X genügt der Befehl

    RECODE   FRAGE 29   (1=2)(2=1)

Eine *Intervallskala* unterscheidet sich von der Ordinalskala
dadurch, daß bei ihr nicht nur die Rangfolge, sondern auch
die Abstände dazwischen bekannt sind. Die Rangfolge bei einer
Schönheitskonkurrenz dagegen ist nur eine Ordinalskala: aus
den Platzziffern ergibt sich nur, daß die Schönheitskönigin
schöner ist (oder von der Jury dafür gehalten wird) als die
Bewerberin auf Platz 2; den Platzziffern ist nicht zu ent-
nehmen, um wieviel schöner sie ist oder wie groß die Abstände
unter den übrigen Bewerberinnen sind. Einkommen dagegen ist
eine Intervallskala. Wenn jemand 3ooo.- DM pro Monat verdient
und ein anderer 4ooo.- DM, wissen wir, daß der Abstand genau
1ooo.- DM beträgt und doppelt so groß ist, wie der Abstand
zwischen zwei Personen mit einem Monatseinkommen von 25oo.-
und 3ooo.- DM. Insofern enthält eine Intervallskala mehr Information und komplexere Analyseverfahren sind möglich.

In der Sozialforschung gibt es viele Variablen, die zwar keine Intervallskalen im echten Sinne sind, aber doch mehr Angaben enthalten als bloße Rangordnungen. Bei solchen Variablen ist es für spätere Analysen nützlich, die Werte bei der
Verkodung so zu wählen, daß die numerischen Differenzen der
verschiedenen Werte ungefähr den vermutlichen Distanzen auf
der zugrundeliegenden Dimension entsprechen. Nur unter der
Voraussetzung einer differenzierten Erfassung der Daten wird
man es wagen, Analysetechniken einzusetzen, die nach den Regeln der statistischen Theorie Intervallskalen verlangen.
Auch wenn praktische Überlegungen die Formulierung differen-
zierter Antwortvorgaben ausschließen und im Extremfall eine
Dichotomisierung ("JA/NEIN") erzwingen, so bedeutet dies

nicht unbedingt, daß nur noch Tabellenanalysen durchgeführt
werden können. Eine differenzierte Skala läßt sich u.U. auch
gewinnen durch Addition <u>vieler</u> dichotomisierter "*Items*" zu
einem Index. Das Für und Wider einer solchen Verfahrensweise
muß allerdings auch im Hinblick auf verfügbare Alternativen
der Analyse sorgfältig abgewogen werden, wobei die Größe des
Stichprobenumfangs ebenfalls zu berücksichtigen ist.[1]

Der Nutzen einer Vorkodierung der Antwortvorgaben und einer
differenzierten Erfassung der Daten steht außer Frage. Beide
Ziele sind allerdings nicht leicht miteinander zu vereinbaren.
Offensichtlich ist es unzweckmäßig bei der Frage nach dem Beruf eine Liste von über 9oo Kategorien vorzulegen. Man wird
sich entweder auf weniger als 1o Kategorien beschränken oder
die Angaben vom Interviewten wörtlich niederschreiben und erst
später verschlüsseln lassen. Wenn die letztere Alternative
einer *offenen Frage* gewählt wird, kann schon im Erhebungsinstrument eine entsprechende Spaltenzahl vorgesehen werden. Bei
den in Abbildung 3.2 gezeigten Fragen S-11 und S-12 aus dem
ALLBUS 1982 wurde darauf allerdings verzichtet, da die Kodierung von Berufsangaben aufwendig ist. Deshalb schließen sich
die Spaltennummern für Frage S-13 unmittelbar an die für Frage
S-1o an. Die Berufsangaben (Fragen S-11 und S-12) wurden später kodiert und (zusammen mit den Kodes für andere offene Fragen) in den Datensatz inkorporiert. So wird die Weiterverarbeitung der übrigen Daten nicht aufgehalten.
Wenn die Ausprägungen die Gestalt natürlicher, numerischer
Kodes haben, wie Frage S-1o oder S-13 in Abb.3.2, wird man die
Zahlenwerte direkt in die vorgesehenen Kästen eintragen, ohne
sie weiter zu gruppieren. Man muß für sie nur genügend viele

---

1) Eine Einführung in die hier angedeutete wissenschaftstheo-
   retische Problematik liefert Allerbeck (1978). Die Größe
   des aus der Verletzung des Skalenniveaus tatsächlich resultierenden Fehlers ist noch umstritten. Neuere Arbeiten zu
   diesem Thema wurden von Bollen (1981), O'Brien (1982) und
   Henry (1982) vorgestellt. Zur technischen Durchführung der
   Berechnung solcher Indices siehe Abschnitt 12.2 .

U 805/79 Statistik   **Seite 3**   **Karte 4**

S9	Waren Sie in den letzten 10 Jahren irgendwann einmal arbeitslos?	ja 1	**18**	S10
		nein 2	**9**	S11
S10	Wie lange waren Sie insgesamt in den letzten 10 Jahren arbeitslos? _INT.: Wenn Befragungsperson mehr als einmal arbeitslos war, alle Perioden zusammenrechnen!_	**18** _ _ _ _ _ (Wochen) **20/21** _ _ _ _ _ (Monate)	**99**	
S11	Welche berufliche Tätigkeit üben Sie in Ihrem Hauptberuf aus? Bitte beschreiben Sie mir Ihre berufliche Tätigkeit genau. (Hat dieser Beruf noch einen besonderen Namen?) _INT.: bitte genau nachfragen_	_ _ _ _ _ _ _ _ _ _ _ _ _ _ _ _ _ _ _ _ _ _ _ _ _ _ _ _ _ _ _ _ _ _ _ _ _ _ _ _ _ _ _ _ _ _ _ _ _ _ _ _ _ _ _ _ _ _ _ _ _ _ _ _ _ _ _ _ _ _ _ _		
S12	In was für einem Betrieb oder was für einer Arbeitsstätte arbeiten Sie? Wird etwas hergestellt (was?), ist es Groß- oder Einzelhandel (womit?) oder welche allgemeine Bezeichnung hat Ihre Arbeitsstätte? _INT.: Branche/ Wirtschaftszweig der örtlichen Betriebseinheit, in der Befragter arbeitet, genau notieren!_	_ _ _ _ _ _ _ _ _ _ _ _ _ _ _ _ _ _ _ _ _ _ _ _ _ _ _ _ _ _ _ _ _ _ _ _ _ _ _ _ _ _ _ _ _ _ _ _ _ _ _ _ _ _ _ _ _ _ _ _ _ _ _ _		
S13	Wie viele Personen sind in Ihrem Betrieb bzw. der Arbeitsstätte beschäftigt, in der Sie arbeiten? _INT.: bei Rückfragen: Gemeint ist die örtliche Arbeitsstelle, an der Sie arbeiten - also ohne Zweigstellen usw., die Ihre Firma an anderen Orten hat_	**22/23/24/25/26** _ _ _ _ _ _ _ Beschäftigte **99999**		S19 weiß

Abb. 3.2 Format für Fragen mit zahlreichen Merkmals-
          ausprägungen

Spalten reservieren. Um ganz sicher zu gehen, daß der Platz
für die Kodes nicht zu knapp bemessen ist, gibt man vielleicht
noch eine oder zwei Spalten dazu.

Für Frage S-13 können maximal fünfstellige Zahlen gelocht werden, und zwar in die Spalten 22-26. Für "trifft nicht zu"
(d.h. der Befragte ist nicht selbständig) wird der Kode "O"
verwendet, für Antwortverweigerung "99997", für "weiß nicht"
"99998" und für "keine Antwort" "99999". Der höchste gültige

Kode ist "99996" und bedeutet, daß der Befragte "99996" <u>oder</u>
<u>mehr</u> Beschäftigte hat. Dies dürfte für die meisten Befragten
in dieser Stichprobe ausreichen. Wer Zweifel hat und befürch-
tet, daß ein Fall in der – nach oben offenen – Kategorie
"99996" bei der Berechnung des arithmetischen Mittels stören
würde, kann ohne Probleme noch mehr Spalten einplanen.

Schließlich gibt es noch *halb-offene Fragen*, wie im ALLBUS
1982 Frage 36a (siehe Abb. 3.3).

<table>
<tr><td>U 301/82</td><td>Seite 21</td><td>Karte 4</td></tr>
</table>

36	*INT.: ohne Befragen einstufen* Interview wird durchgeführt:	
	im Bundesgebiet ⟶ Fragetext 36 a verwenden	
	in West-Berlin ⟶ Fragetext 36 b verwenden	

36a	*INT.: weiße Liste 13 vorlegen*	26/27
	Wenn am nächsten Sonntag Bundes- tagswahl wäre, welche Partei würden Sie dann mit Ihrer Zweit- stimme wählen?	A - CDU/CSU . . . . 01 B - SPD . . . . 02 C - FDP . . . . 03 D - NPD . . . . 04 E - DKP . . . . 05 F - Die Grünen 06
	INT.: falls "andere Partei" nachfragen, um welche es sich handelt	andere Partei, welche?
		- - - - - - - - - - - - - - - -
		würde nicht wählen . . . . . . 10 weiß nicht . . . . 98 verweigert 97 99

Abb. 3.3 Format einer halb-offenen Frage

Hier wurden nur die wichtigsten bzw. die am häufigsten erwarteten Antworten vorkodiert. Die letzte Kategorie ist offen,
d.h. der Interviewer notiert die Namen aller anderen Parteien
oder Wählergemeinschaften. Solche *Residual-Kategorien* sind
ökonomisch und entlasten Interviewer und Befragte. Zunächst
kann man dieser Kategorie den Kode 7 zuweisen. Macht die Zahl
derer, die eine "andere Partei" präferieren beispielsweise 5%
aller gültigen Antworten aus, kann man die Kodierung unver-

ändert lassen. Eine Spalte für Parteipräferenz würde dann genügen, da für fehlende Werte die Kodes o,8 und 9 verfügbar sind. Für EDV-Anwender ist paranoide Vorsicht aber eine Tugend. Besonders tugendhafte Anwender würde "zwangsläufig" der Gedanke plagen, daß die "sonstigen Wähler" 11% ausmachen oder daß gerade diejenigen, welche "sonstigen Parteien" zuneigen, für die Untersuchung wichtig werden könnten. Unter solchen Umständen wäre eine differenziertere Kodierung notwendig, etwa in "linke" und "rechte" Splitterparteien. Wenn aber nur eine Spalte für Parteipräferenz vorgesehen ist, stehen weitere numerische Kodes nicht zur Verfügung.[1] Quel malheur! Man sollte also - wie ZUMA - in weiser Voraussicht eine zusätzliche Spalte einplanen, so daß mit an Sicherheit grenzender Wahrscheinlichkeit eine ausreichende Zahl <u>nume-</u><u>rischer</u> Kodes vorhanden ist.

Für die Gestaltung des Fragebogens ist bei *Gabelungen* bzw. *Filtern ("screenig questions")* besondere Sorgfalt angebracht. Betrachten wir das folgende Beispiel aus dem ALLBUS 198o:

---

1) Sollte dies tatsächlich passieren, könnte man alphabetische Symbole verwenden. Es ist nicht schwierig, diese später elektronisch in numerische Kodes umzuwandeln. Bitte die entsprechenden Hinweise im Kodebuch nicht vergessen! Ganz entschieden ist davon abzuraten, beliebige Lochkombinationen als Kodes zu verwenden: Solche Mehrfachlochungen führen dazu, daß die Lochkarten von dem Kartenleser der für den Forscher zugänglichen Computerinstallation möglicherweise überhaupt nicht gelesen werden können. Die Technik der *Mehrfachlochung* war nützlich, so lange die Auswertung der Daten auf *Fachzählsortiermaschinen* erfolgte, also nicht mit Hilfe des Computers. Deswegen sind auch Ratschläge und Regeln für Mehrfachlochungen (vgl. Backstrom und Hursh, 1963: 162-165) obsolet.

<table>
<tr><td>S21</td><td>Welchen Familienstand haben
Sie? Sind Sie:

INT.: Antwortvorgaben vorlesen</td><td>verheiratet und leben mit Ihrem
   Ehepartner zusammen 1
verheiratet und leben getrennt 2</td><td>42

S22a</td></tr>
<tr><td></td><td></td><td>verwitwet 3
geschieden . . . . 4</td><td>S28a</td></tr>
<tr><td></td><td></td><td>ledig 5

          9</td><td>S33</td></tr>
</table>

Abb. 3.4   Beispiel einer Filterfrage

Hier sehen wir, daß Fragen nicht nur der Ermittlung von Daten
dienen, sondern bisweilen auch die Aufgabe haben, Befragte an
manchen Items oder Fragekomplexen vorbeizusteuern. So wird
vermieden, daß sich der Interviewer nach dem Jahr der (ersten)
Eheschließung erkundigt, wenn der Befragte bereits gesagt hat,
er sei ledig. Voraussetzung dafür sind klare *Sprung-Anweisungen ("skipping instructions")*. In unserem Beispiel befinden
sich solche Anweisungen in der Leiste rechts neben den Antwortvorgaben. Verheiratete bekommen als nächste Frage S-22a, verwitwete oder geschiedene Personen Frage S-28a und Ledige die
Frage S-33. Bei Verheirateten findet der Interviewer nach
Frage S-27 dann eine weitere Sprunganweisung in der folgenden
Form:

<table>
<tr><td>A C H T U N G   I N T E R V I E W E R !</td><td>Nach Beantwortung der Frage   S27
sofort weiter mit ➡   S29</td></tr>
</table>

Darauf folgen einige Fragen für Verwitwete oder Geschiedene.
Vor Frage S-33 heißt es dann:

INTERVIEWER: AN ALLE

Solche Sprung-Anweisungen sind auch für Kodierer oder Locher
wichtig. Wenn die Antwort zu Frage S-22 in die Spalte 42 (der
Karte 4) eingetragen oder gestanzt wurde, sollen Kodierer oder
Locher nicht lange blättern müssen, um die nächste beantwortete
Frage zu finden. Bei komplizierten Erhebungsinstrumenten würde
man sonst zu leicht Eintragungen übersehen. Die Sprung-Anweisungen unseres Beispiels dirigieren Kodierer oder Locher bei
Ledigen sofort zur Frage S-33. Dort findet sich auf der Seite
rechts oben der Hinweis "Karte 6" und darunter: "2o/21".
Kodierer und Locher wissen nun, daß im Fall einer(s) Ledigen
die Spalten 43-8o der Karte 4 und die ganze Karte 5 frei bleiben. Auf Karte 6 geht es dann ab Spalte 2o weiter. Identifikationsnummern (Studien-Nr., Fragebogen-Nr., Erhebungszeit-
punkt, Karten-Nr. usw.) sind automatisch, d.h. ohne besondere
Hinweise oder Aufforderungen in die Anfangsspalten einer jeden
neuen Karte zu stanzen, selbst wenn sie ansonsten leer bleibt.

Wegen ihrer Bedeutung für Interviewer, Kodierer und Locher
sind Fehler in den Sprung-Anweisungen u.U. katastrophal. Wer
"Glück" hat, darf das Erhebungsinstrument mit der Hand nach-
bessern, bevor es ins Feld geht. (Wer kann sich schon einen
Neu-Druck leisten?) Allen anderen sei der Himmel gnädig. Gegen
solche Risiken sind die Erstellung eines *Filterdiagramms* bzw.
die Durchführung eines Pretests probate Mittel. Abb. 3-5 zeigt
das Filterdiagramm für die Fragen des Familienstand-Teils vom
ALLBUS 198o (vgl. Zentralarchiv, 1982: 18).

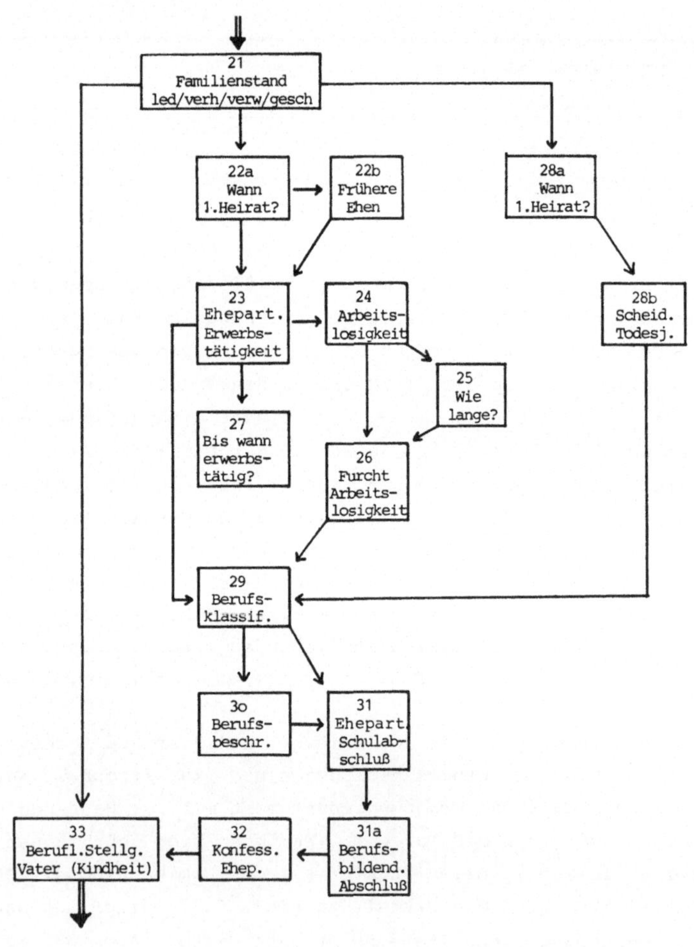

Abb. 3.5   Beispiel eines Filterdiagramms

Dieses Diagramm macht die Komplexität der *Filterführung* besonders anschaulich. Je nach der Antwort auf Frage S-21 (vgl. Abb. 3.4) werden dem Befragten unterschiedliche Folgefragen vorgelegt. In unserem Diagramm sind Filterfragen daran zu erkennen, daß von ihnen mehrere Pfeile zu jeweils verschiedenen Folgefragen führen. Die Zahl der Pfeile ist abhängig von der durch die Filterfrage gebildeten Zahl von Befragtengruppen. So gibt es für Frage S-21 zwar fünf Antwortvorgaben, doch werden nur drei Befragtengruppen gebildet. Entsprechend führen drei Pfeile zu den für sie vorgesehenen Fragemodulen. Fehlen Sprunganweisungen, zeichnet man nur einen Pfeil zur nächstfolgenden Frage, wie etwa bei Frage 28a und 28b.

Anhand solcher Filterdiagramme läßt sich leicht feststellen, ob ein Fragebogen eine Sackgasse enthält, die - streng genommen - zum Abbruch des Interviews führen müßte. So können die Sprunganweisungen geprüft und eventuelle Fehler rechtzeitig entdeckt werden. [1]

Filterdiagramme haben einen weiteren Vorteil: sie zeigen dem Forscher auf einen Blick, welchen Untergruppen eine bestimmte Frage vorgelegt wurde. Interessiert uns z.B. das Datum der 1. Heirat für alle Befragten, müssen die Antworten zu Frage 22a und 28a analysiert werden. Ohne diese Information könnten manche Untergruppen versehentlich von der Analyse ausgeschlossen werden: nicht minder fatal als eine Sackgasse im Fragebogen!

---

1) In Abb.3-5 führt von Frage S-27 kein Pfeil zu einer anderen Frage. Normalerweise ist dies ein Indiz für eine Sackgasse. Im Fragebogen findet sich nach Frage S-27 aber eine Sprunganweisung zu Frage 29, d.h. man hat nur vergessen, einen entsprechenden Pfeil in das Filterdiagramm einzutragen.

Schließlich ist für die Gestaltung des Fragebogens noch ein
Typ von Fragen wichtig, bei dem mehr als eine Antwort zulässig ist. Auf die Frage, "welche Wochenzeitungen lesen Sie?"
kann ein Befragter selbstverständlich mehrere Wochenzeitungen
nennen, denn die Lektüre von "Bayernkurier" und "St. Pauli
Nachrichten", von "Zeit" und "Neue Revue" schließen sich
gegenseitig nicht aus. Keinesfalls sollte man für diese Frage
nur eine Spalte einplanen und für die Antworten Mehrfachlochungen vornehmen (vgl. Fußnote S.35n). Vielmehr sind mehrere Variablen zu bilden, die in verschiedenen Spalten abgelocht werden. Dabei gibt es im wesentlichen zwei Möglichkeiten: entweder die *mehrfache Dichotomisierung ("multiple
dichotomy method")* oder die *Reihung* durch den Befragten
("multiple response method").[1] Welche davon vorzuziehen ist,
hängt im wesentlichen davon ab

> 1) wie <u>lang</u> die Liste der geplanten Antwort-
>   vorgaben ist,
>
> 2) ob durch Vorgaben das Erinnerungsvermögen
>   angeregt werden soll oder
>
> 3) ob der Forscher die Anordnung der Nennungen
>   zu analysieren gedenkt.

Ein Beispiel für die mehrfache Dichotomisierung ist die in
Abb.3-6 dargestellte Frage 16 aus dem ALLBUS 198o.

In diesem Fall ist die Zahl der einzeln vorgelesenen Ämter
zwar nicht klein, aber das Vorlesen regt zweifellos die Erinnerung an, so daß Kontakte zu Behörden genannt werden, an
die sich der Befragte spontan nicht erinnert hätte. Wegen (1)
und (2) wird meist das Format der mehrfachen Dichotomisierung verwendet. Bei einer Verwendung von Residualkategorien
("Sonstige Behörden? Nein/Ja Welche? ———") läßt sich zumindest die Bedingung (1) unschwer erfüllen.

------

1) Siehe dazu SPSS, Inc., 1983: 3o3.

<table>
<tr><td>16</td><td colspan="3">INT.:gelbe Liste 5 überreichen und jedes Amt einzeln abfragen</td></tr>
<tr><td></td><td colspan="3">Hier auf dieser Liste stehen einige Behörden und Ämter. Hatten Sie im letzten Jahr mit einer oder mehreren dieser Behörden oder Ämter Kontakt, d.h. waren Sie persönlich da oder haben Sie telefoniert oder einen Brief geschrieben?</td></tr>
</table>

	Wie ist es mit dem ..... *INT.: Ämter einzeln vorlesen*	Kontakt gehabt	keinen Kontakt gehabt	
A	Einwohnermeldeamt/ Standesamt	1	2	48
B	Ordnungsamt, z.B. Ausweisstelle, Bußgeldstelle, KFZ-Zulassung (nicht TÜV)	1	2	49
C	Finanzamt/ Steueramt	1	2	50
D	Arbeitsamt	1	2	51
E	Wohnungsamt	1	2	52
F	Bau-, Liegenschafts- oder Katasteramt	1	2	53
G	Polizei (auch Verkehrspolizei)	1	2	54
H	Sozialamt	1	2	55
J	Jugendamt	1	2	56
K	Gesundheitsamt	1	2	57
L	Fernmeldeamt	1	2	58
M	Krankenkassen (AOK, Zusatzkassen usw., keine Privatkassen)	1	2	59
N	Landesamt für Besoldung und Versorgung	1	2	60
O	Bundesversicherungsanstalt für Angestellte (BfA), Landesversicherungsanstalt (LVA)	1	2	01
P	Öffentliche Beratungsstellen (z.B. Rechtsberatung, Erziehungsberatung)	1	2	62
Q	Schulleitung / Schulbehörde	1	2	63
				9

Abb. 3.6   Beispiel einer Frage mit mehrfacher Dichotomisierung

Die Reihungsmethode wird überwiegend verwendet, wenn die *zeitliche Anordnung* von Ereignissen wichtig ist oder wenn die mehr
oder minder spontan zustandegekommene Reihenfolge der Nennungen als *latenter Indikator* für ihre relative Wichtigkeit interpretiert werden soll. Im allgemeinen wird man den Befragten
jedoch explizit bitten, für einzelne Items eine solche Rangordnung aufzustellen. Ein einfaches Beispiel für die Reihungsmethode liefert Frage 23 aus dem ALLBUS 1982 (vgl. Abb. 3.7):

<table>
<tr><td>S23</td><td colspan="4">Nennen Sie mir bitte noch das Jahr Ihrer Eheschließung.
Falls Sie mehrere Male verheiratet waren, beginnen Sie mit dem Jahr, in dem die <u>erste</u> Heirat stattfand.

INT.: Antwort(en) im Schema unter Frage S23 eintragen</td></tr>
<tr><td>S23a</td><td colspan="4">INT.: falls mehrere Ehen

Bitte sagen Sie mir für Ihre frühere(n) Ehe(n), in welchem Jahr Sie geschieden bzw. verwitwet wurden.

INT.: für <u>alle</u> Ehen der Befragungsperson genau nachfragen und im Schema unten eintragen:

a) Jahr der Eheschließung

b) Jahr der Scheidung bzw. Todesjahr des Ehepartners</td></tr>
</table>

	Frage S23	Frage S23a	
	Heiratsjahr	Scheidungsjahr wenn Ehe geschieden	Todesjahr wenn verwitwet
erste Heirat	23/24	25/26	27/28
zweite Heirat	29/30	31/32	33/34
dritte Heirat	35/36	37/38	39/40
vierte Heirat	41/42	43/44	45/46

99

Abb. 3.7   Mehrfachnennung in Reihenformat

Ein guter Fragebogen antizipiert die Schwierigkeiten und Hemmungen des Interviewten nicht nur durch eine angemessene Frageformulierung, sondern auch durch Anweisungen an den Interviewer: schwierige Fragen sind ein zweites Mal vorzulesen; bei ausweichenden, ungenauen oder ungewöhnlichen Antworten ist gegebenenfalls nachzufragen ("*probe*"). Auch solche Anweisungen müssen in den Fragebogen aufgenommen werden. Bei Frage S-11 (Abb.3-2) heißt es z.B.:

"<u>INT</u>: bitte genau nachfragen"

Bei standardisierten Antwortvorgaben mag es zweckmäßiger sein, hinter die " problematischen" Vorgaben ein spezielles Zeichen zu setzen, z.B. ein dickes "❗".

Standardisierte Fragebögen sollten dem Interviewer prinzipiell
nicht die Entscheidung überlassen, wo und wann ein Nachfragen
erforderlich ist. Es bleibt das Ziel dieser Form der Datenerhebung, die Erhebungsbedingungen für alle Befragten möglichst
<u>konstant</u> zu halten. Die von einem guten Interviewer wahrschein-
lich getroffenen Entscheidungen sollen durch entsprechende
Hinweise für alle anderen Interviewer verbindlich gemacht werden, damit auch in dieser Hinsicht die Erhebungsbedingungen
für alle Befragten gleich sind.

Ein in dieser Weise gestalteter Fragebogen bietet wichtige
Voraussetzungen dafür, daß die Daten verfahrenstechnisch ein-
fach erhoben und elektronisch weiterverarbeitet werden können.
Sie reichen aber noch nicht aus:

- Interviewer oder Beobachter müssen re-
  krutiert und eingewiesen werden;

- mindestens ein "Pretest" ist durchzuführen,
  um das Instrument "im Feld" zu testen;

- hierbei zu Tage tretende Mängel oder Fehler
  sind zu beseitigen.

Auch nach Abschluß dieser Arbeiten ist in der Hauptphase der
Datenerhebung höchste Wachsamkeit erforderlich:

- Interviewer müssen betreut und bei Problemen zusätzlich instruiert werden;

- die Erhebungsinstrumente sind noch im
  Feld auf Vollständigkeit bzw. Fehler zu
  prüfen;

- bei Problemfällen wird eine zweite Kon-
  taktaufnahme (evtl. telefonisch) in Er-
  wägung zu ziehen sein;

- die ausgefüllten Instrumente sind zu
  sichern.

Auch wenn wir auf diese[1] und inhaltlichen Probleme der Frageformulierung[2] nicht näher eingehen können, darf man den insgesamt erforderlichen Arbeitsaufwand nicht unterschätzen. Die Qualität der Ergebnisse kann nicht besser sein, als die der Daten. Das Erste Gesetz der Datenverarbeitung gilt uneingeschränkt: "garbage in, garbage out!"

---

1) Siehe dazu Fiedler, 1978.
2) Siehe dazu Noelle, 1963; Belson, 1981; Kreutz und Titscher, 1974; Payne, 1951; Schumann und Presser, 1981; Sudman und Bradburn, 1979, 1982.

3.2 Das Kodieren der Daten

Nehmen wir an, wir haben nun ausgefüllte Erhebungsinstrumente
vor uns liegen und die im vorhergehenden Abschnitt gegebenen
Ratschläge zur Gestaltung des Fragebogens wurden weitestgehend
befolgt. Die Daten befinden sich dann auf standardisierten
Fragebögen, in denen die Antwortvorgaben etwa wie beim ALLBUS
vorkodiert sind. Das Verschlüsseln der Antworten als ein von
der Phase der Datenerhebung getrennter Arbeitsschritt ist
dann nur noch bei wenigen offenen oder halboffenen Fragen
notwendig. Alle anderen Antworten sind direkt vom Fragebogen
auf einen maschinenlesbaren Datenträger (z.B. Lochkarten)
übertragbar. Insofern stellt bereits das gedruckte Erhebungsinstrument ein - allerdings noch unvollständiges - Kodebuch
dar. Es muß nur noch ergänzt werden, etwa durch folgende Zu-
satzangaben:

> - für Zwecke der Datenverwaltung: Studien-Nr.,
>   Fragebogen-Nr., Interviewer-Nr. etc.;
>
> - Kodes für im Fragebogen selbst nicht auf-
>   geführte fehlende Werte (z.B. in Abb. 3-1
>   eine 7 für Antwortverweigerung oder eine 9
>   für keine Antwort, wenn der Interviewer
>   versehentlich ein Item ausgelassen hat);
>
> - Kodes für offene bzw. halb-offene Fragen.

Noch wichtiger als die Erleichterung bei der Erstellung eines
Kodebuchs sind die folgenden Vorteile eines vorkodierten Fragebogens:

> - man erspart sich die Zeit und Kosten für
>   den Zwischenschritt der Datenübertragung
>   auf separate *Kodierblätter ("code sheets")*;
>
> - man vermeidet Übertragungfehler, die sich
>   bei der relativ monotonen Tätigkeit des
>   Kodierens nur allzu leicht einschleichen.

Abb. 3.7 zeigt ein solches Kodierblatt.

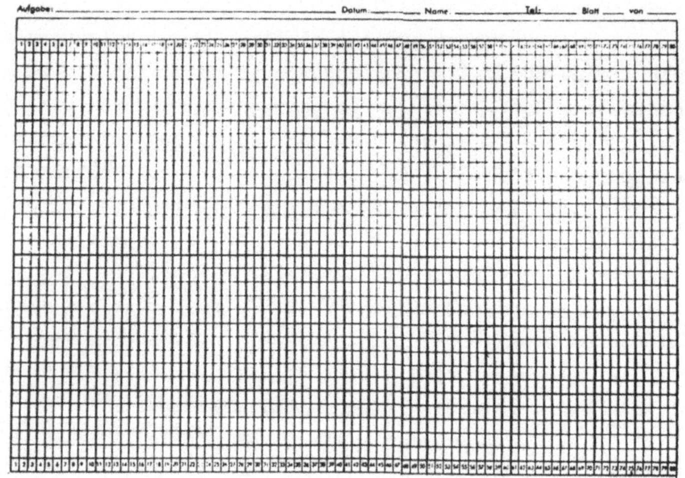

Abb. 3.7 Muster eines Kodierblattes

Die Verwendung von Kodierblättern wird allerdings immer dann notwendig sein,

- wenn man das Erhebungsinstrument zum Ablochen nicht an Dritte weitergeben will oder darf;

- wenn der Fragebogen personenbezogene Daten enthält (Namen, Adressen etc.) und der Datenschutz bzw. die Vertraulichkeit der Information gefährdet ist;

- wenn der Fragebogen kompliziert aufgebaut ist und man den Datentypisten nicht zumuten kann, auf der Suche nach abzulochenden Kodes lange im Fragebogen zu blättern;

- wenn das Risiko besteht, daß manche Kodes leicht übersehen und somit nicht abgelocht werden;

> - oder wenn der Fragebogen überwiegend aus
> offenen oder halboffenen Fragen besteht,
> die ohnehin in einem separaten Arbeits-
> gang kodiert werden müssen.

Die Handhabung von Kodierblättern ist einfach. Sie haben 8o
numerierte Spalten (entsprechend der Spaltenzahl auf Lochkarten) und 25 bis 4o Zeilen. Jede Zeile entspricht also einer
Lochkarte. Die im Regelfall numerisch verschlüsselten Daten
werden dann einfach in das laut Kodebuch (oder Fragebogen)
dafür vorgesehene Kästchen eingetragen. Dabei verwendet man
nacheinander so viele Zeilen wie notwendig. Die Daten des
nächsten Falles folgen unmittelbar beginnend in der nächsten
Zeile.

Ein Teil des Mehraufwands für die Erstellung der Kodierblätter
wird natürlich dadurch wettgemacht, daß die Daten so schneller
abgelocht werden. Andererseits sind schlampig geschriebene
Zahlen eine weitere, unangenehme Fehlerquelle.

Als Zwischenlösung bietet sich auch die Verwendung von *Kodierleisten*[1] an. Dies sind spaltenförmig angeordnete Kästchen
am Seitenrand des Erhebungsinstruments, in welche die verschlüsselten Antworten wie bei den Kodierblättern eingetragen
werden. Kodierleisten sind zweckmäßig, wenn große Teile des
Erhebungsinstruments vorkodiert und somit direkt abgelocht
werden können und nur bei bestimmten Teilen die Übertragung
in eine für Datentypisten akzeptable Form erfolgen muß.

Rein technisch ist die Weiterverarbeitung kodierter Daten also
unproblematisch. Schwierigkeiten ergeben sich nur bei offenen
und halb-offenen Fragen, doch die sind inhalticher Natur.
Einige Hinweise zur Kodierung solcher Fragen haben wir in Ab-

---

1) Ein Beispiel für einen Fragebogen mit Kodierleiste ist ab-
   gedruckt in Babbie, 1979: 524-533.

schnitt 3.1 bereits gegeben. In der Praxis kann man die Probleme der Kodierung offener oder halb-offener Fragen manchmal umgehen, wenn die Antworthäufigkeit niedrig ist und inhaltliche Gründe eine Kodierung nicht zwingend erforderlich machen. In diesem Fall kann man etwa folgende Entscheidungsregel verwenden:

    - die Residualkategorien halb-offener
      Fragen werden differenzierter kodiert,
      wenn sie mehr als 5% aller Antworten
      zu dieser Frage ausmachen.

    - Offene Fragen werden nur kodiert, wenn
      mehr als 10% aller Interviewten auf
      diese Frage geantwortet haben.

Man würde solche Fragen und Antwortkategorien zunächst mit einem vorläufigen Kode versehen, z.B. "07" für "andere Parteien" (siehe Abb. 3.3), oder bei offenen Fragen eine "0" für "keine Antwort" bzw. "95" für (evtl. auf besonderen Indexkarten festgehaltene) Antworten. Bei dieser Verfahrensweise würde die detaillierte Kodierung allenfalls <u>nach</u> einer Auszählung der Antworten durch den Computer erfolgen und nur, wenn sichergestellt ist, daß eine detaillierte Auswertung inhaltlich sinnvoll und notwendig ist. Ein solchermaßen entwickeltes Kategorienschema wird schließlich mit den zugewiesenen Kodes in das Kodebuch eingetragen und ist Grundlage für das Kodieren.

Auch die Arbeit der Kodierer muß kontrolliert werden. Bei einfachen Kodierungen genügen laufende Stichproben, obzwar so viele Fehler unentdeckt bleiben. Sie alle finden zu wollen, erfordert einen unangemessen hohen Aufwand. Solche Stichproben regen die Kodierer aber zu erhöhter Wachsamkeit an und geben Auskunft über die wahrscheinliche Fehlerhäufigkeit für bestimmte Kodierer oder Teile des Fragebogens. Bei komplizierteren Kodierarbeiten, wie sie bei offenen Fragen und generell bei der Inhaltsanalyse (vgl. Lisch und Kriz, 1978) anfallen, können Kodieranweisungen selbst zu Fehlern führen,

sei es, daß sie zweideutig sind oder den Kodierern einen zu
'großen Entscheidungsspielraum gewähren. Hier ist durch eine
Verläßlichkeits- oder *"Reliabilitäts"*-Prüfung zunächst der
Beweis zu führen, daß die verschiedenen Kodierern vorgelegte
Information unter Zugrundelegung derselben Kodieranweisungen
(zumindest annähernd oft) zu gleichen Kodierentscheidungen
führt. Wenn nicht, ist die Analyse solcher "Daten" von vornherein sinnlos.

3.3 Das Ablochen der Daten

Trotz enormer Forschritte bei der Entwicklung von *Beleglesern*
("optical scanners") scheiden diese für die Übertragung der
Daten in eine maschinenlesbare Form meist aus, teils wegen
hoher Kosten des Programmieraufwands oder mangelnder Verfügbarkeit. Sie kommen zur Anwendung vorwiegend in großen Organi-
sationen mit prozessproduzierten Daten, nicht aber bei der
überwiegenden Mehrzahl sozialwissenschaftlicher Forschungs-
projekte. Deswegen gilt noch immer, daß die Daten meist manu-
ell auf Lochkarten übertragen werden, obwohl zunehmend mehr
oder weniger "intelligente" *Bildschirmgeräte* zum Einsatz kommen, die an *Diskettenlaufwerke ("disc drives")* oder direkt
an den Computer angeschlossen sind. In jedem Fall ist bei der
Dateneingabe das im Kodebuch festgelegte Format zu befolgen,
welches jeder Frage und jedem Beobachtungsmerkmal bestimmte
Spalten einer "Karte" zuweist.
Im Gegensatz zu alphanumerischen Variablen bzw. Textinformation werden numerische Kodes immer *rechtsbündig* abgelocht;
sie dürfen natürlich auch keine Leerspalten *("blanks")* enthalten. Ist eine Zahl kleiner als das im Kodebuch dafür vorgesehene Feld, bleiben die nicht benötigten linken Spalten
leer, oder sie werden mit Nullen *("leading zeroes")* aufgefüllt. Negative Werte erhalten ein Minuszeichen vorneweg; alle
anderen Zahlen gelten als positiv. Bei Dezimalzahlen ist statt
eines Kommas immer ein Punkt zu setzen. Legt man von vornher-

ein fest, daß die Zahl der zu lochenden Dezimalstellen konstant ist, braucht man den Dezimalpunkt überhaupt nicht zu
lochen; eine entsprechende Spezifikation kann später programmtechnisch erfolgen (siehe DATA LIST-Befehl).

Textinformation (Vorname, Familienname, Wohnort etc.) kann
natürlich auch eingegeben werden, nur müssen entsprechend
viele Spalten eingeplant werden. Diese Daten werden immer
linksbündig abgelocht. Nicht benützte Spalten hinter dem Namen,
Wohnort etc. bleiben frei (*"trailing blanks"*) und werden nie
mit Nullen aufgefüllt.

Wurde ein falsches Zeichen gelocht, ist die ganze Karte un-
brauchbar. Wir müssen nun nicht alles neu stanzen, sondern
können die korrekte Information der alten Karte "duplizieren"
(doppeln). Eine gestanzte Karte wird in die *Lesestation* ein-
geführt, der Locher tastet sie Spalte für Spalte ab und überträgt die Lochungen auf eine in der *Lochstation* befindliche
ungelochte Karte. Nur die fehlerhaften Spalten werden neu gestanzt. Man kann den Kartenlocher auch "programmieren", bestimmte Arbeitsvorgänge automatisch vorzunehmen. So kann er
über eine Programmtrommel angewiesen werden, von numerischen
auf alphabetische Zeichen umzuschalten (oder umgekehrt), bestimmte Spalten zu überspringen oder bestimmte Spalten der
zuvor gelochten Karte auf die nächstfolgende zu übertragen.

Auch das Lochen der Daten ist rigoros zu prüfen: die gestanz-
ten Karten werden z.B. in einen *Lochprüfer ("verifier")* ge-
steckt, und der Fragebogen wird von Anfang bis Ende ein zweites Mal "gelocht". Der Lochprüfer sieht aus wie ein Stanzer,
de facto <u>vergleicht</u> er aber nur die beim zweiten Durchgang
intendierte "Lochung" mit der vorgefundenen. Stellt er eine
Abweichung fest, ertönt ein Summton. Der Prüfer hat nun in
einem zweiten und schließlich dritten Versuch die Möglichkeit,
eine Korrektur vorzunehmen. Liegt ein Lochfehler vor, bleibt
die Diskrepanz natürlich bestehen. Die gelochte Karte erhält

dann einen besonderen Vermerk, damit später eine neue Karte
gestanzt wird. Analog verfährt man, wenn die Daten auf ein
Magnetband oder ein anderes "Medium" übertragen werden.

Ist dies alles geschehen, empfiehlt es sich zu guter Letzt,
alle Karten für die Eingabe in den Computer zu ordnen: alle
zu einem Fall gehörenden Karten müssen beieinander und in der
richtigen Reihenfolge sein. Dies läßt sich über Fallidentifi-
kations- und Kartennummern per Hand leicht bewerkstelligen,
zumal die Reihenfolge der Fälle untereinander willkürlich sein
kann. Wir brauchen sie also nicht nach ihrer Identifikationsnummer zu sortieren. Dieses manuelle Verfahren ist vielleicht etwas altmodisch, aber nicht unbedingt langsamer als
die entsprechende Kontrolle mit Hilfe eines Sortierprogramms.
Entscheidend ist die Fall- bzw. Kartenzahl, sowie die Qualität der Locher oder Locherinnen. Sind die Daten elektromagne-
tisch gespeichert, muß diese Kontrolle programmtechnisch erfolgen.[1)]

In den meisten Studien arbeitet man - wie beim ALLBUS - mit
einem *festen Format ("fixed format")*. Jeder Fall hat die gleiche Anzahl von Karten und die Plazierung der erhobenen Merkmale erfolgt auf für alle Fälle identischen Karten- und Spaltennummern. Das "Kartendeck" für 2 Fälle aus dem ALLBUS sieht
dann wie folgt aus:

---

1) Näheres dazu in Abschnitt 12.1 .

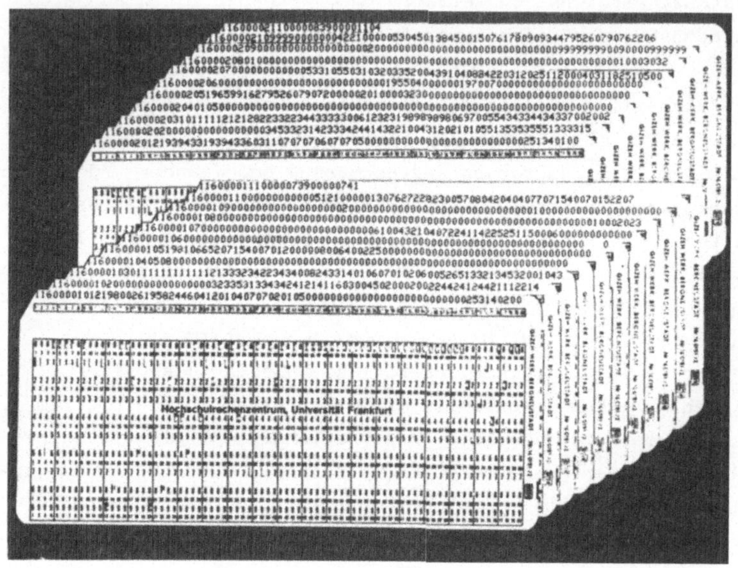

Abb. 3.8   Kartensatz für zwei Fälle aus dem ALLBUS '82

Daten, die ein variables Format haben oder eine hierarchische
Struktur, lassen sich natürlich auch elektronisch verarbeiten.
Im Rahmen dieser Einführung verzichten wir jedoch auf eine
Darstellung der entsprechenden Methoden und begnügen uns mit
dem Verweis auf Kapitel 11 im SPSS-X Users Guide.

KAPITEL 4

ELEKTRONISCHE DATENVERARBEITUNG MIT SPSS-X

In Abb. 3.8 haben wir die Lochkarten für zwei von insgesamt
2992 Fällen des ALLBUS 1982 abgebildet. Abb. 4.1 zeigt nun ein
einfaches Musterprogramm, das aus dem vollständigen *Rohdaten-
satz* einige der in Kapitel 3 abgebildeten Fragen bzw. Variablen einliest und analysiert. Der Einfachheit halber sind die
Lochkarten hier — wie in allen späteren Beispielen — "aufgelistet": die oberste Zeile entspricht der ersten Lochkarte
und die unterste der letzten Karte eines *Kartenstapels ("card
deck")*. In dieser Form erscheint das Programm auch, wenn man
an einem Bildschirm arbeitet.[1]

Wir haben in diesem Beispielprogramm die Steuer- bzw. JCL
(*job control language*)-Kommandos weggelassen, in die ein SPSS-
Programm gewöhnlich eingebettet ist. Sie sprechen das *Betriebssystem ("operating system")* des Zentralrechners an und sind
von Hersteller zu Hersteller (IBM, SIEMENS, UNIVAC, CDC etc.)
verschieden. Zum Glück benötigt man in der Regel nur sehr
wenige JCL-Kommandos. Um an einer Großrechenanlage zu arbeiten, muß jeder Benutzer ohnehin eine Rechen-Nr. beantragen.
Bei dieser Gelegenheit kann sich jeder nach den lokalen Besonderheiten erkundigen und sich mit den notwendigen JCL-
Befehlen vertraut machen.

---

1) Generell ist die Arbeit an einem Bildschirm der Arbeit mit
   Lochkarten vorzuziehen. Sollte man jedoch *gezwungen* sein,
   mit Lochkarten zu arbeiten, so ist es zweckmäßig, den
   Kartenstapel auf der Oberseite mit einer oder mehreren Dia-
   gonal-Linien zu markieren. Dadurch erkennt man sofort,
   wenn die Karten durcheinander geraten sind. Wenn das Einlesen vom Personal des Rechenzentrums vorgenommen wird,
   benötigt man solche Markierungen manchmal auch, um das
   eigene Kartendeck zwischen denen anderer Benutzer wieder-
   zufinden.

Abb. 4.1   Musterprogramm eines einfachen SPSS-Programms
             mit Rohdateneingabe


```
TITLE  MUSTERPROGRAMM MIT ROHDATEN VOM ALLBUS 1982
DATA LIST FIXED RECORDS=11
  /2 FRAUROL1 40 FRAUROL2 41 FRAUROL3 42 FRAUROL4 43
     FRAUROL5 44 FRAUROL6 45
  /3 PARTEI 57-58
  /5 FAMSTD 45

VARIABLES LABELS
  FRAUROL1      'BERUF BEREUHRT NICHT BEZIEHUNG ZU KIND'
  FRAUROL2      'MANN HELFEN, SELBER NICHT KARRIERE MACHEN'
  FRAUROL3      'BABYS LEIDEN BEI BERUFSTAET. DER MUTTER'
  FRAUROL4      'MANN SOLL ARBEITEN, FRAU BLEIBT ZU HAUSE'
  FRAUROL5      'VORTEIL FUER KINDER WENN MUTTER ARBEITET'
  FRAUROL6      'KEINE DOPPELVERDIENER'
  PARTEI        'ZWEITSTIMME AM NAECHSTEN SONNTAG'
  FAMSTD        'WELCHEN FAMILIENSTAND HABEN SIE?'

VALUE LABELS
    FRAUROL1 TO FRAUROL6 1'VOLLE ZUSTIMMUNG'
                         2'EHER ZUSTIMMUNG'
                         3'EHER ABLEHNUNG'
                         4'VOLLE ABLEHNUNG'
                         8'WEISS NICHT'
              /PARTEI 1'CDU/CSU'
                      2'SPD'
                      3'FDP'
                      4'NPD'
                      5'DKP'
                      6'GRUENE'
                      7'SONST'
                     10'NICHT WAEHLEN'
                     97'VERWEIGERT'
                     98'WEISS NICHT'
                     99'KEINE ANTWORT'
              /FAMSTD  1'VERHEIRATET ZUSAMMEN'
                       2'VERHEIRATET GETRENNT'
                       3'VERWITWET'
                       4'GESCHIEDEN'
                       5'LEDIG'
```

```
MISSING VALUES
   FRAUROL1 TO FRAUROL6, FAMSTD (0,8,9)
                       / PARTEI (98 THRU HIGHEST)

FREQUENCIES VARIABLES = FRAUROL1 TO FRAUROL6
           /HISTOGRAM
           /STATISTICS = MEDIAN

BEGIN DATA
11600001012198002619582446041201040707020105000000000000000000000000000253140200
11600001020000000000000000323353133434242121411603004502000200224424124421112214
116000010301111111111111213332342234340082433140106070102060552651332134532001043
11600001040508000000000000000000000000000000000000000000000000000000000000000000
11600001051981066520715400701200000800640022500000000000000000000000000000000000
11600001060000000000000000000000000000000000000000000000000000000000000000000000
11600001070000000000000000000000000061004321040722411422525115000600000000000000
11600001080000000000000000000000000000000000000000000000000000000000000010002023
11600001090000000000000000000000000000000000000000000000000000000000000000000000
116000011000000000000512100000130762722823005708042040407707154007015 2207
11600001110000073900000741
116000020121939433193943360311 07.....u.s.w.
  .
  .
  .
  .
u.s.w. (jeweils 11 Eingabezeilen pro Fall)
END DATA

SELECT IF (FAMSTD LE 3)

CROSSTABS VARIABLES = PARTEI(1,10) FAMSTD(1,5)7
              TABLES = PARTEI BY FAMSTD
STATISTICS 1 4

FINISH
END OF FILE
```

Im allgemeinen regeln diese Kommandos, ob und mit welcher
Priorität jemand Rechenzeit beanspruchen kann und welches
Konto mit den anfallenden Kosten zu belasten ist. Bei umfang-
reicheren Arbeiten wird man dem Computer ferner im voraus
mitteilen (müssen):

- wieviel Rechenzeit man höchstens benötigt,
- wieviel Speicherplatz,
- wieviele Seiten die Druckausgabe umfassen wird,
- ob (und gegebenenfalls wieviele)
  Magnetbänder angefordert werden,
- mit welcher Priorität ein "job" auszuführen ist,
- oder auf welcher Einheit die Ein- bzw. Ausgabe der "Daten" erfolgen soll.

Solche Information verlangen alle Rechner, es sei denn, die
entsprechenden Parameter wurden bereits bei der Vergabe der
Rechennummer definiert. Das letzte JCL-Kommando ruft das
Programmsystem SPSS auf. Damit wird dem Rechner signalisiert,
daß die nun folgenden Kommandos in der SPSS-(Meta)Sprache ab-
gefaßt sind. Dieses System ist ein in FORTRAN und Assembler
geschriebenes Quellenprogramm, das letztlich dazu dient, daß
diese Kommandos in die Maschinensprache überführt werden
können.

Betrachten wir nun unser erstes SPSS-Beispielprogramm in
Abb. 4.1 etwas genauer. Zunächst sehen wir das *Programm-* oder
Anweisungs-File ("command file"). Diese Befehle orientieren
sich weitgehend an der natürlichen Sprache (Englisch) und
sind — bei aller Vielfalt — recht einfach. Wir können sie in
vier große Gruppen aufteilen:

A. *Lauf-Verwaltungskommandos (job utility commands)*
   (z.B. TITLE, FINISH)

B. *Daten- bzw. File-Definitionskommandos*
   (z.B. FILE INFO, DATA LIST, VARIABLE LABELS,
   VALUE LABELS, MISSING VALUES, BEGIN DATA,
   END DATA)

C. *Daten- bzw. File-Modifikationskommandos*
   (z.B. SELECT IF)

D. *Prozedurkommandos*, d.h. Arbeitsanweisungen,
   durch die schließlich ein Ausdruck erzeugt
   wird.
   (z.B. FREQUENCIES, CROSSTABS)

Betrachten wir nun dieses Programmbeispiel etwas genauer, um
die Funktion der einzelnen Befehle und ihren inneren Zusammenhang zu verstehen. Was bewirken diese Befehle im einzelnen?

TITLE: Versieht jede Seite der Druckausgabe (vgl. Abb.
                  4.2 bis 4.4) mit der Kopfzeile:
                  "MUSTERPROGRAMM MIT ROHDATEN VOM ALLBUS 1982"

DATA LIST: Sagt dem Computer wieviele Karten bzw. Zeilen
                  pro Fall zu lesen sind und auf welcher Karte
                  (Zeile) und in welchen Spalten sich die interes-
                  sierenden Merkmale (Variablen) befinden. Jedem
                  Merkmal wird zugleich ein eigener Name zugewie-
                  sen. Man muß <u>nicht</u> alle im Datensatz vorhandenen
                  Merkmale einlesen; man kann und soll sich auf
                  diejenigen beschränken, die für die nachfolgen-
                  den Arbeitsanweisungen auch wirklich benötigt
                  werden.

VARIABLE LABELS: Jede Variable <u>kann</u> zusätzlich ein Etikett
                  ("*Label*") erhalten, z.B. um die Frageformulie-
                  rung zumindest in Kurzform festzuhalten; dient
                  zur besseren Dokumentation der Druckausgabe.

VALUE LABELS: Die Verwendung dieses Kommandos ist — wie der
                  VARIABLE LABELS-Befehl — *wahlfrei ("optional")*;
                  die Kodes der einzelnen Variablen erhalten ein
                  Etikett, das den Antwortvorgaben im Fragebogen
                  entspricht.

MISSING VALUES: Gibt an, welche Kodes bei den einzelnen Varia-
                  blen für fehlende Beobachtungswerte ("weiß
                  nicht"-Antworten, Verweigerungen etc.) verwendet
                  wurden. Diese werden dann bei der Berechnung z.B.
                  von Mittelwerten nicht berücksichtigt.

FREQUENCIES: Wir erstellen für alle Befragten für die in
                  Abb. 3.1 dargestellten Fragen zur Rolle der Frau
                  zuerst je eine Häufigkeitstabelle und ein Balken-
                  diagramm.
                  Für alle Tabellen kann man weiterhin eine Reihe
                  statistischer Maßzahlen berechnen. Für die uni-
                  variaten Häufigkeitstabellen haben wir uns je-
                  doch auf den Median beschränkt und mit dem
                  Unterbefehl: /STATISTICS=MEDIAN
                  die entsprechende Auswahl vorgenommen.

BEGIN DATA: Hinweis an den Computer bzw. SPSS, daß das *Programm-File* (vorläufig) zu Ende ist und als nächstes keine weiteren SPSS-Komanndos, sondern das *Daten-File* gelesen werden soll, und zwar im Format wie auf dem DATA-LIST-Kommando angegeben.

1160000101.. Es folgen die Rohdaten wie sie in Übereinstimmung mit dem Kodebuch vom Fragebogen eingegeben wurden; diese Karten bzw. Zeilen enthalten auch Merkmale, die von diesem Beispielprogramm nicht gelesen werden.

END DATA: Hinweis an den Computer bzw. SPSS, daß nun das *Daten-File* zu Ende ist und nun wieder Befehle in der SPSS-Syntax folgen.

SELECT IF: Nun wählen wir alle Befragten aus, die (1) verheiratet sind und mit ihrem Partner leben, (2) verheiratet, aber von ihrem Partner getrennt, oder (3) geschieden sind.

CROSSTABS: Diese drei Untergruppen gliedern wir mit Hilfe einer Kreuztabelle nach ihrer Parteipräferenz auf; die Daten brauchen nicht erneut eingelesen werden, sie sind noch gespeichert.

STATISTICS: Auch für Kreuztabellen lassen sich verschiedene statistische Kennziffern berechnen. Hier geschieht dies etwas anders als bei FREQUENCIES: man spezifiziert auf dem sich anschließenden STATISTICS-Kommando nur Kennziffern:
'1' verlangt die Berechnung von Chi-Quadrat,
'4' die des Koeffizienten Lambda.

FINISH: Hinweis, daß keine weiteren SPSS-Kommandos mehr folgen; der Computer erwartet jetzt wieder JCL-Kommandos.

Natürlich stellt SPSS-X viele andere und wesentlich komplexere Unterprogramme für statistische Analysen zur Verfügung. Die obigen Arbeitsanweisungen genügen jedoch, um das allgemeine Verfahren zu illustrieren.

Abb. 4.2 bis 4.4 zeigen die *Druckausgabe ("display"* oder *"print file")* für das Beispielprogramm. Zunächst wird in Abb. 4.2 das SPSS-Programm mit einer fortlaufenden Numeriérung zur Linken wiedergegeben. Nach der DATA LIST-Karte ist eine sogenannte *"Korrespondenz-Tafel"* eingeschoben, auf der spaltenweise die Namen der Variablen, ihre Position (Karten-Nr., Anfangs-Spalte, End-Spalte), ihr Format (F = numerische, A = alphanumerische Daten), die Spalten- oder *Feldbreite* sowie die Anzahl der Dezimalstellen aufgeführt sind. Ein Vergleich dieser Tafel mit dem Kodebuch soll uns helfen, "logische" Fehler auf der DATA-LIST-Karte zu entdecken. Ohne diese Kontrolle könnte man irrtümlich die Daten einer Variablen in falschen Spalten lesen und zu wundersamen Ergebnissen gelangen.

Nach den Programmkarten und der Korrespondenztafel folgen auf der nächsten Seite Hinweise *("diagnostic messages")* darüber, ob und wie das Programm ausgeführt wird:

- ob etwa Syntax-Fehler im Programm entdeckt wurden; mit Hinweisen wo und welcher Art; (s. dazu Abschnitt 4.4.2) und

- wie groß der verfügbare Arbeitsspeicher ist und wieviel Speicherkapazität für die Arbeitsanweisungen benötigt werden.

Hinweise dieser Art durchziehen den Ausdruck und erscheinen auch ganz am Ende mit Auskünften über die verbrauchte Computerzeit, die Zahl der gelesenen Programmkarten oder die Zahl der evtl. festgestellten Fehler.

Abb. 4.3 zeigt den ersten Teil der gewünschten statistischen Auswertungen: eine der sechs angeforderten Häufigkeitstabellen nebst dem zugehörigen Histogramm. Darunter folgen die statistischen Kennziffern; in unserem Beispiel ist es nur der Median.

Abb. 4.2   Musterausdruck mit Programmvorspann
           und Korrespodenztafel


```
21 SEP 87    SPSS-X RELEASE 2.0A-UW1.0 FOR SPERRY 1100
16:06:55     HRZ Universitaet Frankfurt/M.  SPERRY 1100/91    OS1100

SPSS INC LICENSE NUMBER:    9315

   1  0             TITLE  MUSTERPROGRAMM MIT ROHDATEN VOM ALLBUS 1982
   2  0             DATA LIST FIXED RECORDS=11
   3  0                /2 FRAUROL1 40 FRAUROL2 41 FRAUROL3 42 FRAUROL4 43
   4  0                   FRAUROL5 44 FRAUROL6 45
   5  0               /3 PARTEI 57-58
   6  0               /5 FAMSTD 45
   7  0
THE ABOVE DATA LIST STATEMENT WILL READ  11 RECORDS FROM FILE INLINE
             VARIABLE    REC   START     END       FORMAT  WIDTH  DEC

             FRAUROL1      2     40       40          F       1     0
             FRAUROL2      2     41       41          F       1     0
             FRAUROL3      2     42       42          F       1     0
             FRAUROL4      2     43       43          F       1     0
             FRAUROL5      2     44       44          F       1     0
             FRAUROL6      2     45       45          F       1     0
             PARTEI        3     57       58          F       2     0
             FAMSTD        5     45       45          F       1     0
END OF DATALIST TABLE.

   8  0             VARIABLES LABELS
   9  0             FRAUROL1    'BERUF BEREUHRT NICHT BEZIEHUNG ZU KIND'
  10  0             FRAUROL2    'MANN HELFEN, SELBER NICHT KARRIERE MACHEN'
  11  0             FRAUROL3    'BABYS LEIDEN BEI BERUFSTAET. DER MUTTER'
  12  0             FRAUROL4    'MANN SOLL ARBEITEN, FRAU BLEIBT ZU HAUSE'
  13  0             FRAUROL5    'VORTEIL FUER KINDER WENN MUTTER ARBEITET'
  14  0             FRAUROL6    'KEINE DOPPELVERDIENER'
  15  0             PARTEI      'ZWEITSTIMME AM NAECHSTEN SONNTAG'
  16  0             FAMSTD      'WELCHEN FAMILIENSTAND HABEN SIE?'
```

```
17  0
18  0          VALUE LABELS
19  0              FRAUROL1 TO FRAUROL6 1'VOLLE ZUSTIMMUNG'
20  0                                   2'EHER ZUSTIMMUNG'
21  0                                   3'EHER ABLEHNUNG'
22  0                                   4'VOLLE ABLEHNUNG'
23  0                                   8'WEISS NICHT'
24  0                          /PARTEI 1'CDU/CSU'
25  0                                   2'SPD'
26  0                                   3'FDP'
27  0                                   4'NPD'
21 SEP 87   MUSTERPROGRAMM MIT ROHDATEN VOM ALLBUS 1982
16:06:59    HRZ Universitaet Frankfurt/M.  SPERRY 1100/91    OS1100

28  0                                   5'DKP'
29  0                                   6'GRUENE'
30  0                                   7'SONST'
31  0                                  10'NICHT WAEHLEN'
32  0                                  97'VERWEIGERT'
33  0                                  98'WEISS NICHT'
34  0                                  99'KEINE ANTWORT'
35  0                          /FAMSTD  1'VERHEIRATET ZUSAMMEN'
36  0                                   2'VERHEIRATET GETRENNT'
37  0                                   3'VERWITWET'
38  0                                   4'GESCHIEDEN'
39  0                                   5'LEDIG'
40  0
41  0          MISSING VALUES
42  0              FRAUROL1 TO FRAUROL6, FAMSTD (0,8,9)
43  0                              /PARTEI (98 THRU HIGHEST)
44  0
45  0          FREQUENCIES VARIABLES = FRAUROL1 TO FRAUROL6
46  0                      /HISTOGRAM
47  0                      /STATISTICS = MEDIAN
48  0

THERE ARE    12274 WORDS OF MEMORY AVAILABLE.
THE LARGEST CONTIGUOUS AREA HAS    12274 WORDS.
 ***** GIVEN WORKSPACE ALLOWS FOR  1753 VALUES AND    219 LABELS PER VARIABLE FOR 'FREQUENCIES' *****
```

Abb. 4.3 Teil der Druckausgabe des Musterprogramms:
          Häufigkeitstabellen und Histogramme

```
21 SEP 87    MUSTERPROGRAMM MIT DATEN DES ALLBUS82
16:06:59     HRZ Universitaet Frankfurt/M.  SPERRY 1100/91    OS1100

FRAUROL1  BERUF BEREUHRT NICHT BEZIEHUNG ZU KIND

                                                    VALID    CUM
   VALUE LABEL            VALUE  FREQUENCY  PERCENT  PERCENT  PERCENT

   VOLLE ZUSTIMMUNG         1       269       9.0      9.2      9.2
   EHER ZUSTIMMUNG          2       702      23.5     24.0     33.3
   EHER ABLEHNUNG           3       754      25.2     25.8     59.1
   VOLLE ABLEHNUNG          4      1194      39.9     40.9    100.0
   WEISS NICHT              8        70       2.3    MISSING
                           9         2        .1    MISSING
                                  -------   -------  -------
                         TOTAL     2991     100.0    100.0

   COUNT      VALUE    ONE SYMBOL EQUALS APPROXIMATELY 24.00 OCCURRENCES

     269       1.00    ***********
     702       2.00    *****************************
     754       3.00    *******************************
    1194       4.00    ************************************************
                       I.........I.........I.........I.........I.........I
                       0       240       480       720       960      1200
                               HISTOGRAM FREQUENCY

MEDIAN      3.000
```

Abb. 4.4 zeigt die gewünschte Kreuztabelle PARTEI BY FAMSTD, die statistischen Kennziffern Chi Quadrat und Lambda, sowie die Zahl der Fälle mit Fehlwerten. Da CROSSTABS die letzte Prozedur ist, druckt SPSS anschließend noch einige diagnostische Meldungen aus: die Zahl der Kommandos unseres SPSS-Programms, die Zahl der Fehlermeldungen, Warnungen und die verbrauchte Computerzeit.

Abb. 4.4   Teil der Druckausgabe des Musterprogramms:
           Kreuztabelle und diagnostische Meldungen

```
51  0           SELECT IF (FAMSTD LE 3)
52  0
53  0           CROSSTABS VARIABLES = PARTEI(1,10) FAMSTD(1,5)/
54  0                   TABLES = PARTEI BY FAMSTD
55  0           STATISTICS 1 4
56  0
INTEGER CROSSTABS NEEDS        205 WORDS OF MEMORY.
THERE ARE    12270 WORDS OF MEMORY AVAILABLE.
THE LARGEST CONTIGUOUS AREA HAS    12270 WORDS.
21 SEP 87   MUSTERPROGRAMM MIT DATEN DES ALLBUS82
16:07:05    HRZ Universitaet Frankfurt/M.   SPERRY 1100/91    OS1100

- - - - - - - - - - - - - - - - - - - - - C R O S S T A B U L A T I O N   O F - - - - - - - - - - - - - -
    PARTEI   ZWEITSTIMME AM NAECHSTEN SONNTAG              BY FAMSTD    WELCHEN FAMILIENSTAND HABEN SIE?
- - - - - - - - - - - - - - - - - - - - - - - - - - - - - - - - - - - - - - - - - - - - - - - - - - - - -

              FAMSTD
         COUNT  I
                IVERHEIRA VERHEIRA VERWITWE    ROW
                ITET ZUSA TET GETR T           TOTAL
                I       1I       2I       3I
PARTEI   --------+--------+--------+--------+
           1 I    718 I    13 I   170 I    901
CDU/CSU      I        I       I       I    47.9
           --------+--------+--------+--------+
           2 I    431 I    14 I   112 I    557
SPD          I        I       I       I    29.6
           --------+--------+--------+--------+
           3 I    183 I     5 I    28 I    216
FDP          I        I       I       I    11.5
           --------+--------+--------+--------+
           4 I      6 I       I     1 I      7
NPD          I        I       I       I     .4
           --------+--------+--------+--------+
```

```
                  +---------+---------+---------+
         5  I    4  I         I         I    4
DKP         I       I         I         I    .2
         +---------+---------+---------+
         6  I   77  I    2  I    7  I   86
GRUENE      I       I       I       I   4.6
         +---------+---------+---------+
         7  I         I         I    1  I    1
SONST       I         I         I       I    .1
         +---------+---------+---------+
        10  I   66  I    5  I   39  I  110
NICHT WAEHLEN  I       I       I       I   5.8
         +---------+---------+---------+
         COLUMN   1485       39      358     1882
         TOTAL    78.9      2.1     19.0    100.0


CHI-SQUARE    D.F.      SIGNIFICANCE      MIN E.F.        CELLS WITH E.F.< 5
----------    ----      ------------      --------        -------------------

 44.04470     14          .0001           .021    11 OF   24 ( 45.8%)
                                        WITH PARTEI      WITH FAMSTD
      STATISTIC          SYMMETRIC      DEPENDENT        DEPENDENT
      ---------          ---------      -------------    -------------

LAMBDA                                 .00145         .00102              .00252
NUMBER OF MISSING OBSERVATIONS =    423
21 SEP 87    MUSTERPROGRAMM MIT DATEN DES ALLBUS82
16:07:05     HRZ Universitaet Frankfurt/M.   SPERRY 1100/91    OS1100

PRECEDING TASK REQUIRED      .65 SECONDS CPU TIME;      2.90 SECONDS ELAPSED.

 57  0           FINISH
    57 COMMAND LINES READ.
     0 ERRORS DETECTED.
     0 WARNINGS ISSUED.
     2 SECONDS CPU TIME.
     9 SECONDS ELAPSED TIME.
       END OF JOB.
END OF FILE
```

4.1 Die Syntax der SPSS-Sprache

Nach diesem ersten Überblick wollen wir einige zentrale Begriffe einführen und die wichtigsten allgemeinen Regeln der SPSS-Syntax erläutern. Diese nicht sonderlich zahlreichen Konventionen sind unbedingt einzuhalten, da ihre Verletzung meist zu einem Abbruch des Programms führt. Das spezielle Format einzelner Befehle wird in späteren Abschnitten dargestellt.

1. Alle *Befehle ("commands")* beginnen in Spalte 1 und können über mehrere Karten laufen. Bei den Fortsetzungskarten muß mindestens die 1.Spalte frei bleiben. Zur Trennung darf man beliebig viele Leerspalten und Leerzeilen einschieben, etwa um das Programm optisch besser zu gestalten.

2. Jeder Befehl beginnt mit einem *Kennwort ("key word")* wie 'DATA LIST', 'VARIABLE LABELS' o.ä. Nach einem Abstand von mindestens einer Leerspalte folgt das *Spezifikationsfeld*, in dem weitere Angaben gemacht werden. Nur wenige Befehle haben kein Spezifikationsfeld (z.B. BEGIN DATA).

3. Alle Merkmale, ob als Rohdaten eingelesen oder durch Berechnungen erst geschaffen, benötigen einen eigenen *Namen*. Er darf maximal 8 Zeichen umfassen und muß mit einem Buchstaben beginnen.(Nur in besonderen Fällen kann am Anfang auch ein Sonderzeichen stehen.) Danach können beliebige Symbole folgen.

4. Die Namensgebung auf der DATA LIST-Karte kann mit der TO-Regel vereinfacht werden, wenn am Ende des Variablen-Namens eine Zahl erscheint, die dann bei den durch das Kennwort 'TO' implizierten Variablen jeweils um 1 erhöht wird. So schreibt man

statt:	einfacher:
V1, V2, V3, V4, V5 ... V1oo	V1 TO V1oo
VARO11 VARO12 VARO13	VARO11 TO VARO13
FRAUROL1 FRAUROL2 ... FRAUROL6	FRAUROL1 TO FRAUROL6

Falsch sind auf der DATA LIST-Karte die folgenden Beispiele:

FRAGE1A TO FRAGE1F	(keine Zahl am Ende)
VAROO7 TO VAR12	(der Zifternteil des 2. Variablen-Namens darf nicht weniger Stellen haben als der Zifternteil des ersten Variablen-Namens)
Item5 TO ITEM1	(inverse Reihenfolge)

5. Auf anderen Steuerkarten hat die TO-Regel <u>nicht</u> die Funktion, Variablen-Namen zu erstellen. Sie definiert vielmehr eine Liste von Variablen (in der z.B. auf der DATA LIST-Karte festgelegten Reihenfolge), die gleich zu behandeln sind: bei der Definition fehlender Werte, bei Datenmodifikationen oder statistischen Prozeduren. In unserem Beispiel-Programm hätte man also auch schreiben können

    FREQUENCIES   VARIABLES = FRAUROL1 TO FAMSTD

um eine Häufigkeitstabelle für alle Variablen zu bekommen.

6. Kennwörter dürfen nicht als Variablen-Namen verwendet werden. Dies sind u.a.

ALL	EQ	LE	NOT	TO
AND	GE	LT	OR	WITH
BY	GT	NE	THRU	

7. Leerspalten und Kommas sind *allgemeine Trennzeichen ("common delimiters")*, mit denen Kennwörter, Namen, Etikette oder Zahlen voneinander getrennt werden. Daneben gibt es *spezielle Trennzeichen:* Klammern, Apostroph, Schrägstrich und Gleichheitszeichen. Diese müssen so verwendet werden, wie es für die einzelnen Befehle vorgeschrieben ist; sie sind untereinander nicht austauschbar.

8. Die Symbole für arithmetische Operationen sind selbstabgrenzend, d.h. zusätzliche Trennzeichen sind nicht erforderlich. Die verwendeten Symbole sind für

Addition:	+	Multiplikation:	*
Subtraktion:	-	Division:	/
		Exponentiation:	**

4.2 Die typographische Darstellung des allgemeinen Formats von SPSS-Anweisungen

Um das spezielle Format der einzelnen Programmkarten mit den zugehörigen Kennwörten, Trennzeichen, Unterbefehlen usw. graphisch übersichtlich darzustellen, werden wir im wesentlichen den Konventionen des *"SPSS-X User's Guide"*[1] folgen.

Für die Prozedur CROSSTABS z.B. sieht die allgemeine Darstellung des Formats wie folgt aus:

```
CROSSTABS   VARIABLES = varlist (min,max) [varlist....]
            /TABLES    = varlist BY varlist [BY...][/varlist...]
```

- Elemente in Großbuchstaben sind Kennwörter; sie müssen so geschrieben werden, wie sie erscheinen.

- Elemente in Kleinbuchstaben geben an, wo der Benutzer eine Spezifikation vornehmen muß. Bei 'varlist' z.B. sind die Namen der gewünschten Variablen einzusetzen; bei 'label' der Text für ein Etikett usw.

- Spezielle Trennzeichen müssen gesetzt werden wie angegeben; allgemeine Trennzeichen können zusätzlich verwendet werden.

- Elemente in eckigen Klammern sind wahlfrei; eine Spezifikation kann, muß aber nicht erfolgen.

- Elemente zwischen den Zeichen "<" und ">" geben an, wo nur <u>eines</u> von mehreren vertikal angeordneten Kennwörtern zulässig ist. Wird ein Kennwort kursiv gedruckt, wählt SPSS es automatisch. Eine Wahl unter den angebotenen Alternativen ist dann nur notwendig, wenn die *Voreinstellung ("default parameter")* geändert werden soll.

Bei der Prozedur REGRESSION zeigt das folgende Element die Alternativen für die Behandlung von Fällen mit fehlenden Werten:

```
                       <  LISTWISE          >
         [/MISSING =   <  PAIRWISE          >   ]
                       <  MEANSUBSTITUTION  >
                       <  INCLUDE           >
```

[1] Dies ist die "Bibel des Programmsystems SPSS-X; der fortgeschrittene Benutzer wird ohne dieses Nachschlagewerk nicht auskommen. Wenn wir im folgenden auf einzelne Kapitel dieses Manuals hinweisen, werden wir die Abkürzung "UG" verwenden, gefolgt von den Kapitel- und Abschnittsnummern.

4.3 Der Aufbau eines SPSS-Programms

Die Reihenfolge der Programmkarten ist nicht beliebig:

- Bevor Etikette oder fehlende Werte eingegeben oder Datenmodifikationen verlangt werden, müssen die Variablen-
  Namen durch die DATA LIST-Karte definiert sein:

- STATISTICS- und OPTIONS-Karten müssen der zugehörigen
  Prozedur-Anweisung unmittelbar folgen;

- werden Rohdaten eingelesen, muß dies vor der 2. Prozedur
  geschehen;

- Fortsetzungskarten einer SPSS-Anweisung müssen unmittelbar aufeinanderfolgen, ohne daß etwa andere SPSS-Befehle
  dazwischengeschoben werden.

Die Reihenfolge der Karten orientiert sich an den für die Ausführung bestimmter Befehle notwendigen Voraussetzungen. Bei
entsprechenden Fehlern wird die Bearbeitung des Programms abgebrochen.[1] Bedeutsamer als die _formal_ falsche Reihung ist
die _logisch_ falsche Anordnung von Karten, weil diese Fehler
vom Programm nicht entdeckt werden können. Darauf ist besonders bei der Verwendung von Daten-Modifikationskommandos
zu achten.

---

1) Für eine ausführliche Darstellung der Befehls-Abfolge
   siehe UG: Appendix B.

4.4 <u>Hilfe vom System</u>

Wir wissen jetzt in groben Zügen, wie man einen einfachen
Lauf mit Rohdaten starten kann. Auch wenn alles einfach er-
cheint, gibt es bei der konkreten Arbeit mit SPSS-X noch
viele Stolpersteine. Deswegen ist es unrealistisch anzunehmen,
daß unser Programm schon nach wenigen Versuchen fehlerfrei
"laufen" wird. Im Gegenteil: der Anfänger ist immer wieder
davon überrascht, wieviel man doch falsch machen kann. Allzu
hohe Erwartungen enden in tiefem Frust, denn der Computer ist
ein unerbittlicher Lehrmeister. Wir tun gut daran, die Fehler nicht bei ihm, sondern zunächst bei uns zu suchen.

Die Situation wird noch dadurch kompliziert, daß SPSS-X
nicht an allen Rechnern gleich implementiert ist, so daß
es im Detail zu Abweichungen von dem kommen kann, was in
dieser Einführung oder im "User's Guide" steht. SPSS-X
wird außerdem ständig verbessert und erweitert, so daß man
sich auch deswegen über den Stand und die lokalen Abänderun-
gen des Programmsystems informieren muß: über Aushänge im
Rechenzentrum, die dortige Programmberatung (vielleicht haben
sie dort sogar ein Einführungspapier!) oder über den Infor-
mations-Dienst des SPSS-Programmsystems. Außer dem dafür vorgesehenen INFO-Befehl bietet SPSS-X noch eine Reihe anderer
Hilfen, etwa wenn wir das Format des Ausdruckes verändern
oder Zusatzinformation einfügen wollen. Schließlich liefert
uns der Computer "freiwillig" Warnungen oder Fehlermeldungen.
Einige dieser Dinge wollen wir in diesem Abschnitt behandeln,
andere erst in Kapitel 6.

4.4.1. <u>Der INFO-Befehl</u>

Selbst wenn noch keine Daten für statistische Analysen verfügbar sind: haben wir uns erst einmal mit den wichtigsten JCL-
Karten vertraut gemacht, können wir uns zumindest durch den
INFO-Befehl wichtige Auskünfte zur Vorbereitung der anstehen-
den Rechenarbeiten beschaffen. Das allgemeine Format des entsprechenden Kommandos ist:

```
INFO        [OUTFILE = handle]
            [OVERVIEW]
            [LOCAL]
            [FACILITIES]
            [PROCEDURES]
            [ALL]
            [procedure name][/procedure name]
            [SINCE n[.m]]
```

<u>Beispiel</u>:

INFO OVERVIEW LOCAL FREQUENCIES/CROSSTABS SINCE 1.0

<u>OUTFILE</u>:   *Ausgabedateien("output files")* werden gewöhnlich
                automatisch zum Drucker geleitet, auch die In-
                formation, die wir über die INFO-Anweisung er-
                halten. Wollen wir sie anderswohin kopiert ha-
                ben, muß ein entsprechender Zugriffsname
                ("handle") angegeben werden. In diesem Fall sind
                weitere JCL-Karten notwendig.

<u>OVERVIEW</u>:   Dies ist der voreingestellte ("default") Para-
                meter. Wenn keine weiteren Unterbefehle ange-
                geben werden, erhalten wir ein Inhaltsverzeich-
                nis über die durch den INFO-Befehl abrufbare
                Information.

<u>LOCAL</u>:   Information über lokale Änderungen des Programm-
                systems SPSS-X.

<u>FACILITIES</u>:   Auskunft über alle Abweichungen (außer bei Pro-
                zeduren) von der im "SPSS-X User's Guide" doku-
                mentierten Version. Es werden aber nur die Modi-
                fikationen seit der letzten Hauptversion be-
                schrieben. Für eine komplette Dokumentation ver-
                wende man zusätzlich das Kennwort 'SINCE' (s. unten).

PROCEDURES: Auskunft über alle Veränderungen bei den Prozeduren oder über neue Prozeduren.

ALL: Für alle Informationen, die sonst einzeln
durch OVERVIEW, LOCAL, FACILITIES und PROCE-
DURES abgerufen werden.

PROCEDURE name: Auskunft über Veränderungen bei der spezi-
fisch genannten Arbeitsanweisung; es können
mehrere entsprechende Kennwörter genannt werden. Sie müssen aber durch einen Schrägstrich
voneinander getrennt sein.

SINCE n.m: Bei jedem SPSS-Lauf gibt das System in der
Kopfzeile die derzeitigen Version-Nr. des
Programmpakets an. Version 2.3 würde bedeuten: es läuft die 2. Hauptversion von SPSS-X,
die zum dritten Mal in unwesentlichen Details
geändert wurde. Spezifizieren wir nun
"SINCE 1", werden alle Veränderungen seit der
im SPSS-X User's Guide dokumentierten Version
1.o aufgeführt. "SINCE n" wird also in aus-
schließender Bedeutung gebraucht. Bei
"SINCE 2.o" würden die Änderungen ab Version
2.1 erfaßt.

4.4.2. <u>Fehlerdiagnostik</u>

In den Anfängen der Informatik hatten Programmierer es wesentlich schwerer als heute: bei Fehlern hörte der Computer einfach auf zu arbeiten und "sagte nichts mehr". Wer dies weiß,
wird dankbar sein für jede Fehlermeldung und für jeden Hinweis darüber, wo er stecken könnte. In dieser Hinsicht wurde
SPSS stetig verbessert, so daß Fehler heute oder verglichen
mit Programmiersprachen sehr schnell gefunden und korrigiert
werden können.

Alle Meldungen erscheinen im Druck-File unmittelbar hinter
der Zeile, in der ein Fehler oder eine "Ungereimtheit" entdeckt wurde. SPSS unterscheidet zwischen

- *Hinweisen* *("notes"),*
- *Warnungen* *("warnings")* und
- *Fehlern* *(" errors")* unterschiedlichen Grades.

Alle diese Meldungen haben eine Nummer, danach folgen Angaben
über

- die Spalten, in denen der Fehler entdeckt wurde;
- die verletzte grammatikalische Regel;
- die Reaktion des System auf die Regelverletzung.
  Hier gibt es drei Möglichkeiten:

1. <u>Hinweise</u> oder <u>Warnungen</u> führen nicht zur Unterbrechung
   des Programmablaufs. Erscheinen z.B. Sonderzeichen in
   einem numerischen Datenfeld, bekommen die entsprechenden Variablen einen "system-missing value" (s. 5.3.)
   und scheiden von der Analyse aus. Das System teilt
   dem Benutzer nur mit, welche Fälle, Karten und Spalten davon betroffen sind und überläßt es ihm, Korrek-
   turmaßnahmen zu ergreifen.
   Auch bei <u>leichten Programmfehlern</u>, die für die Datenanalyse keine weiteren Konsequenzen haben, wird das
   Programm weiter ausgeführt; die fehlerhafte Anweisung
   wird schlicht ignoriert. Dies geschieht z.B. bei Fehlern auf der VARIABLE LABELS- oder VALUE LABELS-Karte.

2. Haben die Fehler größere Tragweite, wird die Ausführung ("execution") des Programms abgebrochen und die Eingabedaten werden ignoriert. Das System sucht dennoch nach weiteren Syntaxfehlern im Programm und druckt sie ebenfalls aus. So wird die Korrektur von Programmfehlern (das "Debugging") erheblich abgekürzt.

3. Kapitale Fehler führen zu einem sofortigen Abbruch der Programmbearbeitung durch den Computer. In den meisten Fällen handelt es sich dabei nicht um SPSS-Syntaxfehler, sondern um JCL-Fehler (z.B. wenn mehr Seiten bedruckt und mehr Zeit verbraucht wird, als ursprünglich angezeigt wurde). Je nach lokalen Gegebenheiten führt auch das Überschreiten einer bestimmten Fehlerzahl (s. 6.4.) zum sofortigen Abbruch der Programmbearbeitung.

Für die Schreckhaften unter uns ein Trost: Die Zahl der Fehlermeldungen ist meist größer als die der tatsächlichen Syntaxfehler. Manche Fehler führen nämlich zu einer Lawine weiterer Fehlermeldungen, so daß die Korrektur eines Fehlers viele andere Fehlermeldungen verschwinden läßt. Ein Computerprogramm ist eben <u>nicht</u> ein Sammelsurium einzelner Befehle, sondern ein System interdependenter Teile. Deswegen kann es vorkommen, daß der eigentliche Fehler sogar vor dem beanstandeten Befehl liegt. Wenn wir z.B. auf der DATA LIST-Karte 'VARO1' (mit einem 'O' wie in 'Oma') verwenden und später im Programm immer auf 'VARO1' (mit der Ziffer Null) Bezug nehmen, führt dies zu vielen Fehlermeldungen, obwohl der eigentliche Fehler in der DATA LIST-Karte steckt und vom System nicht erkannt wird.

Detaillierte Kontrollmeldungen, Warnungen und eine gute Fehlerdiagnostik sind - ungeachtet der soeben genannten Schwierigkeiten - nicht nur hilfreich, sondern auch verführerisch. Sie verleiten zu der gefährlichen Annahme, ein Programm sei fehlerfrei, wenn keine Warnungen oder Fehlermeldungen ausgedruckt sind. Zu leicht vergißt man, daß das System nur Syntaxfehler moniert. Logischen Fehlern ist mit einer formalen Prüfung der Einhaltung grammatikalischer Regeln nicht beizukommen. Hier hilft nur größte Sorgfalt und ein kritisch prüfender Verstand.

4.5 Das Leistungsangebot: ein Überblick

SPSS-X ist ein komplexes und vielseitig einsetzbares Programm-
paket. Der Name "Statistical Package" legt den Schluß nahe,
daß es nur zu statistischen Auswertungen taugt. Dies ist nur
bedingt richtig. Auch wenn "letztlich" statistische Analysen
angestrebt werden, wofür SPSS-X in der Tat ein reichhaltiges
Angebot an Prozeduren bereit hält, ist der große Nutzen - und
der Erfolg - von SPSS darin begründet, daß es wesentlich mehr
leistet. Es ist nämlich auch ein System für den Aufbau, die
Modifikation und Dokumentation von Datenfiles, ein *"data base
management system"*. In der Kombination dieser Leistungsange-
bote liegt seine eigentliche Stärke.

Die folgende Aufstellung enthält neben den in dieser Einführung behandelten, elementaren Arbeitsanweisungen eine Reihe
komplexerer und nicht so häufig eingesetzter Techniken, auf
deren Darstellung wir verzichten müssen. Wir wollen dennoch
auf sie aufmerksam machen, um kein verkürztes Bild von den
Einsatzmöglichkeiten dieses Programmsystems zu geben. In Aufbau und Verwendungsart der Befehle unterscheiden sich elementare und komplexe Verfahren jedoch nicht.

Das Leistungsangebot von SPSS umfaßt im wesentlichen die folgenden vier Bereiche:

Gestaltung der Rahmenbedingungen

- SPSS-X liefert Information über sich selbst, d.h.
  über lokale Veränderungen oder Unterschiede zwischen jeweils neuesten und früheren Versionen.

- Der Benutzer kann spezielle Parameter ändern, die
  den Programmablauf und das Druckformat bestimmen
  und - in gewissen Grenzen - die Druckausgabe
  anders gestalten.

- Zusätzliche Programmdokumentation kann eingegeben,
  gespeichert und auf Wunsch abgerufen werden.

- Detaillierte diagnostische Meldungen ermöglichen
  eine bessere Kontrolle des Ablaufs eines Programms
  und helfen bei der Suche und Korrektur von Syntax-
  Fehlern.

Ein- und Ausgabe von Daten

- Man kann in einem einzigen Lauf mehrere Datenfiles
  lesen und verarbeiten. Diese Files lassen sich dann
  als ein integrierter Datensatz oder in (evtl. anders
  zusammengesetzten) Teilen generieren und speichern.

- SPSS-X verarbeitet numerische und nicht-numerische
  Daten. Letztere können bis zu 25o Zeichen lang sein.

- Rohdaten werden in festem oder variablem Format gelesen (bei gleicher Variablenzahl pro Fall).

- SPSS bearbeitet außer rechteckigen auch hierarchische
  Datenfiles mit unterschiedlich vielen Datenkarten pro
  Fall.

- Daten-Definitionskarten können mit den Rohdaten in
  einer schneller lesbaren und einfacher zu handhaben-
  den Form als "System File" gespeichert werden.

- SPSS erstellt und liest außer Rohdaten auch z-Werte,
  Korrelations-Matrizen sowie Häufigkeitstabellen (z.B.
  für LOGLINEAR).

Datenmodifikationen

- Man kann komplexe logische Relationen formulieren und
  fallweise auf ihre formale Richtigkeit prüfen.

  Eine Vielzahl von arithmetischen und logischen Operationen erlaubt es, neue Variablen zu definieren bzw.
  die Werte bereits existierender Variablen zu ändern.

- Das Datenfile kann nach verschiedenen Kriterien sortiert werden.

- Eine Aggregation oder Disaggregation der Daten ist
  möglich.

- Aus der Gesamtheit der verfügbaren Untersuchungseinheiten kann man u.a. Zufallsstichproben ziehen.

- Die Untersuchungseinheiten lassen sich z.B. für Hochrechnungen unterschiedlich gewichten.

- Untersuchungseinheiten können ganz oder teilweise
  von der Analyse ausgeschlossen werden.

- Für die Entwicklung von Indizes steht eine Reihe
  von Prüfmethoden zur Verfügung.

Datenanalyse

- Eine Reihe von Prozeduren gestattet die fallweise
  Darstellung der Daten *("case listings")* in beliebi-
  gem Format, mit oder ohne zusätzlichem Text oder spe-
  zifischen Maßzahlen, z.B. LIST, WRITE (vgl.Kap.1o)
  oder REPORT (UG: 23).

- Häufigkeitstabellen sind durch FREQUENCIES (vgl.Kap.11.1)
  oder CROSSTABS (vgl.Kap.11.4) zu erstellen, wobei zugleich eine Reihe statistischer Maßzahlen berechnet
  werden kann.

    Für FREQUENCIES: arithmetisches Mittel, Standardab-
      weichung, Minimum, Maximum, Standardfehler des
      arithmetischen Mittels, Varianz, Schiefe, Standard-
      fehler der Schiefe, Wölbung, Standardfehler der
      Wölbung, Range, Modus, Median, Summe.
    Für CROSSTABS: Chi-Quadrat, Phi, Cramers V, der Kon-
      tingenzkoeffizient, Lambda, der Unschärfekoef-
      fizient, Kendalls tau-b, Kendalls tau-c, Gamma,
      Somers d, Eta, Pearsons r.

- Häufigkeitsauszählungen für Fragen mit möglichen Mehrfachnennungen liefert MULT RESPONSE (vgl.Kap.11.3).

- Tabellen mit Mittelwerten (statt Häufigkeiten) in den
  Zellen produziert BREAKDOWN (vgl.Kap.11.5) zusammen mit
  einer einfachen Varianzanalyse und einem Linearitäts-
  test.

- Eine graphische Darstellung der Daten liefern PIE-
  CHART, BARCHART, LINECHART (UG: 24) oder SCATTERGRAM
  (vgl. Kap. 11.6), letzteres zusammen mit Pearsons r, r^2,
  Signifikanz von r, dem Standardfehler von r, dem
  Schnittpunkt mit der Y-Achse und dem Steigungskoeffi-
  zienten b.

- Weitere, wichtige Prozeduren für die statistische
  Analyse der Daten sind:

<u>CONDESCRIPTIVE</u>   (Kap.11.2)

Liefert nur univariate Maßzahlen für Intervallskalen (arithmetisches Mittel mit seinem Standardfehler, Standardabweichung,
Varianz, Schiefe, Wölbung, Range, Maximum, Summe). Die Prozedur erstellt <u>keine</u> Tabellen.

<u>RELIABILITY</u>   (UG: 39)

Zur Ermittlung der Verläßlichkeit einer Skala (Cronbachs
Alpha, Split, Guttman, Parallel).

<u>PEARSON CORR</u>   (Kap.11.7)

Pearsons Korrelationskoeffizient r für zwei metrische Variablen; außerdem: arithmetisches Mittel, Standardabweichung,
Kreuzprodukt der Abweichungen, Varianz.

<u>PARTIAL CORR</u>   (Kap.11.8)

Pearsons Korrelationskoeffizient r, wobei Drittvariablen konstant gehalten (kontrolliert) werden können; zusätzlich: einfacher ("zero-order") Korrelationskoeffizient, arithmetisches
Mittel, Standardabweichung.

<u>NONPAR CORR</u>   (Kap.11.1o)

Berechnet Spearmans Rho und/oder Kendalls tau-b mit Signifikanzniveau. Ausgabe der Koeffizienten auch als Matrix.

<u>NPAR TESTS</u> (Kap.11.11)

Führt eine Reihe nichtparametrischer Tests durch: Chi-Quadrat,
Runs, Binomial, McNemar, Cochran Q, Kolmogorov-Smirnow, Sign,
Wilcoxon, Friedman, Kendalls W, Median, Mann-Whitney, Wald-
Wolfowitz, Moses, Kruskal-Wallis.

<u>REGRESSION</u>   (Kap.11.9)

Multiple Regression mit einer Reihe von Maßzahlen zur Prüfung
des "Fits" von Daten und Modell; schrittweises Einführen bzw.
Weglassen von unabhängigen Variablen möglich ("forward inclu-
sion", "backward elimination","stepwise" mit verschiedenen
Algorithmen); Analyse der Residuen.

<u>FACTOR</u>   (UG: 35)

Die Faktorenanalyse dient dem Auffinden einiger Grundfaktoren
in einer Menge korrelierter Variablen bzw. der Prüfung ihrer
Struktur. Anfangsfaktoren können durch die Hauptkomponenten-,
die Hauptachsenmethode, durch die ungewichtete oder die verallgemeinerte Methode der kleinsten Quadrate oder durch Maximum-
Likelihood-Algorithmen extrahiert werden. Danach stehen verschiedene orthogonale oder schiefwinklige Rotationsmethoden
zur Auswahl. Faktorenwerte ("scores") können berechnet und in
das Datenfile eingefügt werden.

DISCRIMINANT   (UG:36)

Dieses Verfahren berechnet Linearkombinationen unabhängiger
Variablen, die geeignet sind, zwischen verschiedenen Gruppen
von Untersuchungseinheiten zu unterscheiden. Wie bei der Re-
gressionsrechnung stehen mehrere Algorithmen für das Hinzu-
fügen oder Weglassen weiterer unabhängiger Variablen zur Verfügung. Es werden eine Reihe Tabellen, Maßzahlen und Diagramme
gedruckt. Außerdem können Diskriminanzwerte berechnet und in
das Datenfile eingefügt werden.

LOG LINEAR   (UG:29)

Dies ist ein modernes Verfahren der multivariaten Kontingenz-
tabellenanalyse. Man kann Anpassungstests für hierarchische,
nichthierarchische und quasi-unabhängige Modelle auch mit
strukturellen Nullen durchführen. Die Daten können als Häufigkeitstabelle oder als normales File eingegeben werden. Auch
die "Design Matrix" kann man nach Belieben festlegen. Die
Druckausgabe enthält neben verschiedenen Parametern und ihren
Standardfehlern die beobachteten und erwarteten Häufigkeiten
in den einzelnen Zellen, sowie die entsprechenden konditiona-
len Wahrscheinlichkeiten.

SURVIVAL   (UG: 4o)

Diese Prozedur untersucht den Zeitabstand zwischen zwei Ereignissen. Sie produziert Sterbetafeln oder Sterbefunktionen
und kann die Überlebenswahrscheinlichkeiten diverser Untergruppen vergleichen. Auch Fälle, bei denen das zweite Ereig-
nis (noch) nicht stattgefunden hat, können in die Analyse
einbezogen werden.

BOX-JENKINS   (UG:38)

Dieses Verfahren dient der Prüfung von Modellen für Zeitreihen.
Auf dieser Grundlage lassen sich Prognosen erstellen. Die Vorhersagewerte werden betrachtet als Funktion von Autokorrela-
tionen, Zufallseinflüssen sowie von Saisonschwankungen und
Trendeinwirkungen. Je nach Spezifikation der Unterbefehle können eine Reihe verschiedener Modelle geprüft werden.

ONEWAY   (Kap. 11.13)

Diese Prozedur liefert einfache Varianzanalysen einer intervallskalierten, abhängigen Variablen mit einer unabhängigen
Variablen. Einfache Varianzanalysen können zwar auch mit
BREAKDOWN, ANOVA und MANOVA durchgeführt werden, doch führt
ONEWAY eine Reihe von Tests durch, die dort nicht zur Verfügung stehen: Tests für Trends sowie apriorische und aposteriorische Vergleiche (least significant difference (LSD), DUNCAN,
Student-Newman-Keuls, Tukeys alternate procedure, Tukeys
honestly significant difference, modified LSD, Scheffé).

<u>T-Test</u>   (Kap. 11.12)

Mit diesem Verfahren vergleicht man Stichprobenmittelwerte und
prüft mit Hilfe von Students t, ob der Unterschied statistisch signifikant ist. Kann für unabhängige oder abhängige
("paired") Stichproben eingesetzt werden.

<u>ANOVA</u>   (UG:26)

Dieses Verfahren führt Varianzanalysen für faktorielle Versuchsanordnungen durch; Interaktionseffekte können unterdrückt
und konkomitante Variablen ("covariates") spezifiziert werden.
Eine komplette Kovarianzanalyse ist aber nur über MANOVA möglich. Drei Methoden der Varianzzerlegung sind verfügbar: der
klassische, experimentelle Ansatz, der Regressionsansatz und
der hierarchische Ansatz. Man kann auch eine MCA ("Multiple
Classification Analysis")-Tabelle erstellen.

<u>MANOVA</u>   (UG:28)

Dies ist ein Programm für die verallgemeinerte, multivariate
Varianz- und Kovarianzanalyse. Es ist anwendbar für Block-
Varianzanalysen, lateinische und griechisch-lateinische Quadrate, geschachtelte Versuchsanordnungen oder Designs mit
Meßwiederholung. Auch eine Reihe von Diagrammen ("plots") sind
verfügbar. Ferner kann man (multiple) Regressionskoeffizienten
berechnen, Hauptkomponenten, Diskriminanzkoeffizienten, kano-
nische Korrelationen und andere statistische Maßzahlen für
unterschiedliche Spezifikationen des allgemeinen, linearen
Modells.

Ab Version 2.o enthält das Programmsystem SPSS-X zusätzlich
die folgenden Prozeduren HILOG, QUICKCLUSTER, PLOT, PROBIT,
LOGIT und CLUSTER, ferner VSAM-File-Zugang und die Möglichkeit über USERPROC eigene FORTRAN-Programme in das SPSS-X-
System zu integrieren.

KAPITEL 5

DIE DEFINITION DER STRUKTUR EINES DATENFILES

Unsere Vorgehensweise bei der Konstruktion, dem Kodieren und der Eingabe der Daten führt zu einer im Prinzip rechteckigen *Datenmatrix*,[1] deren Zellen im wesentlichen mit numerischen Werten besetzt sind. Die Daten der Untersuchungseinheiten sind zeilenweise, die Variablen spaltenweise angeordnet. Diese Datenmatrix ist durch unser Kodebuch vollständig definiert; leider kann der Computer es in gedruckter Form nicht lesen. Wir müssen es also in seine Sprache übersetzen und erhalten dann ein äquivalentes, maschinenlesbares Kodebuch.

---

1) Dies ist das einfachste und gebräuchlichste Format eines Datenfiles. Komplexe Datenstrukturen mit einer unterschiedlichen Zahl von Karten pro Fall können mit SPSS-X ebenfalls bearbeitet werden. Die dafür notwendigen Anweisungen FILE TYPE, RECORD TYPE oder REPEATING DATA werden wir in diesem Text jedoch <u>nicht</u> behandeln (siehe dazu UG: 11).

5.1 Die Festlegung eines Zugriffsnamens durch FILE HANDLE

Wenn man die Daten nicht in das Programmfile direkt einbettet, arbeitet man mit zwei Files: dem *Programm-* und dem woanders gespeicherten *Datenfile*. Prinzipiell kann man sogar noch mehr Files in einem SPSS-Lauf ansprechen, etwa wenn ein Datenfile durch ein zweites ergänzt und ein drittes, integrietes Daten- file geschaffen wird. Deshalb benötigt jedes File einen eige- nen Namen. Dieser identifiziert das gewünschte File und lie- fert damit gewissermaßen einen "Griff" (*"handle")*, an dem man das ganze File zu "packen" bekommt. Das Format dieser Karte lautet:

         FILE HANDLE handle   / weitere Spezifikationen

Der Spezifikationsteil hinter dem Zugriffsnamen ist nicht ein- heitlich für alle Rechenzentren; man muß sich nach den je- weiligen festgelegten Konventionen vor Ort erkundigen. Auf IBM-Rechnern wird diese Karte überhaupt nicht verwendet; die evtl. notwendigen Spezifikationen erfolgen durch JCL-Karten.

Ansonsten entfällt diese Karte nur dann ganz (und der ent- sprechende 'handle'-Parameter auf der im nächsten Abschnitt besprochenen DATA LIST-Karte ebenso), wenn Programm und Daten eine Datei bilden. Dies dürfte in der Praxis die Ausnahme sein.

5.2 Die Beschreibung der Datenkarten durch DATA LIST

Mit diesem Befehl gibt man dem System wesentliche Informationen über die Datei und ihre Struktur. Allgemein ist das
Format dieser Karte wie folgt, wobei die ersten fünf *Unterbefehle ("parameter")* vor dem ersten Schrägstrich in beliebiger
Anordnung erscheinen können:

$$
\text{DATA LIST } \left[\begin{matrix}<FIXED>\\ <FREE\ >\\ <LIST\ >\end{matrix}\right] \ [\text{FILE} = \text{handle}]\,[\text{RECORDS} = \left[\begin{matrix}<1>\\ <n>\end{matrix}\right]\left[\begin{matrix}<TABLE\ \ \ >\\ <\text{NOTABLE}>\end{matrix}\right]]
$$

$$
\left/\begin{matrix}< \ 1\ >\\ <\ \ \ \ >\\ <\text{rec#}>\end{matrix}\right. \quad \text{varlist} \begin{matrix}<\text{col location } [(\text{format})]>\\ <\qquad\qquad\qquad\qquad\quad >\\ <\ (\text{FORTRAN format liste})>\end{matrix}\ [\text{varlist}]\ldots
$$

$$
\left[\left/\begin{matrix}< \ 2\ >\\ <\ \ \ \ >\\ <\text{rec#}>\end{matrix}\right. \quad \ldots\ldots\right]
$$

$$
\left[\ /\ \ldots\ldots\ \right]
$$

Dieses Format mag in der allgemeinen Schreibweise zunächst ver-
wirrend aussehen, doch braucht sich niemand zu ängstigen. In
der Praxis fallen manche Unterbefehle einfach weg. Die meisten
SPSS-Kommandos sind weit weniger kompliziert. In unserem in
Abb. 4.1 dargestellten Programmbeispiel hieß es nur:

```
DATA LIST      FIXED      RECORDS = 11
   /2  FRAUROL1  4o  FRAUROL2  41  FRAUROL3  42
       FRAUROL4  43  FRAUROL5  44  FRAUROL6  45

   /3  PARTEI  57-58
   /5  FAMSTD  45
```

Betrachten wir diese Elemente im einzelnen:

<FIXED>
<FREE >
<LIST >

In der Regel arbeiten wir mit Dateien, die ein *festes ("fixed") Format* haben, wie der ALLBUS: jeder Fall hat die gleiche Kartenzahl. Jedes Merkmal (Variable) befindet sich für alle Fälle auf der gleichen Karte und in den gleichen Spalten. Dies ist auch die Voreinstellung des SPSS. Wir können diesen Parameter also weglassen, es sei denn, wir arbeiten mit Daten im "FREE"(field)- oder "LIST"-Format. In der Praxis kommt dies aber so selten vor, daß wir in dieser Einführung darauf nicht näher eingehen brauchen (siehe dazu UG 3.6, 3.2o und 3.21).

FILE = (handle)

Den Zugriffsnamen ("handle") dagegen wird man spezifizieren müssen, wie etwa 'FILE = ALLBUS 82'. Dieser Parameter entfällt nur, wenn die Rohdaten direkt in das SPSS-Programm eingebettet sind (siehe Abschnitt 5.1).

RECORDS = <1>
          <n>

Dieser Parameter nennt die Zahl der "Karten" pro Fall. Bei festem Format ist sie natürlich für alle Fälle gleich groß. Für die Daten des ALLBUS hatten wir 'RECORDS = 11' angegeben. Wenn die Kartenzahl pro Fall gleich 1 ist (Voreinstellung), kann dieser Parameter entfallen. Dies dürfte aber nur selten zutreffen.

<TABLE >
<NOTABLE>

Diesen Unterbefehl können wir meist weglassen. Die Voreinstellung *'TABLE'* liefert uns dann die auf S. 59 erwähnte bzw. auf S. 6o abgebildete Korrespondenz-Tafel, die wir bei der Eingabe von Rohdaten zur Kontrolle durchaus benötigen. Spezifizieren wir 'NOTABLE', entfällt diese Tabelle und wir sparen etwas Papier.

Nach diesen *File-Definitionen* folgt der *Variablen-Definitionsteil* der DATA LIST-Karte. Auch er besteht aus mehreren Unterbefehlen; sie bestimmen:

      - von welcher Karte   ("rec ‡")
      - welche Variablen   ("varliste")
      - in welchen Spalten   ("col location")

zu lesen sind. Die Zahl der Unterbefehle ist gleich der Zahl
der Karten, von denen Information für die Analyse benötigt
wird. Vor <u>jedem</u> dieser Unterbefehle steht <u>ein</u>[1] Schrägstrich
als spezielles Trennzeichen.

Betrachten wir nun die Unterbefehle des Variablen-Definitions-
teils im einzelnen:

rec‡

Unabhängig davon, ob oder wie die einzelnen Karten ("records") numeriert wurden, geben wir nach dem Schrägstrich
die Ordnungszahl bzw. Reihenfolge-Nummer der Karte an, von
der wir Variablen benötigen. Die Karte mit der niedrigsten
Nummer kommt zuerst, gefolgt von Variablennamen und Spal-
tenangaben für <u>alle</u> Variablen, die von <u>dieser</u> Karte gelesen werden sollen. Ein Zurückspringen z.B. von Karte 5
zu Karte 2 ist später <u>nicht</u> möglich.

varliste

Nach Angabe der ersten Karten-Nr. (und mindestens einer
Leerspalte) folgt der Name zumindest <u>einer</u> der dort vorhandenen Variablen. Die in Abschnitt 4.1 aufgeführten, allgemeinen Regeln für die Benennung von Variablen gelten <u>un-
eingeschränkt</u>.
Es können auch <u>mehrere</u> Variablen-Namen hintereinander aufgelistet ("varlist") werden, evtl. mit Hilfe der ebenfalls
in Abschnitt 4.1 erwähnten TO-Konvention. Voraussetzung dafür ist allerdings,

- daß die Spaltenbreite für jede der auf
  einer solchen Liste aufgeführten (oder
  implizierten) Variablen gleich ist <u>und</u>

- daß die "Datenfelder" unmittelbar an-
  einander angrenzen.

col location (format)

Die einfachste Art der Spaltenangabe entspricht dem "von-
bis"-Muster der Umgangssprache. Vor dem Bindestrich steht
die Nummer der Anfangsspalte, dahinter die der Endspalte
eines Datenfeldes. Bei einspaltigen Variablen genügt die
Angabe <u>einer</u> Spalten-Nr. Sie markiert Anfang und Ende des

---

1) Für die alternative Verwendung mehrerer Schrägstriche ohne
   Angabe von "rec‡" siehe UG 3.1o.

Datenfeldes. Wollen wir also die Parteipräferenz auf Karte 4 in den Spalten 26 und 27 lesen und dann Familienstand
in Spalte 21, schreiben wir nur

   /4 PARTEI 26-27 FAMSTD 21

Die Reihenfolge der Variablen bzw. Variablenlisten ist beliebig, solange wir von derselben Karte lesen.

Folgen auf _einer_ Karte mehrere Variablen mit der gleichen
Feldbreite hintereinander kann man statt:

   /2 FRAUROL1 4o FRAUROL2 41 FRAUROL3 42

    FRAUROL4 43 FRAUROL5 44 FRAUROL6 45

vereinfacht schreiben:

   /2 FRAUROL1 TO FRAUROL6 4o-45

Das Programm bemerkt von selbst, daß sechs Variablen in
sechs Spalten zu lesen sind und kann so jeder Variablen
das entsprechende Feld zuweisen. Hätten wir eine Feldbreite von 4o-51 angegeben, würden jeder Variablen zwei Spalten zugeteilt, und zwar wie folgt:

Variable	Spalten-Nr.
FRAUROL1	4o-41
FRAUROL2	42-43
FRAUROL3	44-45
FRAUROL4	46-47
FRAUROL5	48-49
FRAUROL6	5o-51

Nach der Spaltenangabe können in runden Klammern noch Angaben zum _Format_ der Variablen gemacht werden:

1. Eine _Zahl_ gibt an, nach wievielen Stellen (von rechts)
   ein Dezimal_punkt_ gesetzt werden soll. In den meisten
   Fällen arbeiten wir nur mit ganzen Zahlen (_"integers"_)
   und können uns den Zusatz '(O)' hinter der Spaltenangabe ersparen.
   Stundenlöhne (volle DM gelocht in den Spalten 35-36,
   die Pfennige in den Spalten 37-38) können wir nun unter Verwendung von zwei Dezimalstellen in Mark ausdrücken durch

   STDLOHN 35-38 (2)

   oder als ganze Zahlen (d.h. in Pfennigen) durch:

   STDLOHN 35-38

   Eingegebene Dezimalpunkte werden automatisch gelesen;
   die Formatangabe erübrigt sich.

Die Spalten einer Karte können auch mehrmals gelesen werden, etwa durch

    LOHNDM 35-36   LOHNPF 37-38   STDLOHN 35-38 (2)

2. Ein '(A)' weist das System auf alphanumerische Daten bei der (den) zuvor genannten Variablen hin. Diese Angabe ist wichtig, weil solche Daten vom Computer anders (und nicht so schnell) zu lesen und zu speichern sind als rein numerische Variablen.

   Variablen dieses Typs werden als *Reihen-Variablen* (*"string variables"*) bezeichnet, weil die unterschiedlichsten Zeichen (auch Leerspalten) wie an einer Schnur ("string") aneinandergereiht sind. SPSS unterscheidet *"short"* und *"long strings"*. Maximal bestehen kurze Reihen aus 8 oder 1o Zeichen, je nach Rechner; lange Reihen dagegen können bis zu 255 Zeichen umfassen.

   Es ist wichtig zu wissen, daß SPSS nichtnumerische Daten nicht nur lesen und ausdrucken, sondern auch in numerische umwandeln kann und umgekehrt (vgl. UG 7). Da solche Anwendungen in der sozialwissenschaftlichen Forschungspraxis aber nur selten vorkommen, werden wir Reihenvariablen in dieser Einführung nur flüchtig behandeln.

3. Weitere mögliche Format-Typen sind "(N)" oder "(E)". Allerdings werden diese Eingabeformate in den Sozialwissenschaften kaum verwendet. "(N)" steht für eingeschränkte Numerik. Bei diesem Format sind weder die Vorzeichen "+" oder "-", noch vorangestellte Leerzeichen statthaft, von eingefügten oder nachgestellten Leer- oder Sonderzeichen ganz zu schweigen.
   Die Formatangabe "(E)" ist notwendig, wenn Daten in "wissenschaftlicher Schreibweise" eingegeben werden; so können wir z.B. 1+2 lochen und damit 1.0 EO2 meinen, was der Zahl 100 entspricht; die Lochung 7.3-2 steht analog für 7.3 E-O2 und entspricht der Zahl O.073.

FORTRAN FORMAT liste:

Neben der soeben besprochenen Möglichkeit, die Variablenfelder durch Nennung der ersten und letzten Spalte zu definieren, gibt es noch die Alternative eines FORTRAN-ähnlichen Eingabeformats (vgl. UG: 3.35-3.39). Weil es etwas schwieriger zu handhaben ist, wollen wir hier nicht näher darauf eingehen.

In dieser Weise spezifizieren wir nach dem ersten rec+-
Unterbefehl eine Variable bzw. Variablenliste nach der anderen, so viele wir auf der angegebenen Karte eben lesen wollen.
Nach einem weiteren Schrägstrich und einer höheren Kartennummer können wir dann weitere Variablennamen oder -listen
definieren (mit Angabe der Spalten und des Variablentypus),
und zwar so lange und so oft, bis alle benötigten Karten und
Variablen genannt sind. Karten, auf denen wir nichts lesen
wollen, werden ausgelassen. Einfacher geht es kaum.

Die auf der DATA LIST-Karte enthaltenen Informationen liefern
den Grundstock für ein *Lexikon ("dictionary")*. Die Variablen-
Namen fungieren als Schlagwörter. Sie sind allerdings nicht
alphabetisch angeordnet, sondern befinden sich in der durch
die DATA-LIST-Karte festgelegten Reihenfolge. Werden später
neue Variablen-Namen definiert (z.B. durch COMPUTE-Befehle),
werden ihre Namen in der Reihenfolge an das Ende der Schlag-
wortliste angefügt, in der sie generiert wurden. Unter jedem
Schlagwort dieses Lexikons finden sich auch alle später vom
Benutzer eingegebenen Spezifikationen wie fehlende Werte und
Etiketten.

5.3 Die Definition der Kodes für fehlende Werte durch MISSING VALUES

In sozialwissenschaftlichen Untersuchungen werden die Beobachtungswerte nur selten vollständig erhoben. Personen, die befragt werden müßten, sind nicht anzutreffen, verweigern das Interview ganz oder teilweise, manchmal wissen sie die Antwort nicht, gewisse Fragen treffen auf sie nicht zu oder werden vom Interviewer versehentlich (nicht) gestellt. Auch solche Interviews oder Fragen sind zu verschlüsseln, damit man die Zahl oder Art der Ausfälle feststellen kann. Bei der inhaltlichen Analyse können diese Kodes natürlich nicht berücksichtigt werden. Man benötigt also eine Methode, *Fehlwerte* kenntlich zu machen und bei Bedarf von der Analyse auszuschließen. Die MISSING VALUES-Karte erfüllt diese Funktion. Auf ihr können für jede Variable bis zu drei verschiedene, fehlende Werte angegeben werden, es sei denn, man verwendet spezielle Kennwörter. Die Spezifikation fehlender Werte gilt im Normalfall für einen ganzen Lauf und alle darin enthaltenen Arbeitsanweisungen. Das allgemeine Format der MISSING VALUES-Karte ist:

```
    MISSING VALUES        varliste (value liste)
                          [/varliste (value liste)]...


                          Kennwörter:

                          LO, LOWEST, HI, HIGHEST, THRU

Beispiel:

    MISSING VALUES        FRAUROL1 TO FRAUROL6 (0,8,9)
                          /ALTER (0 THRU 17,  75 THRU HI)
```

<u>varliste</u>:

- Die im Lexikon enthaltenen[1] Variablen-Namen können <u>ein</u>-<u>zeln</u> aufgeführt werden oder als <u>Liste</u>, sofern die fehlenden Werte die gleichen Kodes haben.

- Bei Verwendung der TO-Konvention werden nicht nur den unmittelbar vor und hinter dem "TO" genannten Variablen die gleichen Kodes als fehlende Werte zugewiesen, sondern auch den - laut Lexikon - dazwischenliegenden Variablen.

- Für *"short string variables"* können ebenfalls fehlende Werte deklariert werden.

- Ausnahme: bei *Hilfs-Variablen ("scratch variables")*[2] und *"long strings"* ist die Definition fehlender Werte unzulässig; ihre Namen dürfen folglich nicht auf der MISSING VALUES-Karte genannt oder durch das Kennwort 'TO' impliziert werden.

(value liste):

- In runden Klammern und durch mindestens eine Leerspalte (oder Komma) voneinander getrennt können maximal drei numerische Kodes aufgeführt werden, die damit als fehlende Werte designiert sind.

- Fehlende Werte für *"short strings"* müssen in Apostrophzeichen gesetzt werden, z.B.

        MISSING VALUES KFZ-ORT ('Y ','BP ','AND')

Leerstellen sind signifikant, d.h. es macht einen Unterschied, ob wir 'Y' oder ' Y' schreiben. Daher auch die Konvention, Textdaten immer linksbündig abzulochen. Da die Variable KFZ-ORT dreispaltig ist, wird 'Y' als 'Y ' interpretiert, 'BP' als 'BP ' usw.

- Statt spezifischer Werte kann man durch Verwendung der Kennwörter HIGHEST (bzw. HI), LOWEST (bzw. LO) und THRU große Zahlenbereiche (numerischer) Variablen zu fehlen-

---

1) Die Definition von Variablen-Namen erfolgt zunächst auf der DATA LIST-Karte. Daneben können Variablen aber auch durch Daten-Modifikationskarten (z.B. durch COMPUTE oder COUNT) geschaffen werden.

2) Diese werden z.B. für das Speichern von Zwischenergebnissen verwendet, dürfen aber nicht auf Arbeitsanweisungen (Prozeduren) genannt werden. Sie werden durch ein '#' als erstes Zeichen im Namen kenntlich gemacht (s. UG: 6.36).

den Werten deklarieren, etwa durch

```
MISSING VALUES  STDLOHN  (LO THRU 5, 1oo THRU HI)
                /PARTEI (98 THRU HIGHEST)
```

Soll auf die erste Spezifikation einer "varliste" und einer
"value liste" eine zweite mit anderen Variablen und Werten folgen, ist zuvor das Trennzeichen "/" zu setzen. Danach kann man
beliebig viele zusätzliche Fortsetzungskarten erstellen, im
Format wie oben angegeben. Die Reihenfolge der Variablen ist
beliebig und muß nicht mit der im Lexikon übereinstimmen. Es
können auch mehrere MISSING VALUES-Karten in einem Lauf verwendet werden. So könnte man nach etwaigen Datenmodifikations-
Karten eine zweite MISSING VALUES-Karte in das Programmdeck
einfügen, welche nur fehlende Werte der neu generierten Variablen enthält.
Werden für eine Variable versehentlich zweimal Fehlwerte
deklariert, führt dies zu keiner Fehlermeldung. Es gilt die
jeweils letzte Spezifikation. Damit haben wir die Möglichkeit,
einzelne fehlende Werte innerhalb eines Laufes zu ändern, wenn
wir z.B. die "weiß nicht"-Antworten bei der ersten Arbeitsanweisung als gültige bzw. neutrale Reaktionen in die Analyse
einbeziehen wollen, bei der zweiten aber nicht. Wir können
fehlende Werte auch ganz aufheben, wenn sie uns bei der zweiten Arbeitsanweisung stören. Wir setzen nur nach der linken
Klammer sofort die rechte, wie bei

```
MISSING VALUES  FRAUROL1 TO FAMSTD ()
```

Wenn alle Variablen dieselben Fehlwerte haben (z.B. "O"),
kann man auch das Kennwort ALL verwenden. Der Befehl lautet
dann:

```
MISSING VALUES  ALL  (O)
```

```
            bzw.
```

```
MISSING VALUES  ALL  ()
```

wenn die Spezifikation fehlender Werte für alle Variablen aufgehoben werden soll.

Außer solchen, vom Benutzer festgelegten fehlenden Werten
(*"user-missing value"*) gibt es noch <u>einen</u> vom System festgelegten Wert (*"system-missing value"*). Dieser wird einem
Fall automatisch zugewiesen, wenn z.B. in einem numerischen
Datenfeld unerwartet nicht-numerische Zeichen oder *eingebet-*
tete Leerstellen (*"embedded blanks"*) entdeckt werden. Diese
fehlenden Werte können später korrigiert oder zu "user-missing values" umkodiert werden; zunächst werden sie jedoch
von der statistischen Analyse ausgeschlossen.

5.4 VARIABLE LABELS zur Etikettierung von Merkmalen

Zur besseren Dokumentation der Daten kann man jedem Variablen-
Namen einen längeren Erläuterungstext als *Etikett ("label")*
zuweisen. Dieser erscheint dann z.B. in Tabellen neben dem
Variablen-Namen. Dadurch wird ein Ausdruck insgesamt lesbarer,
besonders für Dritte: wer kann sich schließlich unter Bezeich-
nungen wie VAR127 oder FRAUROL6 etwas vorstellen? Auch uns
nützt ein gut dokumentierter Ausdruck, da wir uns in der Regel
nicht mehr erinnern, welcher Fragetext sich hinter solch kryp-
tischen Variablen-Namen verbirgt. Der Aufwand für die Etikettierung von Variablen ist jedenfalls nicht groß und das Format
einfach:

```
VARIABLE LABELS  varname   'label'
                [varname   'label']
                      .
                      .
                [varname   'label']
```

Beispiel:

```
VARIABLE LABELS FRAUROL1 'BERUF BERUEHRT NICHT BEZIEHUNG KIND'
         FRAUROL2 'MANN HELFEN, NICHT KARRIERE MACHEN'
         FAMSTD 'WELCHEN FAMILIENSTAND HABEN SIE?'
```

varname:

- Ein Etikett kann nur <u>einem</u> Namen zugeordnet werden, keiner
  Liste.

- Der Name muß im Lexikon enthalten sein.

label:

- Die maximale Länge beträgt 4o Zeichen, Leerstellen ein-
  gerechnet.

- Am Anfang und Ende muß ein Apostroph stehen.

- Der Text kann beliebige Zeichen enthalten; um im Etikett
  ein Apostrophzeichen zu erhalten, müssen nur zwei hinter-

einander gesetzt werden, z.B.:

    VARIABLE LABELS WERT1 'VIEL FEIND'', VIEL EHR'''

Es sind beliebig viele Fortsetzungskarten zulässig. Auf das
erste Paar, bestehend aus einem Variablen-Namen und dem zugehörigen Etikett, folgt das zweite, dann das dritte usw. Auch
die Verwendung mehrerer VARIABLE LABELS-Karten in einem Lauf
ist zulässig.

5.5 VALUE LABELS zur Etikettierung von Merkmalsausprägungen

Wie Variablen-Namen mit einem Erläuterungstext versehen werden, kann man dies analog auch für einzelne oder alle Merkmalsausprägungen ("values") der Variablen tun. Nur muß vor
dem Etikett der zugehörige Kode stehen, wie das allgemeine
Format zeigt:

```
VALUE LABELS  varliste wert 'label' wert 'label' ...
                       wert 'label'
            [/varliste wert 'label' wert 'label' ...
                       wert 'label']
                              .
                              .
                              .
```

Beispiel:

```
VALUE LABELS

   FRAUROL1 TO FRAUROL6  1'VOLLE ZUST.' 2'EHER ZUSTIMM.'
   3'EHER ABLEHN' 4'VOLLE ABLEHN' 8'WEISS NICHT'
   /SEX  1'MAENNLICH'  2'WEIBLICH'
```

varliste:

- Alle im Lexikon enthaltenen Variablen-Namen können einzeln
  aufgeführt werden oder (im Gegensatz zur VARIABLE LABELS-
  Karte) auch als Liste, wenn wir für mehrere Variablen
  gleiche "value labels" verwenden wollen.

- Die Verwendung der TO-Konvention ist möglich; die Reihenfolge der Namen im Lexikon bestimmt, welche Variablen dadurch impliziert werden.

wert:

- Mindestens eine Leerspalte nach dem (den) Variablen-Namen
  folgt der erste zu etikettierende Kode, bei numerischen
  Variablen eine einfache Zahl ohne spezielle Trennzeichen.

- Bei "short strings" sind außer den Etiketten auch die
  Kodes für die einzelnen Merkmalsausprägungen in Anführungs-
  zeichen zu setzen, z.B.:

```
VALUE LABELS  SEX  'M'  'MAENNER'  'F'  'FRAUEN'
```

- Für "long strings" können keine "value labels" definiert werden.

<u>'label'</u>:

- Kann maximal 2o Zeichen umfassen; bei manchen Prozeduren (z.B. CROSSTABS) werden aber nur die ersten 16 Zeichen ausgedruckt.

- Am Anfang und Ende des Etiketts muß ein Apostroph stehen.

- Der Text kann beliebige Zeichen enthalten; um auch im Etikett einen Apostroph zu erhalten, muß man zwei Apostrophzeichen hintereinander setzen.

Nachdem der erste Wert in dieser Weise etikettiert wurde, geben wir den zweiten Kode ein, gefolgt von seinem Etikett, dann den dritten Kode usw. Nach dem letzten Etikett bzw. vor der nächsten Variablen (-Liste) muß ein <u>Schrägstrich</u> stehen. So kann das System den Text eines Etiketts eindeutig vom Namen der nachfolgenden Variablen trennen. Die Zahl der Fortsetzungskarten ist unbegrenzt. Man kann in einem Lauf auch mehrere VALUE LABELS-Karten verwenden. Wird eine Variable auf zwei VALUE LABELS-Karten aufgeführt, gilt nur das zuletzt genannte Etikett. Es wird also <u>nicht</u> dem ersten Etikett hinzugefügt.

5.6 Die BEGIN DATA und END DATA-Anweisungen

Beide Karten sind notwendig, wenn Rohdaten zusammen mit den
Programmkarten eingelesen werden. Das Format ist:

BEGIN DATA

bzw.

END DATA

Weitere Spezifikationen gibt es für diese Karte nicht. Sie
stehen unmittelbar vor der ersten und nach der letzten Daten-
karte und sind wichtige Markierungspunkte: nach BEGIN DATA
weiß das System, daß ein anderer Kartentyp mit einem entsprechend anderem Format zu lesen und zu interpretieren ist; nach
END DATA erwartet das System wieder Karten im SPSS Programm-
format.

Vor der BEGIN DATA-Karte muß <u>eine</u> Prozedurkarte aufgerufen
worden sein. Nach der END DATA-Karte können weitere Prozedur-
Anweisungen folgen, man kann den SPSS-Lauf aber auch mit einer
FINISH-Karte beenden.

Die Daten werden vom System faktisch erst gelesen, wenn das
Programm bis hin zur BEGIN DATA-Karte keinen gravierenden
Syntax-Fehler aufweist. Dann wird auch die mit der DATA LIST-
Karte begonnene Erstellung eines Lexikons abgeschlossen.

Lexikon und Daten ergeben zusammen das *Aktiv-File ("active
file")*. Es unterscheidet sich von dem in Abb. 4.1 gezeigten
Eingabe-File ("input file") u.a. dadurch, daß noch besondere
System-Variablen (vgl. 9.5.2) hinzugefügt und die einge-
lesenen Daten durch Datenmodifikationskarten evtl. geändert
wurden. Die Prozeduren greifen immer auf das Aktiv-File zu-
rück, nicht auf die Eingabe-Datei.

KAPITEL 6

LAUF-VERWALTUNGSKOMMANDOS

Im Prinzip reichen die bisher besprochenen File- und Daten-
definitionsbefehle für einen einfachen SPSS-Lauf mit Rohdaten
aus. Die Form des Ausdrucks und einige Rahmenbedingungen, unter
denen SPSS arbeitet, werden dann von voreingestellten Parametern bestimmt, sofern das Format der Druckausgabe nicht ohnehin durch das Programmsystem festgeschrieben ist. Dennoch
kann der Benutzer in gewissen Grenzen über *Lauf-Verwaltungs-
karten ("job utility commands")* den Ablauf seines Programms
steuern, sowie Form und Inhalt des Ausgabe-Files bestimmen.
Die dafür verfügbaren Kommandos wollen wir in den folgenden
Abschnitten behandeln. Andere Eingriffsmöglichkeiten stellt
das Programmsystem SPSS-X in der Form von OPTIONS- und STATI-
STICS-Karten bzw. in der Form von FORMAT-Unterbefehlen zur
Verfügung. Diese werden wir im Zusammenhang mit einzelnen
Arbeitsanweisungen kennenlernen, da ihre Wirkung von der je-
weils gewählten Prozedur abhängig ist.

6.1 Kopfzeilen in der Druckausgabe durch TITLE und SUBTITLE

Jede Seite der Druckausgabe erhält von SPSS-X automatisch eine
Titelzeile mit Datum, Version-Nr. und Seitenzahl. Dieser Text
kann ersetzt werden durch beliebige andere Information bei
Verwendung der Anweisung.

                    TITLE ['] text [']

Beispiel:

    TITLE MUSTER EINES SPSS-X PROGRAMMS MIT ROHDATEN

text:
- Der Text kann bis zu 6o Zeichen lang sein und beliebige
  Zeichen enthalten.

- Soll ein Apostroph im Text erscheinen, müssen hintereinander zwei solcher Zeichen gesetzt werden.

Ein Lauf kann beliebig viele TITLE-Anweisungen enthalten. Ein
neuer TITLE-Befehl tritt auf der jeweils nächsten Seite der
Druckausgabe in Kraft; der Text vorangegangener TITLE-Anweisungen wird obsolet. Programm und Daten bleiben davon unberührt; nicht einmal die Seitennumerierung der Druckausgabe
wird unterbrochen.

TITLE-Anweisungen können an fast jeder Stelle im Programm erscheinen, außer

- zwischen Prozedur- und OPTIONS- bzw. STATISTICS-Karten
- zwischen BEGIN DATA und END DATA
- zwischen Fortsetzungskarten einer SPSS-X-Anweisung.

Die SUBTITLE-Anweisung folgt den gleichen Regeln. Bei ihrer
Verwendung erscheint unter der Kopfzeile eine zweite Text-
zeile mit dem gewünschten Text, etwa

        SUBTITLE TESTLAUF MIT 5o FAELLEN

Die Wirkungen der TITLE- oder SUBTITLE-Anweisungen sind voneinander unabhängig. Fehlt der SUBTITLE-Befehl, bleibt die dafür verfügbare Druckzeile frei.

6.2 Erläuterungen im Programm-File durch COMMENT oder /*

Ein gutes Programm sollte nicht nur aus Statements in der Syntax der benutzten Programmiersprache bestehen, sondern auch umgangssprachliche Erläuterungen der Funktion einzelner Programmabschnitte enthalten.

TITLE- und SUBTITLE-Anweisungen sind dafür nur wenig geeignet, weil

- diese spezielle Information nicht auf jeder Seite wiederholt werden soll;

- oft mehr als 6o Spalten für den Text benötigt werden,und

- die Information in die Nähe der zu erläuternden Programmabschnitte gehört und nicht in irgendwelche Kopfzeilen.

Für mehr oder weniger detaillierte Hinweise im Programm bietet SPSS-X zwei[1] bessere Alternativen an:

- die COMMENT-Anweisung

- Zusätze nach einem '/*'

Die COMMENT-Karte darf beliebig viele Fortsetzungskarten haben und kann - mit den bereits geläufigen Einschränkungen - praktisch überall und mehrmals im Programm erscheinen. Ihr Format ist einfach:

COMMENT   text

Beispiel:

COMMENT   DURCH DIESES SELECT IF WERDEN LEDIGE
          UND VERWITWETE PERSONEN VON DER ANALYSE
          AUSGESCHLOSSEN

---

1) Eine dritte Möglichkeit ist das DOCUMENT-Kommando, welches vor allem bei "SPSS System-Files" Verwendung findet (siehe Abschnitt 7.4).

Wenn die Erläuterung nur kurz ist, kann man als Alternative
den Text auch direkt an das Ende einer SPSS-Anweisung hängen,
wobei Befehlstext und Erläuterungstext durch die beiden, aufeinander folgenden Trennzeichen

                    /*   und   */

abgegrenzt werden. Statt der obigen COMMENT-Karte, könnten
wir in das Programm in Abb. 4.1 also auch die folgende SELECT
IF-Karte verwenden:

SELECT IF (FAMSTD LE 3) /*NUR VERHEIRATETE UND GESCHIEDENE */

Allerdings darf sich der Text solcher Zusätze nur bis zum
Ende der jeweiligen Karte erstrecken. Das Trennzeichen '*/'
am Ende ist wahlfrei.

6.3 <u>Die Numerierung der Programmkarten mit NUMBERED</u>

Obwohl die Syntax von SPSS-X dem Benutzer viel Freiheit in
der Anordnung von Programmkarten läßt, wird diese oft einge-
schränkt von der Logik dessen, was man zu tun beabsichtigt
(s. Abschnitt 4.3). Selbst wenn der Programmierer dies berücksichtigt, kann z.B. beim Einlesen von Karten ein Programm
leicht durcheinander geraten. Dies läßt sich leicht feststellen und korrigieren, wenn die <u>Programm</u>-Karten fortlaufend
numeriert sind. Dazu stanzt man die entsprechenden Folge-
Nummern in die Spalten 73-8o und signalisiert dem System
durch den Befehl:

NUMBERED

daß die Programm-Anweisungen in dem ganzen Lauf mit Spalte
72 aufhören. Weitere Spezifikationen hinter 'NUMBERED' gibt
es nicht. Die Spalten 73-8o werden dann vom System schlicht
ignoriert; es prüft <u>nicht</u>, ob die Programmkarten numerisch
richtig angeordnet sind. Dies bleibt dem Benutzer überlassen.

Will man die Programmkarten nicht numerieren und bis zu Spalte 8o lochen, wird man dies bei den *meisten* Rechenzentren
nicht speziell anzeigen müssen. Sollte die Voreinstellung an
einem Rechner jedoch so gewählt worden sein, daß numerierte
Programmkarten erwartet werden, können wir diese Voreinstellung ändern durch die Anweisung:

UNNUMBERED

Weitere Angaben sind nicht nötig.

6.4 <u>Noch mehr Hilfe vom System: die Anweisungen SHOW und SET</u>

In Abschnitt 4.4.1 hatten wir mit dem Befehl 'INFO' bereits
eine Möglichkeit kennengelernt, uns über die konkrete Imple-
mentierung des SPSS-Systems an einem Rechenzentrum zu informieren. Daneben kann man sich auch gezielt nach den Voreinstellungen spezifischer Parameter erkundigen, worüber die vom
INFO-Befehl gelieferte und allgemeiner gehaltene Auskunft u.U.
nichts sagt. Deswegen ist es effizienter, Information über die
Voreinstellungen spezifischer Parameter abzurufen durch den
Befehl SHOW, gefolgt von Kennwörtern für die interessierenden
Parameter. Das allgemeine Format für diese Anweisung ist:

```
SHOW   [BLANKS][CASE][COMPRESSION][FORMAT]
       [LENGTH][WIDTH][PRINTBACK][MXERRS]
       [MXWARNS][MXLOOPS]   [SEED][UNDEFINED]
       [N][WEIGHT][SYSMIS][$VARS][ALL]
```

<u>Beispiel:</u>
```
         SHOW      LENGTH      COMPRESSION
```

Wir müssen die jeweiligen Voreinstellungen allerdings nicht
schicksalhaft entgegennehmen, sondern können einzelne oder
alle Voreinstellungen der oben aufgeführten Parameter ändern.
Dies geschieht durch den Befehl SET, wobei im Spezifikationsfeld nur die Kennwörter für die zu ändernden Parameter und
die gewünschten Spezifikationen aufgeführt werden. In allgemeiner Schreibweise stellt sich das Format der SET-Anweisung
wie folgt dar (wobei die Voreinstellungen von den lokalen
Rechenzentren geändert werden können):

$$
\text{SET} \quad [\text{BLANKS} = \genfrac{}{}{0pt}{}{<SYSMIS>}{<\text{value}>}][\text{CASE} = \genfrac{}{}{0pt}{}{<UPPER>}{<\text{UPLOW}>}][\text{COMPRESSION} = \genfrac{}{}{0pt}{}{<OFF>}{<\text{ON}>}]
$$

$$
[\text{FORMAT} = \genfrac{}{}{0pt}{}{<F8.2>}{<\text{format}>}][\text{LENGTH} = \genfrac{}{}{0pt}{}{<59>}{<\text{integer}>}][\text{WIDTH} = \genfrac{}{}{0pt}{}{<132>}{<\text{integer}>}]
$$
$$
<\text{NONE}>
$$

$$
[\text{PRINTBACK} = \genfrac{}{}{0pt}{}{<YES>}{<\text{NO}>}][\text{MXERRS} = \genfrac{}{}{0pt}{}{<40>}{<\text{integer}>}]
$$

$$
[\text{MXWARNS} = \genfrac{}{}{0pt}{}{<80>}{<\text{integer}>}][\text{MXLOOPS} = \genfrac{}{}{0pt}{}{<40>}{<\text{integer}>}]
$$

$$[\text{SEED} = \begin{smallmatrix}<2000000>\\<integer>\end{smallmatrix}][\text{UNDEFINED} = \begin{smallmatrix}<WARN>\\<NOWARN>\end{smallmatrix}]$$

<u>Beispiel:</u>

        SET BLANKS = o   MXWARNS = 4o

Da SHOW- und SET-Anweisung eine fast identische Kennwort-Liste
verwenden, können wir die Parameter für beide Befehle zusammen
besprechen. Der einzige Unterschied ist, daß die fünf zuletzt
genannten Parameter des SHOW-Befehls (N, WEIGHT, SYSMIS,
ØVARS, ALL) bei der SET-Anweisung fehlen. In der Praxis wird
man die Voreinstellung der meisten Unterbefehle unverändert
lassen, so daß die übrigen Parameter der SET-Anweisung entfallen können.

<u>BLANKS</u>

Bei numerischen Variablen wird ein vollständig leeres Datenfeld normalerweise als ungültige bzw. fehlende Information
behandelt. Die entsprechende Variable erhält dann den vom
System definierten fehlenden Wert (siehe 5.3) und im Ausdruck erscheint eine Warnung. Wir können leeren Datenfeldern
auch einen anderen Wert zuweisen. So werden z.B. durch den
Befehl

        SET BLANKS = o

bei <u>allen</u> numerischen Variablen leere Datenfelder zu Null
umkodiert; dieser Wert ist nicht gleich dem "system missing
value", sondern ein prinzipiell gültiger Wert, solange er
nicht auf einer MISSING VALUES-Karte vom Benutzer als fehlender Wert deklariert wird.

<u>CASE</u>

Etikette, Warnungen oder Fehlermeldungen können in der Druckausgabe wahlweise in Großbuchstaben ("upper case") oder in
Groß- <u>und</u> Kleinbuchstaben ("upper and lower case") gedruckt
werden. Alles übrige erscheint in Großbuchstaben.

<u>COMPRESSION</u>

Den für einen SPSS-Lauf benötigten Speicherplatz kann man
komprimieren: für Datenfiles, die aus vielen Variablen mit
überwiegend ein- oder zweistelligen Zahlen bestehen, läßt
sich dadurch der Platzbedarf erheblich reduzieren. Allerdings erhöht sich der für das Lesen solcher Files benötigte
Zeitaufwand.

<u>FORMAT</u>

Wenn wir Rohdaten fallweise ausdrucken, werden laut Voreinstellung <u>alle</u> numerischen Variablen im Format F8.2, d.h.
als 8-stellige Zahlen mit 2 Dezimalstellen abgebildet. Wollen wir die Variablen nur 4-stellig und ohne Dezimalpunkt,
schreiben wir

SET   FORMAT =   F4.o

Eine andere (und bessere) Möglichkeit, das Druckformat zu
steuern und die Spaltenbreite für einzelne Variablen unterschiedlich zu gestalten, werden wir in Abschnitt 9.5.7 und
bei der Besprechung der Befehle PRINT oder WRITE in Kapitel
1o kennenlernen. Deswegen können wir die Voreinstellung
F8.2 im allgemeinen unverändert lassen.

<u>LENGTH</u>

Im Normalfall erfolgt die Druckausgabe auf Endlospapier von
37.5 cm Breite. Dieses Papier kommt nicht in Rollen,sondern
ist in Abständen von 3o cm geknickt bzw. *perforiert*, um das
Abreißen zu erleichtern. Auf eine solche *physische Seite*
passen rein rechnerisch bis zu 72 Druckzeilen. Lassen wir
den LENGTH-Parameter unverändert, werden 59 Zeilen pro Seite ausgedruckt, damit oben und unten etwas Rand bleibt.

Eine *logische Seite* kann mehr oder weniger als 59 Zeilen umfassen, je nachdem ob z.B. eine Tabelle vom Umfang 1oo*1oo
oder 2*2 ausgedruckt wird.[1] Der LENGTH-Parameter bestimmt
nun, wann ein Seitenvorschub zum Anfang der nächsten physischen Seite vorgenommen wird; er bestimmt - was die Zeilenzahl angeht - ob eine logische Seite geteilt wird
oder nicht.[2] Ist die für eine logische Seite benötigte
Zeilenzahl größer als die Zeilenzahl des LENGTH-Parameters,
werden die darüber hinausgehenden Zeilen auf eine zweite
bzw. weitere physische Seite gedruckt. Die nächste logische
Seite erscheint in jedem Fall auf der nächsten physischen
Seite, selbst wenn drei Viertel der vorhergehenden, physischen Seite unbedruckt ist.

---

1) In der Praxis ist es leider kaum möglich, die für eine lo-
    gische Seite benötigte Zeilenzahl im voraus exakt zu be-
    stimmen. Auf jeden Fall braucht jede Zeile einer Kreuz-
    tabelle mehr als eine Druckzeile, ganz abgesehen davon,
    daß jede logische Seite zusätzliche Druckzeilen für den
    Kopf einer Tabelle und die Etiketten der TITLE- bzw. SUB-
    TITLE-Anweisungen benötigt.
2) Wenn eine Zeile mehr als 132 Druckpositionen benötigt,
    muß der darüber hinausgehende Teil einer logischen Seite
    in jedem Fall auf einer zweiten, physischen Seite ge-
    druckt werden. Siehe dazu auch den WIDTH-Parameter der
    Befehle SHOW und SET.

Die Voreinstellung des LENGTH-Parameters ist 59; er kann
aber auch jeden anderen, ganzzahligen Wert zwischen 4o und
999999 oder 'NONE' annehmen. 4o Zeilen pro Seite sind sinnvoll, wenn wir z.B. relativ breite Tabellen haben, die wir
ohne Verkleinerung photokopieren und im Text als Querformat
präsentieren wollen. Der Parameter LENGTH = 999999 dagegen
bewirkt, daß der Seitenvorschub erst am Ende einer logischen
Seite erfolgt, gleichgültig wie lang (oder kurz) sie auch
sein mag. Damit wird z.B. bei der Prozedur CROSSTABS jeder
Kreuztabelle eine logische Seite zugewiesen. Ist eine Tabelle sehr groß (z.B. 4o x 1o Kategorien), wird die Tabelle
ohne Rand über die Perforation hinweg ausgedruckt. Ein
Sprung zur nächsten physischen Seite erfolgt erst am Ende
der Tabelle und damit am Ende der logischen Seite.

Je größer die Zeilenzahl pro Seite, desto größer (im allgemeinen) die Papierersparnis. Die Ersparnis ist am größten,
wenn wir angeben:

                    LENGTH = NONE

In diesem Fall wird fortlaufend, d.h. ohne irgendeinen Seitenvorschub gedruckt. Jede neue, logische Seite schließt
sich physisch unmittelbar an das Ende der vorangegangenen
Seite an; es erfolgt kein Seitenvorschub.

WIDTH

Der Benutzer kann neben der Seitenlänge auch die Zeilenbreite bestimmen, und zwar durch Angabe eines beliebigen
ganzzahligen Wertes zwischen 8o und 255 hinter dem Kennwort
WIDTH. Die Voreinstellung ist 132 und entspricht der bei
normalem Computerpapier maximal verfügbaren Zahl von Druckpositionen pro Zeile. Auch dieser Parameter beeinflußt
- analog zum LENGTH-Parameter - wie viele *physische* Seiten
notwendig sind, um eine *logische* Seite abzubilden.

PRINTBACK

Normalerweise werden alle eingegebenen Programmkarten in
der Druckausgabe wiedergegeben (s. Abb. 4.2). Verwendet man
ein Programm mit sehr vielen Daten-Definitionskarten immer
wieder, kann die Wiedergabe dieser Programmkarten lästig
werden. Der damit verbundenen Papierverschwendung ist
leicht Einhalt zu gebieten durch:

                SET PRINTBACK = NO

In den meisten Situationen, wo dieser Befehl sinnvoll erscheint, sollte man jedoch weitergehende Überlegungen an-
stellen und prüfen, ob die Erstellung eines SPSS System-
Files (s. Kap.7) nicht noch zweckmäßiger ist.

MXERRS

In der Regel durchsucht SPSS das gesamte Programm nach Syntaxfehlern. Nur wenn es 4o solcher Fehler entdeckt hat, wird
die weitere Fehlersuche abgebrochen. Will man dieses Limit
erhöhen oder senken, muß ein entsprechender ganzzahliger
Wert hinter dem Kennwort MXERRS eingegeben werden, also
z.B.   SET MXERRS = 6o

Eine Erhöhung dieses Parameters wird jedoch nur selten sinnvoll sein, denn die Begrenzung der Fehlerzahl soll verhindern, daß ein einziger Fehler einen Rattenschwanz weiterer
Fehlermeldungen nach sich zieht, die alle von dem ersten
Fehler abhängig sind und nach seiner Korrektur automatisch
verschwinden. Dies ist etwa der Fall, wenn wir die BEGIN
DATA-Karte vergessen und das System versucht, alle Datenkarten als Programmkarten zu verstehen. Bei 1o ooo Datenkarten erhielten wir mit unausweichlicher Konsequenz 1o ooo
Fehlermeldungen, wo eine genügt, und viel Papier wäre unnütz
bedruckt.

MXWARNS

Analog verfährt das System mit Warnungen, nur ist hier die
Voreinstellung auf 8o festgelegt. Der Zweck dieses Limits
ist der gleiche wie bei MXERRS: wenn wir z.B. beim Lesen
einer Variablen eine falsche Spaltenangabe gemacht haben,
können in dem Datenfeld statt der erwarteten numerischen
Werte leicht Leerspalten (oder nichtnumerische Zeichen) auftreten. Auch dies hätte unzählige Warnungen zur Folge, wo
eine genügt, um uns auf die Existenz *nichtdefinierter Daten*
aufmerksam zu machen. Auch diesen Parameter können wir
leicht ändern, etwa durch:

         SET   MXWARNS = 1oo

Die Voreinstellung von 8o Warnungen ist aber meist mehr als
ausreichend.

MXLOOPS

Durch Befehle wie LOOP (s. 9.5.6) oder DO IF (s.9.4.1) können *Rechenschleifen ("loops")* definiert werden; bestimmte
Transformationen werden dann pro Fall mehrmals hintereinander
ausgeführt. Programmierfehler können jedoch zur Definition
eines unendlichen Loops führen; der Computer rechnet und
rechnet, kommt aber aus der Schleife nicht mehr heraus. Die Spezifikation von MXLOOPS begrenzt, wie oft der Rechner eine Schleife durchlaufen darf. Nach der letzten "Iteration" geht das
Programm automatisch zur Bearbeitung des nächsten Befehls
außerhalb des Loops über. Die Voreinstellung ist 4o Itera-
tionen. Der Parameter kann durch beliebige ganzzahlige Werte
höher oder niedriger gesetzt werden, letzteres etwa durch:

         SET   MXLOOPS = 1o

<u>SEED</u>

Mit SPSS-X können wir aus den uns zur Verfügung stehenden
Fällen Zufallsstichproben ziehen (s. UG: 1o). Bei gleichem
Stichprobenumfang und gleicher Startzahl kann dieselbe Zufallsstichprobe auch mehrmals gezogen werden. Andernfalls
können wir mit dem Parameter SEED jeweils eine neue Zufalls-
zahl als Start wählen. Ihr Wert muß ganzzahlig sein und darf
zwischen 1 und 2,ooo,ooo,ooo liegen. Am besten wählt man
große Zahlen, etwa

           SET SEED = 627926380

Ziehen wir in einem Lauf zweimal eine Zufallsstichprobe, ist
die Startzahl jeweils eine andere, d.h. der zweite SEED-Wert
wird <u>nicht</u> automatisch auf erste Startzahl zurückgestellt.
Dies muß durch eine entsprechende SET-Anweisung geschehen.

<u>UNDEFINED</u>

Wie im Zusammenhang mit dem MAXWARNS-Parameter bereits ausgeführt, wird bei *nichtdefinierten Daten* normalerweise eine
Warnung ausgedruckt. Dies können wir auch verhindern durch
den Befehl:
           SET UNDEFINED = NOWARN
Selbst wenn man solche Warnungen nicht ausdrucken läßt, werden sie gezählt und bei dem Limit des Parameters MAXWARS
berücksichtigt.

Die folgenden fünf Parameter gelten lediglich für die SHOW-
Anweisung, d.h. man kann die entsprechende Information nur
abrufen:

<u>N</u>:   liefert die ungewichtete Zahl der Fälle im Aktiv-
              File (s. Abschnitt 5.6).

<u>WEIGHT</u>:   liefert den Namen der Gewichtsvariablen (s.8.6).

<u>SYSMIS</u>:   liefert den vom System definierten, fehlenden Wert
              (s. Abschnitt 5.3).

<u>$VARS</u>:   liefert die Werte der für jeden SPSS-Lauf vom Sy-
              stem automatisch generierten Variablen, z.B. von
              $DATE, $CASENUM etc. (siehe Abschnitt 9.3.7).

<u>ALL</u>:   liefert Auskunft über die Voreinstellungen aller
              bisher besprochenen Parameter der SHOW-Anweisung.

6.5   Test-Läufe mit EDIT

Dieser Befehl hat die Aufgabe, ein SPSS-Programm auf Syntax-
Fehler hin zu untersuchen, ohne daß die Daten gelesen und ver-
arbeitet werden. Deswegen muß außer den Datenkarten auch die
BEGIN DATA- und die END DATA-Karte entfernt werden.

EDIT-Läufe sparen Computerzeit und werden deswegen schneller
bearbeitet. Das Format ist einfach

EDIT

Weitere Spezifikationen gibt es nicht. Die EDIT-Karte kann
überall im Kommando-File stehen, von den üblichen Ausnahmen
abgesehen. Am besten plaziert man es vor die erste File- bzw.
Daten-Definitionskarte.

KAPITEL 7

SPSS-X SYSTEM FILES ZUR ARBEITSERLEICHTERUNG

Wenn wir alles befolgen, was in den vorangegangenen Kapiteln
insbesondere zur Definition von Rohdaten-Files gesagt wurde,
können wir mit einfachen Auswertungen "rechteckiger" Daten-
Files beginnen. Dennoch ist es unwahrscheinlich, daß unser
Programm schon beim ersten Versuch ohne Syntax-Fehler "läuft".
Wir werden diese schrittweise eliminieren und insbesondere
prüfen, daß uns keine logischen Fehler (etwa auf der DATA
LIST-Karte) unterlaufen.

Danach möchte man das Programm weitgehend unverändert einsetzen, damit sich keine neuen Fehler einschleichen. Dies ist
aber nur möglich, wenn wir bei jedem Lauf alle Daten und Variablen einlesen und nicht nur diejenigen, welche für den nächsten Arbeitschritt benötigt werden. Dieses Verfahren hat jedoch zwei Nachteile.

1. Der Vorspann der Druckausgabe (SPSS-Befehle, Korrespondenztafel etc.) wird erheblich länger; er kann sich ohne
   weiteres über mehrere Seiten erstrecken. Auch wenn er
   von Lauf zu Lauf im wesentlichen unverändert ist, müssen
   wir ihn immer wieder sorgfältig prüfen, da etwa durch
   ein Vertauschen der Eingabekarten *prinzipiell* neue
   Fehler auftreten können. [1]

---

1) Natürlich kann man Programm- und Datenkarten auch im Computer speichern, damit sie nicht mehr durcheinander geraten, und den Vorspann durch den Befehl:
                    SET PRINTBACK = NO
   unterdrücken. Leider hat selbst dieses Verfahren einen
   Nachteil: es entfällt dann nicht nur der Ausdruck der
   Daten-Definitionskarten; auch Daten-Modifikationskarten
   werden nicht mehr ausgedruckt. Dadurch wird die Konstruktion z.B. von Indices erheblich erschwert.

2. Das ganze Programm und alle Daten müssen bei jedem Lauf
   (vom Lochkarten-Kode) in *binäre* Kodes umgewandelt werden.
   Dies ist nicht nur ineffizient, sondern auch teuer, wenn
   man die verbrauchte Rechenzeit bezahlen muß.

Günstiger ist es, die bei jedem Lauf zwangsläufig generierten
binären Kodes als sogenanntes *SPSS System-File* zu speichern,
so daß SPSS[1] bei allen späteren Läufen darauf zurückgreifen
kann. Wie dies im einzelnen zu bewerkstelligen ist, und wie
man mit solchen System-Files arbeitet, ist Gegenstand dieses
Kapitels.

---

1) Andere Programm-Pakete oder Text-Editoren können ein SPSS
   System-File nicht lesen oder bearbeiten. Unter Umständen
   zerstören sie es sogar. Will man ein System-File später
   mit anderen Programmen lesen, muß es zunächst wieder in
   ein Rohdaten-File im "character format" zurückverwandelt
   werden. Dies ist mit SPSS ohne größeren Aufwand möglich
   (siehe Kap.1o).

7.1 Die Erstellung von System-Files mit SAVE

Diese Karte gibt dem System den Befehl, das ganze Aktiv-File
unter einem bestimmten Kennwort ("handle") zu speichern. Das
System-File enthält dann außer dem Lexikon (Variablen-Namen,
Etiketten, Fehlwerte usw.) auch die Daten mit allen bis
zur SAVE-Karte vorgenommenen Daten-Modifikationen oder Transformationen. Das allgemeine Format dieser Anweisung ist:

$$
\begin{aligned}
&\text{SAVE} \quad\quad \text{OUTFILE = handle} \\[4pt]
&\quad [\text{/KEEP} \ = \ {<ALL \atop <varlist>}\ ] \ [\text{/DROP = varlist}] \\[4pt]
&\quad [\text{/RENAME = (old varlist = new varlist)}] \\[4pt]
&\quad [\text{/MAP}][/\ {<COMPRESSED \ \ \ > \atop <UNCOMPRESSED>}\ ]
\end{aligned}
$$

Wollen wir unser Musterprogramm in Abb. 4.1 als System-File
speichern, sind nur die folgenden SPSS-Befehle zusätzlich erforderlich:

```
FILE HANDLE SYSBUS82 / NAME =   <weitere, anlagenspezi-
                                fische Angaben>

SAVE  OUTFILE =   SYSBUS82
```

Der SAVE-Befehl gilt als Prozedur. Seine genaue Plazierung im
Programm hängt davon ab, welche Information wir in das System-
File aufnehmen wollen. So ist es kaum sinnvoll, sie _vor_ das
VARIABLE LABELS- oder MISSING VALUES-Kommando zu plazieren.
Wenn wir neue Variablen berechnen (z.B. Indizes) und diese in
das System-File aufnehmen wollen, muß die SAVE-Anweisung ana-
log _nach_ den entsprechenden Daten-Modifikationskarten kommen.
In Beispiel 4.1 jedoch würden wir die Anweisungen FILE HANDLE
und SAVE vor den SELECT IF-Befehl stellen, wenn das System-
File alle Fälle enthalten soll, und nicht nur Verheiratete
und Geschiedene.

Da die Rohdaten wahrscheinlich nicht in das Programm eingebettet, sondern in einem separaten File gespeichert sind,

haben wir bereits eine FILE HANDLE-Anweisung (mit den zugehörigen JCL-Anweisungen). Wenn wir nun ein SAVE-Kommando eingeben und darauf den *handle*-Namen verwenden, der sich auf
dieser FILE HANDLE-Anweisung befindet, wird unser Rohdaten-
File zerstört bzw. durch unser System-File überschrieben.
Dies ist unter allen Umständen zu vermeiden, weil wir nie
sicher sein können, daß das System-File auch in Ordnung ist
und wir die Rohdaten künftig nicht mehr benötigen.

Deshalb benötigen wir eine zweite FILE HANDLE-Anweisung mit
den zugehörigen JCL-Anweisungen. Wenn wir nun einen SAVE-
Befehl eingeben und als *handle* einen anderen Namen spezifizieren, wird das System-File in die zweite Datei kopiert und
unser Rohdatenfile bleibt erhalten.

Nun zu den einzelnen Parametern des SAVE-Befehls:

OUTFILE = handle

   Dies ist der erste und einzig notwendige Unterbefehl des
   Kommandos SAVE. "Handle" bezeichnet den Zugriffsnamen für
   das System-File.

KEEP = <ALL   >
       <varlist>

   In den meisten Fällen wird man zuerst ein umfassendes System-
   File ("Master File") erstellen, das alle Variablen (und
   alle Fälle) enthält; daher die Voreinstellung ALL. Gleichwohl ist auch eine (positive) Auswahl von Variablen durch
   diesen Unterbefehl möglich. Hinter 'KEEP =' werden dann nur
   die Namen aufgeführt (evtl. mit der TO-Konvention), die das
   System-File behalten ("keep") soll.

   Die Reihenfolge der Variablen im System-File entspricht der
   Variablenliste des KEEP-Unterbefehls. Dieser Befehl dient
   also auch dazu, die Variablen im File anders anzuordnen.
   Erscheint eine Variable zweimal, wird nur die erste Nennung
   berücksichtigt; die zweite wird ignoriert. Dadurch genügt
   es, nach dem Kennwort KEEP nur die Variablen explizit zu
   nennen, die im System-File in einer bestimmten Reihenfolge
   erscheinen sollen. An den Schluß stellen wir dann das Kennwort ALL, so daß alle übrigen Variablen in der Reihenfolge
   in das System-File gelangen, in der sie sich im Aktiv-File
   befinden.

<u>DROP = varlist</u>

Auch das umgekehrte Auswahlverfahren ist möglich: man listed
hinter 'DROP =' nur die Namen der Variablen auf, die fallen-
gelassen ("drop"), d.h. nicht in das System-File aufgenommen werden sollen. Ansonsten bleibt die Reihenfolge der
Variablen die gleiche wie im Aktiv-File.

<u>RENAME = (old varlist = new varlist)</u>

Wenn wir ein System-File erstellen, können wir einzelne
(oder alle) Variablen auch "umtaufen". Wir bilden eine Variablenliste mit den alten Namen und eine mit den neuen.
Die alten stehen links vom Gleichheitszeichen, die neuen
rechts davon. Beim Aufbau des System-Files werden die alten
Namen dann sukzessiv durch die neuen ersetzt. Natürlich muß
die Reihenfolge der Variablen auf der einen Liste (z.B. old
varlist)der auf der anderen (z.B. new varlist) entsprechen.

<u>MAP</u>

Wenn man die Unterbefehle KEEP, DROP oder RENAME verwendet,
will man wahrscheinlich zur Kontrolle auch eine Aufstellung
aller im System-File gespeicherten Variablen und ihrer Reihenfolge. Ein solcher Plan ("map") wird durch den Unterbefehl MAP erzeugt.

<u>COMPRESSED-UNCOMPRESSED</u>

Binär gespeicherte System-Files haben den Vorteil, daß sie
im Vergleich zu Rohdaten schneller gelesen werden. Ein Nachteil ist der größere Speicherplatzbedarf. Durch den Unterbefehl COMPRESSED können wir System-Files aber komprimieren,
was sich besonders bei Datenfiles mit vielen ein- oder
zweispaltigen Variablen lohnt. Die für das Lesen komprimier-
ter System-Files benötigte Computerzeit erhöht sich allerdings etwas.

7.2 Der Aufruf von System-Files mit GET

Mit der GET-Anweisung wird ein mit SAVE erstelltes System-File
aufgerufen, so daß uns die im Lexikon gespeicherte Information
unmittelbar zur Verfügung steht. Wir können dieses Aktiv-File
vor der Auswertung nach Belieben modifizieren. Das gespeicherte System-File ändert sich dadurch nicht. Dazu müßten wir zusätzlich eine SAVE-Karte und eine FILE HANDLE-Karte (mit den
dazugehörigen JCL-Kommandos) verwenden.

Bei der GET-Anweisung ist nur die Angabe für den Parameter
FILE obligatorisch. Die übrigen Parameter sind wahlfrei und
von der SAVE-Karte her bekannt. Das allgemeine Format der GET-
Anweisung ist:

```
GET  FILE = handle

     [/KEEP   = <ALL      >] [/DROP = varlist]
                <varlist>

     [/RENAME = (old varlist = new varlist)]

     [/MAP]
```

Haben wir mit unserem Muster-Programm und den darin spezifizierten Daten vom ALLBUS 1982 (s. Abb. 4.1) ein System-File
erstellt (s. Abschnitt 7.1) und möchten wir die Ergebnisse
der ersten FREQUENCIES-Prozedur reproduzieren, benötigen wir
nur die folgenden SPSS-Befehle:

```
TITLE 'AUFRUF  EINES  SYSTEM FILES'
GET FILE SYSBUS82/NAME = <weitere anlage-
                         spezifische Angaben>
SELECT IF (FAMSTD  LE 3)
FREQUENCIES VARIABLES = FRAUROL1  TO FRAUROL6
     /HISTOGRAM
     /STATISTICS = MEDIAN
FINISH
```

Ein Vergleich mit dem Programm in Abb. 4.1 zeigt, daß nun erheblich weniger Programm-Karten benötigt werden. Deswegen ent-

fallen auch viele Fehlermöglichkeiten. Betrachten wir nun
die Parameter der GET-Karte im einzelnen:

FILE = handle

  Der Zugriffsname des System-Files ist zuerst anzugeben. Dazu muß er zuvor u.U. auf einer FILE HANDLE-Karte (und weiteren JCL-Karten) definiert worden sein und mit der bei der
  Erstellung des System-Files auf der SAVE-Karte verwendeten
  Kennung übereinstimmen.

KEEP = varlist

  Eine wichtige Neuerung gegenüber früheren Versionen von SPSS
  ist die Möglichkeit, mit dem Unterbefehl KEEP aus einem System-File nur die für den gegenwärtigen Lauf benötigten Variablen auszuwählen und den Speicherplatzbedarf für das
  Aktiv-File enorm zu reduzieren. Dabei kann man nach 'KEEP='
  die Variablen so anordnen, daß bei der späteren Arbeit die
  Vorteile der TO-Konvention besser genutzt werden. Deswegen
  ist jedem, der mit SPSS System-File arbeitet, die Verwendung des Unterbefehls KEEP (oder DROP) dringend zu empfehlen.

DROP = varlist

  Wie bei der SAVE-Karte können wir mit Hilfe des Unterbefehls
  DROP auch eine negative Variablenauswahl vornehmen. Dabei
  spezifizieren wir hinter 'DROP =' die Namen der Variablen,
  die wir fallen lassen, so daß sie nicht Teil des Aktiv-Files
  werden. Die relative Reihenfolge der übrigen Variablen
  bleibt unverändert. Die Vorteile dieses Unterbefehls sind
  die gleichen wie bei KEEP.

RENAME = (old varlist = new varlist)

  Wer System-Files benutzt, die andere erstellt haben, wird
  oft das Bedürfnis verspüren, manchen Variablen andere, und
  vielleicht treffendere oder einprägsamere Namen zu geben.
  Wie bei der SAVE-Anweisung bilden wir eine Variablenliste
  mit den alten und eine mit den neuen Namen. Bei der Erstellung des Aktiv-Files werden die Namen zur Linken des Gleich-
  heitszeichens dann sukzessiv durch die Namen zur Rechten
  ersetzt. Die im System-File gespeicherten Namen ändern sich
  dadurch nicht, es sei denn wir verwenden zusätzliche Karten
  (SAVE etc.).

MAP

  Zur Kontrolle kann man auch beim Einlesen des System-Files
  eine Aufstellung der Namen aller gespeicherten oder selek-
  tierten Variablen verlangen; dieser Plan ("map") zeigt auch
  die Reihenfolge der Variablen im Aktiv-File.

7.3 <u>Die Etikettierung eines System-Files durch FILE LABEL</u>

Wenn wir ein System-File erstellen, können wir ihm mit der
FILE LABEL-Karte zusätzlich ein Etikett von maximal 6o Zeichen geben. Das allgemeine Format dieser Anweisung ist:

FILE LABEL   text

Der Text erscheint dann als erste Zeile (bzw. <u>unterhalb</u> der
evtl. durch TITLE oder SUBTITLE generierten Kopfzeilen) auf
jeder Seite des Ausdrucks.

7.4 Die Speicherung von Informationsmaterial durch DOCUMENT

Die DOCUMENT-Anweisung ermöglicht die Speicherung von Informationen etwa zur Dokumentation des Datensatzes im System-File.
Dieses Material kann zwar auch mit der COMMENT-Karte in das
Programm aufgenommen werden, doch wird es dann nur einmal
ausgedruckt; es wird nicht gespeichert und kann später nicht
abgerufen werden. Wer letzteres wünscht, sollte die DOCUMENT-
Karte verwenden. Die COMMENT-Karte taugt besser zur Kommen-
tierung und Dokumentation eines laufenden Programms. Sonst
ist das allgemeine Format der beiden Karten gleich. Es lautet
nur:

                DOCUMENT   text

Text:

    Es ist beliebig viel Text erlaubt und beliebige
    Symbole. Auf den Fortsetzungskarten muß jedoch
    mindestens die 1. Spalte frei bleiben.

Wird in einem späteren Lauf eine weitere DOCUMENT-Karte verwendet und mit einer SAVE-Anweisung ein neues System-File erstellt, wird die Information der zweiten DOCUMENT-Karte (nach
Angabe des Datums) zusätzlich gespeichert. Die alte Dokumentation bleibt vollständig erhalten.

Die mit DOCUMENT gespeicherte Information können wir jederzeit mit Hilfe der DISPLAY-Anweisung (s. Abschnitt 7.5) abrufen und ausdrucken, ein praktischer Weg, jedem Benutzer
eines System-Files Information zur Erhebung und Aufbereitung
der gespeicherten Daten zugänglich zu machen.

7.5 Die Wiedergabe gespeicherter Information durch DISPLAY

Nachdem wir gesehen haben, wie das Lexikon (bzw. File- und
Daten-Definitionskarten) als binäres System-File gespeichert
und evtl. durch weitere Dokumentationen ergänzt wird, benötigen wir einen Befehl, um diese Information abzurufen ("re-
trieve") und sichtbar zu machen ("display"). Genau dies ist
Aufgabe der DISPLAY-Anweisung.[1] Das allgemeine Format ist

```
        DISPLAY   DOCUMENTS

             bzw.

        DISPLAY   [SORTED]   <DICTIONARY>
                           [ <INDEX      > ]
                             <LABELS      >
                             <VARIABELS  >

             [/VARIABLES = varliste]
```

Wird auf der DISPLAY-Karte der DOCUMENTS-Unterbefehl benutzt,
darf kein anderes Kennwort erscheinen. Für weitere Information
muß eine zweite DISPLAY-Karte verwendet werden, wie in der
obigen Darstellung, wobei durch Nennung der entsprechenden
Kennwörter die gewünschte Information gezielt abgefragt wird.

DOCUMENTS

   Nur der durch DOCUMENT-Karten eingegebene Text wird ausgedruckt. Wurde nichts eingegeben, führt die Verwendung dieses Unterbefehls zu keiner Fehlermeldung.

SORTED

   Die Variablen-Namen des Lexikons werden mit diesem Unterbefehl in alphabetischer Reihenfolge aufgelistet; ansonsten
wird die sequentielle Anordnung des Lexikons beibehalten.

---

1) Man kann diesen Befehl sogar bei Läufen verwenden, die
    weder auf ein System-File zurückgreifen, noch ein solches
    erzeugen. In diesem Fall könnte man prüfen, was in das
    Lexikon aufgenommen wird. Dazu ist nicht einmal die Ein-
    gabe von Daten notwendig.

- 12o -

<u>DICTIONARY</u>

Mit diesem Unterbefehl erhält man die *gesamte* Information
des Lexikons über jede gewünschte Variable:

    (1)   Namen
    (2)   Position im System-File
    (3)   Etiketten
    (4)   Fehlende Werte
    (5)   Format (Feldbreite, numerisch / alphanumerisch,
        Dezimalstellen)

<u>INDEX</u>

Liefert nur (1) und (2) der obigen Liste.

<u>LABLES</u>

Liefert vom Lexikon (1), (2) und (3).

<u>Variables</u>

Liefert vom Lexikon (1), (2), (4) und (5).

<u>VARIABLES = varliste</u>

Dieser Unterbefehl steht an letzter Stelle und ist durch
einen Schrägstrich von den obigen Unterbefehlen getrennt.
Durch ihn können wir die zuvor gewünschte Information auf
einen Teil der im System-File vorhandenen Variablen beschränken. Die Namen der interessierenden Variablen werden
als Liste hinter 'VARIABLES =' aufgeführt.

Will man die Information in maschinenlesbarer Form, benötigt
man die mit Hilfe der obengenannten Kommandos abrufbare
EXPORT-Anweisung[1]; zum Einlesen an einem anderen Rechenzentrum verwendet man das SPSS-Kommando IMPORT.[2] Da dies aber
nur relativ selten vorkommen dürfte, werden wir auf die Befehle EXPORT und IMPORT im Rahmen dieses Buches nicht eingehen.

---

1) Siehe UG: 16.11-16.19
2) Siehe UG: 16.2o-16.12

KAPITEL 8

DAS SORTIEREN, AUSWÄHLEN UND GEWICHTEN VON UNTERSUCHUNGS-
EINHEITEN

Es ist in den Sozialwissenschaften eher die Ausnahme, daß man
nach der Eingabe von File- und Daten-Definitionskarten unmittelbar mit der Analyse beginnen kann. Selbst wenn wir bei
Sekundär-Analysen auf ein bereits erstelltes System-File zurückgreifen, ist dennoch in der Regel eine *Aufbereitung* der
Daten notwendig. Diese Arbeit zur Vorbereitung der eigent-
lichen Datenanalyse umfaßt z.B.

- Auswahl, Gewichtung oder Anordnung von Variablen und/oder
  der Untersuchungseinheiten im Datenfile,

- Qualitätskontrollen und Konsistenzprüfungen,

- Fehlerkorrektur,

- Gruppierung oder Umkodierung einzelner Variablen,

- Integration mehrerer Datenfiles zu einer Datei,

- Dokumentation aller Datenmodifikationen,

- Konstruktion von Indices.

SPSS-X hält dafür eine Reihe von Kommandos bereit, die wir im
folgenden besprechen. Diese Kommandos gleichen Bausteinen,
die wir für die genannten Aufgaben in unterschiedlicher Weise
zu einem Programm fügen. Es ist dabei unerheblich, ob man mit
Rohdaten oder System-Files arbeitet. Die Datenmodifikationskarten funktionieren in beiden Fällen gleich.

Auch hier müssen wir uns auf die wichtigsten Kommandos und
Funktionen und insbesondere die Modifikation *numerischer* Variablen beschränken. Für spezielle und zumindest in den Sozialwissenschaften selten eingesetzte Befehle bzw. Funktionen werden wir nur auf den entsprechenden Abschnitt im "SPSS-X User's

Guide" verweisen. Statt hier Vollständigkeit anzustreben, wollen wir zeigen, wie man die grundlegenden Kommandos für die genannten Probleme der Datenaufbereitung einsetzen kann, also z.B. für die Prüfung der Daten, ihre Korrektur oder die Konstruktion von Indices. In diesem Kapitel besprechen wir die Auswahl, Anordnung oder Gewichtung der *Untersuchungseinheiten* in einer Datei, im nächsten die Transformation einzelner *Variablen*. Kapitel 12 behandelt einige *Anwendungsmöglichkeiten* der besprochenen Datenmodifikationskarten.

8.1 Ordnung schaffen durch SORT CASES

Die Reihenfolge der *Fälle* in einem Datensatz ist zu Beginn
meist willkürlich. Sie vor dem Einlesen per Hand oder mit
Hilfe veralteter *Fachzählsortiermaschinen* zu ordnen, ist unnötig; mit der SPSS-X-Anweisung SORT CASES läßt sich dies
eleganter[1] bewerkstelligen (siehe Abschnitt 12.1.1). Eine
manuelle Prüfung empfiehlt sich nur im Hinblick darauf, ob
die Datenkarten eines Falles vollständig und jeweils in der
richtigen Reihenfolge sind.

Das allgmeine Format der Sortieranweisung ist:

$$\text{SORT CASES} \quad [\text{BY}] \quad \text{varlist}[(\begin{smallmatrix}<A>\\<D>\end{smallmatrix})][\text{varlist} \ldots]$$

<u>Beispiel</u>:

        SORT CASES   BY SEX   (D)   FAMSTD

                    oder:

        SORT CASES   SEX   (D)   FAMSTD

<u>varlist</u>:

> Wir können eine oder mehrere Variablen als *Sortier-*
> *schlüssel* verwenden. Sortieren wir nur nach Geschlecht,
> kommen zuerst alle Männer und danach alle Frauen oder
> umgekehrt, je nach Kodierung. Innerhalb dieser beiden
> Gruppen bleiben die Fälle in ihrer ursprünglichen Rei-
> henfolge.
> Durch Hinzufügen weiterer Variablen kann man <u>innerhalb</u>
> der zuerst gebildeten Gruppen die Fälle weiter sortie-
> ren, etwa nach Familienstand. Vertauscht man die Rei-
> henfolge der Variablen, wird zuerst nach Familienstand
> sortiert und danach, innerhalb der Ledigen, Verwitweten
> usw., nach Geschlecht.

---

1) Fachzählsortiermaschinen erkennen nur die Zahl O bis 9,
   "+" und "-". Mit SORT CASES können auch (nicht-numerische)
   Reihen-Variablen <u>alphabetisch</u> geordnet werden (vgl. UG:
   13.4).

<u>A bzw. D</u>:

> Wenn nach der Variablenliste keine weitere Spezifika-
> tion erfolgt, wird in *aufsteigender* ("ascending") Rei-
> henfolge sortiert: zuerst die Fälle mit O, dann die mit
> 1,2,3 usw.
> Diese Voreinstellung können wir ändern und durch Angabe
> des Parameters "D" (in runden Klammern!) eine Sortie-
> rung in *absteigender* ("descending") Reihenfolge ver-
> langen, wie wir es in dem obigen Beispiel für SEX ge-
> tan haben.
> Genügt eine Sortierung in aufsteigender Reihenfolge,
> schreiben wir einfach:

>   SORT CASES   SEX FAMSTD

Die meisten Prozeduren benötigen kein sortiertes Datenfile,
obzwar bei Prozeduren wie REPORT oder PRINT ein geordnetes
Datenfile den Nutzen der erstellten Listen oft erhöht. Für
die Prozedur AGGREGATE sowie die in Abschnitt 8.2 behandelte
Anweisung SPLIT FILES jedoch ist ein sortiertes File notwendige Voraussetzung. Gleiches gilt, wenn wir durch die Befehle
MATCH FILES oder ADD FILES aus mehreren Files eine inte-
grierte Datei erstellen.[1]

---

1) Für diese komplexeren File-Modifikationen siehe UG 15.

8.2 Die Aufspaltung einer Datei durch SPLIT FILE

Mit der Anweisung SPLIT FILE können wir ein File in mehrere
Unter-Dateien zerlegen. Dieser Befehl ist im Gegensatz zu
SORT CASES keine eigenständige Prozedur. Er bewirkt lediglich,
daß eine Arbeitsanweisung wie FREQUENCIES für jede (durch die
SPLIT FILE-Karte spezifizierte) Untergruppe separat ausge-
führt wird. Die Aufspaltung des Datenfiles bleibt bis zum
Ende eines SPSS-Laufes in Kraft, es sei denn, wir geben eine
zweite SPLIT FILE-Karte ein. Dadurch wird die alte Aufspaltung des Datenfiles ggf. durch eine neue ersetzt. SPLIT FILE-
Anweisungen wirken nicht kumulativ.
Voraussetzung für die gruppenweise Bearbeitung der Daten ist,
daß alle zu einer Gruppe gehörenden Fälle aufeinander folgen.
Ist dies noch nicht der Fall, muß man die Datei zuvor entsprechend sortieren (s. Abschnitt 8.1). Das allgemeine Format
der SPLIT FILE-Anweisung ist:

$$\text{SPLIT FILE} \quad \begin{array}{l} \langle \text{BY varlist} \rangle \\ \langle \quad \text{OFF} \quad \rangle \end{array}$$

Beispiel:

        SPLIT FILE BY SEX FAMSTD

BY varliste:

Nach dem obligatorischen[1] Kennwort BY werden die Variablen-
Namen in der Reihenfolge aufgeführt, in der die Untergruppen im Datenfile angeordnet sind. Wenn das File nach SEX
und FAMSTD sortiert ist, kann die SPLIT FILE-Anweisung dennoch lauten: SPLIT FILE BY SEX

Die Analyse erfolgt nur getrennt nach Männern und Frauen;
die Anordnung der Fälle innerhalb dieser zwei Untergruppen
bleibt unberücksichtigt.

OFF:

Die gruppenweise Verarbeitung der Daten wird durch den Befehl SPLIT FILE OFF aufgehoben und nachfolgende Prozeduren
verarbeiten die Datei wieder als Ganzes. Dieser Befehl ist
nur notwendig, wenn vorher eine Aufspaltung erfolgt ist.

---

1) In dieser Hinsicht dürfen die unterschiedlichen Konventionen der Befehle SORT CASES und SPLIT FILE nicht ver-
wechselt werden. Nur bei SORT CASES ist die Verwendung
des Kennwortes BY wahlfrei.

8.3 Die Auswahl von Fällen durch SELECT IF

Mit diesem Kommando können wir einzelne Fälle oder ganze Gruppen für die Weiterbearbeitung *auswählen* ("select") oder *eliminieren*. Die (positive oder negative) Auswahl erfolgt durch
eine Spezifikation von Bedingungen wie in unserem Programmbeispiel (Abb. 4.1):

SELECT IF (FAMSTD LE 3)

Der Computer prüft dann jede Untersuchungseinheit in unserer
Datei dahingehend, ob die jeweils befragte Person ihren Familienstand als verheiratet und mit dem Ehepartner lebend
("1"), als verheiratet und von ihm getrennt lebend ("2") oder
als geschieden ("3") angegeben hat. *Wenn ("if")* die eine *oder
("or")* die andere dieser Bedingungen erfüllt und der logische
Ausdruck somit "wahr" ist, dann wird der jeweils untersuchte
Fall für die weiteren Arbeiten ausgewählt. Die Bedingung gilt
als nicht erfüllt, d.h. der logische Ausdruck ist "falsch",
wenn der untersuchte Fall die spezifizierten Merkmalsausprägungen, Werte oder Eigenschaften nicht aufweist; er ist dann
von der Weiterverarbeitung ausgeschlossen.

Die spezifizierten Bedingungen nennt man in ihrer Gesamtheit
einen *logischen Ausdruck ("logical expression")*. Das allgemeine Format der SELECT IF-Karte ergibt sich somit wie folgt:

SELECT IF [(] logischer Ausdruck [)]

Der *logische Ausdruck* wird in runde Klammern gesetzt[1] und
kann sich aus einer oder mehreren *logischen Variablen* oder
logischen Beziehungen (Relationen) zusammensetzen.

---

1) Die runden Klammern sind im Prinzip wahlfrei. Die Verwendung von Klammern empfiehlt sich jedoch, weil bei geschachtelten Ausdrücken die Bewertungsreihenfolge der
   einzelnen Relationen deutlicher wird und logische Fehler
   leichter vermieden werden.

Logische Variablen "firmieren" in den Sozialwissenschaften
auch unter der Bezeichnung *Dichotomie* oder *Dummy-Variablen* und
haben nur zwei Merkmalsausprägungen. Wurde für eine davon der
Kode "1" verwendet, kann SPSS-X sie automatisch als logische
Variable erkennen: statt

                    SELECT IF   (SEX EQ 1)

können wir dann schreiben.

                    SELECT IF   (SEX)

Ausgewählt werden Männer oder Frauen, je nachdem welche Gruppe
den Kode "1" erhielt.

Logische Beziehungen (Relationen) implizieren einen Vergleich
zweier "Werte". Diese können in dem logischen Ausdruck als
Konstanten, Variablen oder als arithmetische Ausdrücke erscheinen. Der Vergleich erfolgt durch die folgenden *Relations-
Operatoren:*

normales Kennwort	Alternativ- Zeichen	Bedeutung
GE	> =	größer als oder gleich (greater than or equal)
LE	< =	kleiner als oder gleich (less than or equal)
GT	>	größer als (greater than
LT	<	kleiner als (less than)
EQ	=	gleich (equal)
NE	< >	ungleich (not equal)

Hier einige Beispiele für logische Relationen zwischen

- einer Variablen und einer Konstanten:
       SELECT IF   (SEX EQ 1)

- zwei Variablen:
       SELECT IF   (UNISEM NE FACHSEM)

- einer Variablen und einem arithmetischen Ausdruck (etwa zur
  Untersuchung von Studenten, die ihre Prüfung mehr als 4 Se-
  mester später ablegten, als "normal" üblich:
       SELECT IF   (PRUEFSEM GT NORMSEM + 4)

- zwei arithmetische Ausdrücke:
       SELECT IF   (NETOLOHN+ABZUEGE NE STDLOHN*ARBSTUND)

Bei der Verwendung von Relationsoperatoren wie GE, EQ oder LE
ist eine gewisse Vorsicht geboten, wenn einer der vergliche-
nen Werte nicht ein Beobachtungswert, sondern Ergebnis eines
arithmetischen Ausdrucks ist. Angenommen wir haben den Ausdruck "VARA/VARB" und für eine bestimmte Untersuchungseinheit
die Werte 6 und 2. Das Ergebnis der in diesem Ausdruck ge-
forderten Division von VARA mit VARB ist aber nicht unbedingt
3. Es könnte vom Computer als 2.99999999 gespeichert werden,
so daß dieser Fall durch das Kommando

              SELECT IF   (VARA/VARB EQ 3)

nicht ausgewählt wird. Hier empfiehlt sich u.U. die Rundungs-
funktion RND, die den Wert 2.99999999 zu 3 aufrundet oder die
Verwendung der Operatoren GE und LE bzw. der Funktion Range.
Der obige Befehl könnte dann z.B. lauten:
       oder: SELECT IF   (RND(VARA/VARB) EQ 3)
              SELECT IF   RANGE(VARA/VARB, 2.99, 3.01)
Solche Funktionen und komplexere arithmetische Ausdrücke wol-
len wir detaillierter erst im Zusammenhang mit der COMPUTE-
Anweisung (Abschnitt 9.3) behandeln.

Verknüpfungen: Ein logischer Ausdruck kann aus mehreren Relationen zusammengesetzt sein, die durch die logischen Operatoren AND bzw. OR verknüpft sind. Werden zwei (oder mehrere)
Relationen durch AND verbunden, müssen beide (bzw. alle) Re-

lationen "wahr" sein, damit der ganze logische Ausdruck "wahr"
und der entsprechende Fall selektiert wird. Sind zwei (oder
mehrere) Relationen durch OR verknüpft, genügt _eine_ "wahre"
Relation, damit der ganze logische Ausdruck "wahr" und der
betreffende Fall selektiert wird. Tabelle 8.1 zeigt die einzelnen, möglichen Ergebnisse.

Tabelle 8.1   <u>Wahrheitstafel für zwei Relationen
ohne fehlende Werte</u>

erste Relation	logischer Operator	zweite Relation	Ergebnis
wahr	AND	wahr	wahr
wahr	AND	falsch	falsch
falsch	AND	wahr	falsch
falsch	AND	falsch	falsch
wahr	OR	wahr	wahr
wahr	OR	falsch	wahr
falsch	OR	wahr	wahr
falsch	OR	falsch	falsch

<u>Fehlende Werte</u>: Ein besonderes Problem ergibt sich dadurch,
daß die in einem logischen Ausdruck genannten Variablen bei
manchen Fällen einen fehlenden Wert aufweisen. Fehlt der Wert
für UNISEM, kann das Ergebnis des logischen Ausdrucks

```
SELECT IF   (UNISEM EQ FACHSEM)
```

nicht festgestellt und der Befehl somit nicht ausgeführt werden. Damit ist dieser Fall für die nächste Prozedur nicht verfügbar.

Bei Verknüpfungen zweier Relationen durch AND oder OR kann in
bestimmten Situationen der Wahrheitswert des gesamten logischen Ausdrucks auch dann festgestellt werden, wenn eine Relation fehlende Werte enthält. Tabelle 8.2 zeigt, wie SPSS-X
in solchen Situationen verfährt.

Tabelle 8.2 <u>Wahrheitstafel für zwei Relationen</u>
            <u>mit fehlenden Werten</u>

erste Relation	logischer Operator	zweite Relation	Ergebnis
wahr	AND	fehlend	fehlend
falsch	AND	fehlend	*FALSCH*
fehlend	AND	fehlend	fehlend
wahr	OR	fehlend	*WAHR*
falsch	OR	fehlend	fehlend
fehlend	OR	fehlend	fehlend

<u>Der logische Operator NOT</u> wendet das Ergebnis eines <u>unmittel-</u>
<u>bar</u> folgenden Ausdrucks in sein Gegenteil: war das Ergebnis
des Ausdrucks "falsch", wird es "wahr" und umgekehrt. Wollen
wir z.B. alle Fälle außer Nr.972 und 1o13 in die Analyse einbeziehen, können wir schreiben:

        SELECT IF   NOT (IDNR EQ 972 OR IDNR EQ 1o13)

Eine andere Möglichkeit wäre:

        SELECT IF   (IDNR NE 972 AND IDNR NE 1o13)

Man beachte, daß im zweiten Beispiel der Operator AND und im
ersten der Operator OR verwendet wurde. Im ersten Beispiel
sind die Klammern notwendig, um den ganzen Ausdruck zu bezeichnen, dessen Ergebnis umgekehrt werden soll. Hätten wir
geschrieben:

        SELECT IF   NOT IDNR EQ 972 OR IDNR EQ 1o13

würden alle Fälle außer Nr.972 ausgewählt, auch Fall Nr.1o13!

<u>Komplexe Ausdrücke</u> entstehen bei einer Verknüpfung von mehr
als zwei Relationen. Bei solchen langen und evtl. mehrmals
geschachtelten Ausdrücken stellt sich das Problem (1), wie sie
formal zu vereinfachen sind und (2), wie ihr Wahrheitswert
ermittelt wird.

Im Gegensatz zu früheren Versionen von SPSS dürfen Operatoren
oder Ausdrücke <u>nicht</u> mehr impliziert werden. Wir dürfen <u>nicht</u>
mehr schreiben:

                SELECT IF   (FAMSTD EQ 1 OR 4 OR 5)
oder: SELECT IF   (FAMSTD EQ 1 OR EQ 4 OR EQ 5)

Zur Vereinfachung gibt es stattdessen die neuen *Funktionen*
ANY und RANGE.[1)]   Durch ANY läßt sich der SELECT IF-Befehl
des Beispiels 4.1

                SELECT IF   (FAMSTD EQ 1 OR FAMSTD EQ 2)
wie folgt verkürzen:
                SELECT IF ANY   (FAMSTD, 1,2)

Für die Auswahl von Fällen in bestimmten Wertbereichen, etwa
von Personen in den Altersgruppen 18-21, 28-31 und 38-41,
bietet sich die Funktion RANGE an. Statt:

                SELECT IF ((ALTER GE 18 AND ALTER LE 21) OR
                          (ALTER GE 28 AND ALTER LE 31) OR
                          (ALTER GE 38 AND ALTER LE 41))

kann man einfacher schreiben:

                SELECT IF RANGE (ALTER, 18,21,28,31,38,41)

wobei die angegebenen Zahlen ("18,21" und "28,31" und "38,41")
als Paare zu betrachten sind, die jeweils Unter- und Obergrenze der einzelnen Wertbereiche markieren.

Von größerer Tragweite ist das Problem, wie der Computer einen
logischen Ausdruck auswertet, der sehr viele Funktionen, Operatoren und Relationen enthält. Schon das folgende, einfache
Beispiel läßt zwei Alternativen der Auswertung denkbar erscheinen, die aber zu unterschiedlichen Ergebnissen führen.
Gegeben sei der Befehl:

                SELECT IF   (A EQ 1 OR B EQ 1 AND C EQ 1)

---

1) Siehe dazu UG: 6.18, 6.23, 6.25 und 6.3o
    sowie Abschnitt 9.3.5 .

und ein Fall mit den Werten 1, 1 und 2 für die Variablen A, B
und C. Wird dieser Fall nun selektiert oder nicht?

1. Alternative

Ersetzen wir die Variablen-Namen durch die hypothetischen
Werte unseres Beispiel-Falls, und werten wir dann die
durch OR verknüpften Relationen zuerst aus, ergibt sich:

    ((1 EQ 1 OR 1 EQ 1)   AND   (2 EQ 1))

    (wahr OR wahr)   AND   (falsch)

Die beiden ersten Relationen sind wahr. Da sie mit OR verknüpft sind, reicht eine wahre Relation aus, um den zusammengesetzten Ausdruck wahr zu machen. Dieser ist aber
durch ein AND mit der dritten Relation verknüpft, die falsch
ist. Die in dem gesamten logischen Ausdruck spezifizierten
Bedingungen sind aber nur dann erfüllt, wenn der zusammengesetzte Ausdruck und die dritte Relation wahr sind. Dies
ist nicht der Fall. Deswegen ist der gesamte Ausdruck
falsch, und unser Beispiel-Fall wird nicht selektiert.

2. Alternative

Wird die zweite und dritte Relation zusammen betrachtet,
erhalten wir das folgende Ergebnis:

    (1 EQ 1 OR (1 EQ 1 AND 2 EQ 1))

    (wahr) OR (wahr AND falsch))

Der zusammengesetzte Ausdruck ist nun falsch; wahr wäre er
nur, wenn beide durch AND verbundenen Bedingungen erfüllt
wären. Dieser Ausdruck ist mit der ersten Relation nur
durch ein OR verbunden, d.h. es genügt ein wahrer Wert, um
den ganzen logischen Ausdruck wahr zu machen. Die erste
Bedingung trifft zu; daher wird der gesamte Ausdruck wahr,
und unser Fall wird selektiert.

Um Mißverständnisse auszuschließen, muß die Auswertung logischer und arithmetischer Ausdrücke somit nach präzisen und
eindeutigen Regeln vonstatten gehen. Dabei gelten folgende
Konventionen:

1. bei verschachtelten Ausdrücken wird die innerste Beziehung zuerst ausgewertet.

2. für unverschachtelte Ausdrücke bzw. innerhalb eines Klam-
   merausdruckes ist die Auswertungsreihenfolge wie folgt:

a. Funktionen und arithmetische Operatoren haben
   die höchste Priorität; dennoch sind sie untereinander nicht gleichrangig. Wir kommen darauf
   im Zusammenhang mit der COMPUTE-Anweisung zu-
   rück (Abschnitt 9.3.9).

b. Dann folgen die Relationsoperatoren GE, LE, GT,
   LT, EQ und NE; sie haben untereinander die
   gleiche Priorität und werden deshalb in ihrer
   Reihenfolge von links nach rechts ausgewertet.

c. Nächste Priorität hat NOT, gefolgt von

d. dem logischen Operator AND und

e. dem logischen Operator OR.

Bei Anwendung dieser Regeln sehen wir, daß die 2. Auswertungsalternative des obigen Beispiels die richtige ist; der ganze
logische Ausdruck ist also wahr, der Fall wird ausgewählt. [1]

Durch Klammern können wir die Reihenfolge der Auswertung eines
logischen Ausdrucks ganz nach unseren Bedürfnissen gestalten.
Nicht minder wichtig ist, daß wir damit auch ein Instrument
haben, Unklarheiten und Mißverständnisse gar nicht erst auf-
kommen zu lassen. Wir sollten deshalb auf Nummer Sicher gehen
und mit ihrer Verwendung nicht sparen. So sind die folgenden
beiden Befehle zwar logisch äquivalent, doch der zweite wird
offensichtlich weniger leicht zu Mißverständnissen führen, als
die erste.

```
SELECT IF   (A EQ 1 OR B EQ 1 AND C EQ 2)
SELECT IF   (A EQ 1 OR (B EQ 1 AND C EQ 2))
```

Im übrigen: jede geöffnete Klammer verlangt nach einer ge-
schlossenen. Bei Ungleichgewicht gibt es eine Fehlermeldung.

---

1) In früheren Versionen von SPSS hatten die logischen Operatoren AND und OR gleiche Priorität. Deswegen wäre damals
   die erste Auswertungsalternative zum Tragen gekommen und
   unser Beispiel-Fall wäre _nicht_ selektiert worden.

<u>Mehrere SELECT IF-Karten</u>: Prinzipiell können in einem Lauf
bzw. vor einer Prozedur auch mehrere SELECT IF-Anweisungen
stehen. Die ausgewählten Fälle müssen dann jeweils <u>beide</u> Bedingungen erfüllen. Es ist so, als ob diese Anweisungen durch
den logischen Operator AND miteinander verknüpft wären; sie
wirken kumulativ.

8.4   Die Ziehung von Zufallsstichproben mit SAMPLE

Für Testzwecke oder um Computerzeit zu sparen ist es oft sinnvoll, aus der insgesamt zur Verfügung stehenden Gesamtheit von
Fällen eine Zufallsstichprobe *("random sample")* zu ziehen. Wir
können dies mit SPSS in der Weise tun, daß wir auf der SAMPLE-
Karte entweder den gewünschten, relativen Anteil angeben oder
die benötigte absolute Fallzahl. Entsprechend ist das allgemeine Format:

```
          SAMPLE      <percentage>
                      < n FROM m >
```

Beispiel: SAMPLE   .2o
                oder: SAMPLE   5oo FROM 25oo

percentage:

   Der Stichprobenumfang wird nicht exakt, sondern nur nähe-
   rungsweise bestimmt. Der Anteil wird angegeben als Zahl zwischen o und 1. Entsprechend der Schreibweise im Englischen
   müssen Dezimalzahlen einen Punkt haben, kein Komma. Eine
   vorangestellte Null (z.B. o.2o) schadet nicht.

n FROM m:

   Bei dieser Spezifikation werden genau n Fälle ausgewählt.
   In unserem Beispiel ist der Stichprobenumfang nur dann 2o
   Prozent, wenn die Grundgesamtheit aus 25oo Fällen besteht.
   Sind es mehr, erfolgt die Auswahl der 5oo Fälle nur aus den
   ersten 25oo Fällen. Sind es weniger, werden proportional
   weniger Fälle ausgewählt.

Wie die anderen File-Modifikationskarten gilt auch die SAMPLE-
Anweisung für den gesamten Lauf. Eine zweite SAMPLE-Karte in
einem Lauf hebt die erste aber nicht auf; ihre Wirkung ist
kumulativ. In dem Programm

```
          GET FILE SYSBUS82
          SAMPLE .5o
          FREQUENCIES FAMSTD
          SAMPLE .5o
          CROSSTABS SEX BY PARTEI
```

würden 5o Prozent aller Fälle für die Prozedur FREQUENCIES zur
Verfügung stehen, für die Prozedur CROSSTABS aber nur 25 Pro-

zent. Gleiches gilt, wenn statt der ersten SAMPLE-Karte eine SELECT IF-Anweisung eingegeben wird: aus der ersten Stichprobe wird eine *Unterstichprobe* gezogen. Dieses Verfahren entspricht ganz der Wirkung zweier SELECT IF-Karten in einem Lauf. Auch da hatten wir gesehen, daß die beiden logischen Ausdrücke durch den Operator AND miteinander verbunden werden (vgl. Abschnitt 8.3).

Verwenden wir in zwei <u>separaten</u> Läufen die gleiche Anweisung, etwa 'SAMPLE .2o' oder 'SAMPLE 5oo FROM 25oo', wird zwar der gleiche Anteil oder die gleiche <u>Zahl</u> von Fällen ausgewählt, nicht aber die gleichen <u>Fälle</u>. Will man eine Stichprobe exakt replizieren, muß man mit der SET-Anweisung und dem Parameter SEED (siehe Abschnitt 6.4) den Startpunkt des Zufallszahlengenerators konstant halten.

8.5 Die Auswahl von Fällen durch N OF CASES

Wenn wir zu Testzwecken keine repräsentative Stichprobe benötigen, können wir einen Teil der Fälle auch in der Weise
auswählen, daß wir auf der N OF CASES-Karte nur die gewünschte Zahl angeben. Das Format der Anweisung ist einfach:

N OF CASES   n

n: gewünschte Fallzahl.

Das System wählt die angegebene Fallzahl der Reihe nach aus,
beginnend mit dem ersten Fall im Aktiv-File. Wurde zuvor eine
SELECT IF- oder SAMPLE-Karte eingegeben, ist das Aktiv-File
natürlich entsprechend verändert. In dieser Situation wird
die spezifizierte Fallzahl in prinzipiell gleicher Weise aus
dem reduzierten Datenfile ausgewählt.[1]

---

[1] Für die Auswahl der Fälle bei hierarchischen Datenfiles
siehe UG: 1o.8.

8.6 Die Gewichtung von Fällen durch WEIGHT

Die einfachste, und früher auch weit verbreitete Gewichtungs-
methode war die *Doppelung* der Lochkarten ausgewählter Untersuchungseinheiten. War z.B. der Anteil von Frauen höher als
in der amtlichen Statistik ausgewiesen, wurden die Daten entsprechend vieler Männer gedoppelt, um das "richtige Verhältnis" herzustellen. Dieses Verfahren ist jedoch methodisch
fragwürdig und wird heute nicht mehr verwendet.[1] Dies bedeutet keinen grundsätzlichen Verzicht auf die Gewichtung von
Fällen. Mehr denn je will man heute Hochrechnungen vornehmen
und dabei von gegebenen Zufallsstichproben auf die Lage bzw.
Verteilung bestimmter Merkmale in der Grundgesamtheit schließen.[2]

Betrachten wir diesen Sachverhalt etwas näher, um die Notwen-
digkeit einer Gewichtung zu verstehen: beim ALLBUS wurde ein
dreistufiges Auswahlverfahren verwendet.[3]

    a. Zuerst wurden nach dem Zufallsprinzip 63o
       Stimmbezirke aus der nach Bundesländern,
       Regierungsbezirken und Gemeindegrößenklassen
       geschichteten Gesamtheit aller Stimmbezirke
       der Bundesrepublik einschließlich West-
       Berlins ausgewählt.

    b. Aus diesen Stimmbezirken wurde eine Zufalls-
       stichprobe von je 7 bzw. 8 Haushalten gezogen.

    c. Aus jedem dieser Haushalte wurde vom Inter-
       viewer durch einen Zufallszahlenschlüssel
       genau eine Person ausgewählt und anschließend
       befragt.

---

1) Da man früher die Auswertung an Fachzählsortiermaschinen
    vornahm, war dies ein praktisches und von daher "sinn-
    volles" Gewichtungsverfahren. Es konnten aber nie alle
    Fälle einer bestimmten Kategorie gedoppelt werden. Die
    Auswahl der zu doppelnden Fälle war folglich immer pro-
    blematisch.
2) Vgl. Moser und Kalton, 1971: 85-115; 154-187.
3) Siehe Lepsius et al., 1982: 25-3o.

Dieses Stichprobenverfahren führt zu einer annähernd repräsentativen Auswahl von <u>Haushalten</u>: alle haben eine annähernd gleiche Chance, in die Stichprobe zu gelangen. Wenn wir nun Aussagen über Haushaltsmerkmale (z.B. Haushaltsgröße oder -einkommen) machen wollen, kann man im Prinzip jedes beliebige erwachsene Mitglied befragen. Die Angaben müßten ein getreues Abbild der Grundgesamtheit liefern, da Auswahl- und Untersuchungseinheiten identisch sind. Bei einfachen Zufallsstichproben ist dann keine Gewichtung notwendig.[1]

Anders ist es, wenn wir an Hand unserer Stichprobe etwas über den Altersaufbau oder die Ausbildungsstruktur der Gesamtbevölkerung aussagen wollen und wenn wir nur Alter und Ausbildung des Haushaltsmitgliedes kennen, das befragt wurde. Hier ist unsere Untersuchungseinheit das Individuum, die Auswahleinheit aber noch immer der Haushalt. Selbst wenn wir nach dem Zufallsprinzip eine Person per Haushalt für die Befragung auswählen, haben nur die Personen <u>innerhalb eines Haushalts</u> die gleiche Chance in die Stichprobe zu gelangen; für die <u>Grundgesamtheit</u> (z.B. Wohnbevölkerung der BRD im Januar 1981) aber gilt, daß die Chance ihrer Mitglieder, in die Stichprobe zu gelangen, umgekehrt proportional zur Größe des Haushalts ist, in dem sie leben. So ist bei einem Zweipersonen-Haushalt die Wahrscheinlichkeit der Befragung des Haushaltsvorstandes offensichtlich nur halb so groß, wie die der allein lebenden Personen. Bei einem Vierpersonenhaushalt ist sie nur ein Viertel. Zumindest diese Verzerrung ist durch eine Gewichtung nach

---

1) Anders als beim ALLBUS 8o wurde beim ALLBUS 82 dennoch eine Gewichtungsvariable für Analysen auf der Haushaltsebene konstruiert (V396). Damit sollten Stichprobenausfälle auf der Ebene der Stimmbezirke kompensiert werden (vgl. Lepsius et al., 1984: 1o-11).

Haushaltsgröße auszugleichen.[1]

Betrachten wir ein einfaches Beispiel: Angenommen, wir haben
eine Grundgesamtheit bestehend aus 1000 Einpersonen-Haushalten
(alles Ledige) und 1000 Zweipersonen-Haushalten (alles Verheiratete ohne Kinder). Daraus ziehen wir eine zehnprozentige
Haushaltsstichprobe und befragen schließlich (mit etwas Glück)
in jedem Haushalt eine Person. Wenn wir nun eine einfache Auszählung nach Familienstand vornehmen, werden wir etwa 100 Ledige und 100 Verheiratete finden und damit ein völlig irre-
führendes Bild von der Grundgesamtheit zeichnen. Schließlich
besteht die Grundgesamtheit zu 1/3 aus Ledigen und zu 2/3 aus
Verheirateten.

Diese Diskrepanz ist allein auf die Methode der Stichprobenziehung zurückzuführen, welche Verheirateten nur eine halb so
große Chance einräumte, in die Stichprobe zu gelangen.

Grundgesamtheit	N	Auswahlwahr-scheinlichkeit	Stichprobenumfang	
			Personen	Haushalte
Ledige	1000	.10	100	100
Haushalts-vorstand	1000	.05	50	100
Ehepartner	1000	.05	50	
Gesamt	3000		200	200

---

1) Dies bedeutet, daß die in den maschinenlesbaren Kodebü-
   chern (Lepsius et al., 1982 und Lepsius et al., 1983) ab-
   gedruckten univariaten Häufigkeitsverteilungen zum Teil
   verzerrte Schätzwerte für die entsprechenden Parameter der
   Grundgesamtheit liefern. So erhöht sich im ALLBUS 1982 der
   Anteil der verheirateten (und nicht von dem Partner getrennt lebenden) Personen nach einer Gewichtung (durch
   V397) von 60% auf 66%. Insgesamt stehen für die Analyse
   auf Personenebene die folgenden Gewichtungsvariablen zur
   Verfügung: für den ALLBUS 1980: V348 und V499
                  für den ALLBUS 1982: V382 und V397
                  für den ALLBUS 1984: V395 und V396

Die Zahl der Ein- und Zweipersonen-Haushalte dagegen entspricht genau ihrem Anteil in der Grundgesamtheit. Die Verzerrung für die Variable Familienstand läßt sich leicht beseitigen, wenn wir alle Verheirateten doppelt zählen: wir multiplizieren sie mit dem Gewichtungsfaktor, um die Halbierung
der Auswahlwahrscheinlichkeit wettzumachen. Ledige bleiben
ungeschoren; allenfalls multiplizieren wir sie mit dem Gewichtungsfaktor 1. Genau genommen entspricht dieses Verfahren
der früher üblichen physischen "Doppelung" von Lochkarten.
Wir erhalten somit:

	Stichproben-umfang	Gewichtungs-faktor	Rechnerische Häufigkeit
Ledige	1oo	1	1oo
Verheiratete	1oo	2	2oo
Gesamt	2oo		3oo

Beließe man es dabei, entstünde fälschlich der Eindruck, man
habe 3oo Personen befragt, von inferenzstatistischen Problemen
ganz abgesehen. Deswegen nimmt man eine lineare Transformation
der Gewichte vor, indem man sie mit dem Verhältnis von Inter-
viewzahl und der Summe aller Gewichte multipliziert. So bleibt
der Gesamtumfang der Stichprobe konstant. Der neue Gewichtungsfaktor spiegelt dennoch das richtige Verhältnis von Ledigen
und Verheirateten in unserer hypothetischen Grundgesamtheit
wieder und wir erhalten die folgenden Ergebnisse:

	Stichproben-umfang	Gewichtungs-faktor	Rechnerische Häufigkeit
Ledige	1oo	$1 \cdot \frac{2oo}{3oo} = 0.67$	67
Verheiratete	1oo	$2 \cdot \frac{2oo}{3oo} = 1.33$	133
Gesamt	2oo		2oo

Analog verfährt man, wenn zwei oder mehr Variablen bei der
Gewichtung zu berücksichtigen sind. Haben wir z.B. eine ge-
schichtete Stichprobe mit 2o% Abiturienten statt des entsprechenden Anteils von 15% der Grundgesamtheit, muß ihr Überge-
wicht mit dem Faktor $\frac{15}{2o}$ = o.75 multipliziert werden, wodurch
sich ihr Anteil rechnerisch auf 15% reduziert. Für Nicht-
Abiturienten ist der Gewichtungsfaktor $\frac{85}{8o}$ = 1.o625.

Unter der Annahme der Unabhängigkeit von Familienstand und
Bildung können wir nun die beiden Gewichte miteinander multiplizieren und erhalten:

		Anzahl in der Stichprobe	Gewicht	Rechnerische Häufigkeit
Ledige	mit Abitur	2o	0.67 * o.75	1o
	ohne Abitur	8o	0.67 * 1.o6	56
Verh.	mit Abitur	2o	1.33 * o.75	2o
	ohne Abitur	8o	1.33 * 1.o6	113
	Gesamt	2oo		199

Ist diese Annahme problematisch, müssen bei der Gewichtung gegebenenfalls konditionale Häufigkeiten zugrunde gelegt werden. [1)]

Die Gewichtungsvariable muß wie ein Index mit Daten-Modifikationskarten konstruiert werden (vgl. Abschnitt 12.2).

---

1) Dies ist bei den vom ZUMA mit den Daten des ALLBUS der Öf-
fentlichkeit zur Verfügung gestellten Gewichtungsvariablen
teilweise auch geschehen. So wurde z.B. durch die "GETAS-
Gewichte" eine Anpassung an Zensusdaten nach Geschlecht,
Alter und Bundesländern vorgenommen. In die anderen Gewichtungsvariablen wurden neben Haushaltsgröße noch andere
Faktoren eingearbeitet, um Verzerrungen auszugleichen, die
z.B. durch Ausfälle einiger Stimmbezirke sowie die unterschiedliche Ausschöpfung innerhalb der übrigen Stimmbezirke entstanden waren (vgl. Lepsius et al., 1982: 3o-32,
Lepsius et al., 1984: 9-1o).

Erst wenn eine solche Gewichtungsvariable verfügbar ist,
kann man bei der Datenanalyse Fälle unterschiedlich gewichten.
Der Befehl dazu ist einfach:

```
WEIGHT     < BY varname >
           <    OFF      >
```

Beispiel: WEIGHT   BY V397

BY varname:

   Nach BY kann nur ein einziger Name genannt werden; diese
   Variable muß alle relevanten Gewichtungskomponenten enthalten und numerisch sein; auch (positive) Dezimalzahlen
   sind zulässig; fehlende Werte (Leerstellen oder nicht-
   definierte Werte) erhalten das Gewicht O. Diese Fälle
   scheiden dann von der Analyse aus.

OFF:

   Die Gewichtung bleibt für einen ganzen Lauf in Kraft, es
   sei denn, es wird ein zweiter WEIGHT-Befehl mit dem Kennwort OFF eingegeben. Dieser hebt die Gewichtung bei der
   nächsten Prozedur auf.

Werden in einem Lauf zwei WEIGHT-Befehle (mit unterschiedlichen Gewichtungsvariablen) verwendet, haben sie keine kumu-
lative Wirkung. Nur das jeweils letzte WEIGHT-Kommando gilt
für die nachfolgende(n) Arbeitsanweisung(en). Folgt eine SAVE
FILE-Karte, wird ein gewichtetes System-File erstellt.

Die meisten Prozeduren können bei der Gewichtung Dezimalzahlen verwenden. Die Prozeduren SCATTERGRAM, NONPAR CORR und
NPAR TESTS verlangen dagegen immer ganze Zahlen. Deswegen
werden bei diesen Prozeduren Dezimalstellen auf- oder abgerundet (vgl. UG: 1o.11). Ein Fall mit dem Gewicht 1.2 hat
eine 2o-prozentige Chance, zu 2.o aufgerundet, und eine
8o-prozentige Chance, auf 1.o abgerundet zu werden.

Damit haben wir die wichtigsten File-Modifikationskarten vorgestellt. Ausklammern müssen wir im Rahmen dieser Einführung insbesondere die Möglichkeit durch die Kommandos MATCH FILES und ADD FILES Information von zwei oder mehr SPSS-Files zu einem Aktiv-File zusammenzufassen (siehe dazu UG: 15) oder durch den Einsatz des AGGREGATE-Kommandos die Analyse-Ebene zu wechseln und die Daten eines Files entweder zu aggregieren bzw. mit Hilfe eines weiteren System-Files zu disaggregieren (siehe dazu UG: 14). Oft werden die Kommandos AGGREGATE und MATCH FILES zusammen verwendet, um solche komplexeren File-Modifikationen durchzuführen.

KAPITEL 9

DIE TRANSFORMATION NUMERISCHER VARIABLEN

Die Hauptlast bei der Aufbereitung von Daten ruht ohne Zweifel
bei den Anweisungen, die wir in diesem Kapitel vorstellen.
Sie werden u.a. eingesetzt für

- die Gruppierung oder Umkodierung einzelner
  Variablen,

- Qualitätskontrollen und Konsistenzprüfungen,

- die Korrektur von Fehlern,

- die Erstellung neuer Variablen.

Diese Aufgaben werden im wesentlichen von den Kommandos RECODE,
COMPUTE, IF und COUNT wahrgenommen. In diesem Kapitel wollen
wir diese und eine Reihe anderer Befehle vorstellen, welche
sich für spezielle Programmierprobleme bei Datenmodifikationen
nützlich erwiesen haben, wie z.B. TEMPORARY, LEAVE, NUMERIC
oder DO REPEAT.

In Kapitel 12 werden wir dann detailliertere Anregungen und
Hinweise für die obengenannten Einsatz- und Anwendungsmöglichkeiten geben.

9.1 Umkodieren mit RECODE

Dieser Befehl dient der "Umwertung aller Werte" einer oder
mehrerer Variablen. Ihre Namen müssen dem System bereits bekannt bzw. in das Lexikon aufgenommen sein. Je nach Wunsch
können ein Wert, mehrere oder alle Werte der angegebenen
Variablen verändert werden. Für numerische Variablen[1] ist das
allgemeine Format dieses Kommandos wie folgt:

    RECODE   varliste(value liste = value)...(value liste = value)
             [INTO varliste]
             [/varliste...]

Kennwörter (für Eingabewerte): LO, LOWEST, HI, HIGHEST,THRU,
                               ELSE, MISSING, SYSMIS
             (für Ausgabewerte): SYSMIS, COPY

Beispiel:

    RECODE   PARTEI (5=1)(6=2)(2=3)(3=4)(1=5)(4=6)(8=8)(9=9)
                     (ELSE = SYSMIS) INTO LR-SKALA

             /FRAUROL1 FRAUROL5 (4=1)(3=2)(2=3)(1=4)(MISSING=9)
             /FAMSTD (2 THRU 5=2)(ELSE=COPY) INTO SINGLE

Im ersten Teil des RECODE-Befehls versuchen wir die Angaben
zur Parteipräferenz entlang des "Links-Rechts" Schemas zu
ordnen und speichern die neuen Werte als neue Variable
unter dem Namen "LR-SKALA".
Im zweiten Teil "drehen" wir zwei der sechs Items zum Thema
Frau und Beruf; so daß nun bei allen Fragen hohe Zahlenwerte eine positive Einstellung zur Berufstätigkeit von
Frauen kennzeichnen und niedrige Werte eine negative Einstellung. Solche Umkodierungen sind oft der erste Schritt
bei der Berechnung von Indizes.
Der dritte Unterbefehl dichotomisiert die Variable FAMSTD
durch Umkodierung der Werte 2 bis 5 zu 2. Der Wert 1 und
die fehlenden Werte bleiben unberührt. Die dichotomisierte
Variable ist unter dem neuen Namen SINGLE ansprechbar.
Um später Mißverständnisse auszuschließen, sind solche
Änderungen unbedingt zu dokumentieren, also etwa durch:

---

1) Für die Umkodierung nichtnumerischer Variablen siehe
   UG: 7.5-7.9.

```
VALUE LABELS  LR-SKALA 1 'DKP' 2 'GRUENE' 3 'SPD'
      4 'FDP' 5 'CDU/CSU' 6 'NPD' 9 'UNBEK'
     /FRAUROL1 TO FRAUROL6 1 'TRADITIONELL'
      4 'PROGRESSIV'
     /SINGLE 1 'NEIN' 2 'JA'
```

<u>varliste</u>:

Die im Lexikon enthaltenen Variablen-Namen, für die man
dieselben Umkodierungen wünscht, sind - wie üblich -
einzeln oder mit der 'TO'-Konvention aufzulisten.

<u>(value liste = value)</u>:

Das spezielle Trennzeichen '=' ist kein Gleichheitszeichen
im algebraischen Sinn. Es ist eher ein Tauschzeichen: die
Werte vor diesem Symbol werden ersetzt durch den Wert
dahinter. Noch anders ausgedrückt: links von dem Zeichen
'=' stehen "alte" Eingabewerte, rechts davon der "neue"
Ausgabewert. Vor dem '='-Zeichen können mehrere Werte stehen oder bestimmte Kennwörter; dahinter aber immer nur
einer. Die Auflistung der zu ändernden Werte wird erleichtert durch die Kennwörter LO oder LOWEST, HI oder HIGHEST
und THRU. Mit diesen können wir - wie bei der MISSING
VALUES-Karte (siehe 5.3) - große Wertbereiche eingrenzen.
Ferner stehen zur Verfügung:
<u>ELSE=</u>:
für alle übrigen gültigen Werte, die nicht explizit genannt
wurden oder nicht in einem mit 'THRU' definierten Wertbereich eingeschlossen waren.
<u>MISSING=</u>:
für die vom Benutzer als fehlend definierten Werte (kann
nur vor dem '='-Zeichen stehen).
<u>SYSMIS</u>:
Nicht-definierte Werte erhalten vom System automatisch einen
"system-missing-value" zugewiesen (s. 5.3 und 6.4). Diesen
Wert können wir verändern, z.B. durch: '(SYSMIS = 9)'. Dadurch wird er gültig. Ebenso können wir ausgefallene, ungültige oder sonstige "wilde" Lochungen zu dem jeweiligen
SYSMIS-Wert umkodieren, z.B. durch: '(ELSE=SYSMIS)'. Das
Kennwort SYSMIS darf also - im Gegensatz zu den anderen
Kennwörtern - sowohl vor, als auch hinter dem '='-Zeichen
stehen.
<u>=COPY</u>:
Sollen nur einige Werte umkodiert werden, die übrigen aber
unverändert bleiben, brauchen wir z.B. bei FAMSTD nicht noch
hinzuzufügen: (0=0)(8=8)(9=9). Was nicht geändert wird,
bleibt erhalten. Anders ist es, wenn die neuen Werte unter
dem neuen Variablen-Namen SINGLE gespeichert werden sollen.
Dann benötigen wir diese Angaben oder den Parameter (ELSE=
COPY). Nur so werden die Werte 0, 8 und 9 von der Variablen
SINGLE übernommen. In einem zweiten Schritt sind diese Kodes

dann als fehlende Werte zu deklarieren. Dies erfolgt nicht
automatisch durch den Unterbefehl (ELSE=COPY). "System-
missing values" jedoch bleiben auch unter dem neuen Namen
"system missing values".

<u>INTO varliste</u>:

Werden keine besonderen Vorkehrungen getroffen, können bei
Umkodierungen die alten Werte unwiderruflich verlorengehen.
Dies ist bei der Berichtigung von Fehlern sicher unproblematisch. In vielen anderen Situationen aber muß man die ursprünglichen Kodes erhalten, auch wenn für die unmittelbare
Analyse andere Kodierungen oder Gruppierungen der Daten
zweckmäßiger erscheinen. Durch den Unterbefehl INTO können
wir auf sehr einfache Weise die Werte einer Variablen ändern, ohne sie zu löschen. Wir bilden nach dem Kennwort
INTO lediglich eine (zweite) Liste mit den Namen von *Zielvariablen ("target variables")*. Die Namen dieser Variablen
können alt oder neu sein; nur muß ihre Anzahl auf beiden
Listen übereinstimmen. Die neu kodierten Werte werden dann
unter dem Namen der Zielvariablen gespeichert; die Werte
der alten Variablen bleiben unverändert.

Haben wir bei der Erstellung der Variablen SINGLE die Angabe
(O=O) (8=8) (9=9) bzw. (ELSE=COPY) versehentlich weggelassen,
erhalten diese Werte bei den entsprechenden Fällen den vom
System definierten fehlenden Wert (SYSMIS).

Nach der ersten Variablenliste bzw. der wahlfreien Liste von
Zielvariablen können wir weitere Variablenlisten spezifizieren, für die andere Umkodierungen gewünscht werden. Nur muß
vor jeder neuen Liste ein Schrägstrich stehen.

Generell werden die in Klammern stehenden Kodieranweisungen
von links nach rechts gelesen; jeder Wert einer Variablen wird
aber nur <u>einmal</u> pro RECODE-Befehl ausgeführt. Bei

        RECODE   FRAUROL1   (4=1)(3=2(2=3)(1=4)

wird eine 4 zu einer 1 und dabei bleibt es; die 1 wird durch
den letzten Klammerausdruck nicht wieder in eine 4 zurückverwandelt. Bei den übrigen Kodieranweisungen arbeitet das System
entsprechend. Eine Umkehr kann nur durch aufeinanderfolgende
RECODE-Anweisungen erfolgen, also etwa durch:

        RECODE   FRAUROL1   (1=4)
        RECODE   FRAUROL1   (4=1)

9.2 Zählen mit COUNT

Wenn wir wissen wollen, wie oft ein Interviewter auf bestimmte
Fragen mit "ja" oder mit "stimme stark zu", "stimme zu" oder
"weiß nicht" geantwortet hat, empfiehlt sich die Verwendung
des COUNT-Befehls.

Diese Anweisung richtet eine *Zähl-Variable* ein für die Häufigkeit bestimmter Merkmalsausprägungen bei beliebigen, anderen
Variablen. Die Zählvariable enthält aber nicht etwa die Summe
der interessierenden Kodes; ihr Wert wird nur jeweils um den
Wert 1 erhöht, wenn bei den nach der Zählvariablen genannten
Variablen ("varliste") einer dieses Kodes vorkommt. Jede Untersuchungseinheit wird separat analysiert, d.h. die Zählvariable
wird zu Beginn jedes neuen Falles gleich Null gesetzt.

Eine solche Variable benötigt man häufig sowohl bei der Datenprüfung, als auch zur Konstruktion von Indizes. Das allgemeine
Format dieser Anweisung ist:

Format:

```
COUNT   zählname = varliste (wertliste) [varliste (wert-
                          liste)]
        [ / zählname ... ]
```

Kennwörter: LO, LOWEST, HI, HIGHEST, THRU, MISSING, SYSMIS

Beispiel:

```
COUNT   KONTAKTE  = BEHORDE1 TO BEHORDE9 (1)
        /EXTRANTW = FRAUROL1 TO FRAUROL6 (1,4)
        /FEHLWERT = FRAUROL1 TO FRAUROL6 (MISSING)
```

---

1) Um festzustellen, ob eine Variable einen Fehlwert aufweist,
   eignen sich mitunter auch die Funktionen NMISS und NVALID
   (siehe Abschnitt 9.3.6).

<u>zählname=</u>:

> Name der Zählvariablen; hier wird im Regelfall ein neuer
> Variablen-Name verwendet, da bei Verwendung eines bereits
> im Lexikon enthaltenen Namens die unter diesem Namen ge-
> speicherte Information gelöscht wird. Danach muß das
> spezielle Trennzeichen '=' gesetzt werden.

<u>varliste</u>:

> Werte (nebst Kennwörtern für Wertbereiche), welche die
> Merkmale der vorhergehenden Variablenliste annehmen müs-
> sen, um den jeweiligen Wert der Zählvariablen um 1 zu
> erhöhen.

Der maximale Wert der Zielvariablen ist bestimmt durch die
Zahl der auf der Variablenliste genannten oder implizierten
Merkmale. Erscheint eine Variable in einer Liste zweimal, wird
die Zählvariable um 2 erhöht, wenn das auf der Wertliste spezifizierte Kriterium erfüllt ist.

Nach dem Trennzeichen '/' können analog weitere Zählvariablen
eingerichtet werden.

9.3 Compute mit COMPUTE!

Mit diesem Befehl können wir mehr als nur "rechnen", mehr als
alte Variablen durch Addition, Subtraktion, Multiplikation
und Division verändern. Die Möglichkeiten linearer Transformationen sind vielfältig und vor allem für Zwecke der Datenreduktion und der Konstruktion von *Indizes* geeignet. Wir können mit COMPUTE neue Variablen definieren und ihre Namen in
das Wörterbuch aufnehmen, wobei diese jeweils an das Ende des
dictionary "gehängt" und somit Bestandteil des Aktiv-Files
werden. Wir können neue Variablen auch als *Hilfs-Variablen*
(*"scratch variables"*) behandeln, die nur Zwischenergebnisse
speichern und nicht in das Aktiv-File eingehen (siehe dazu
Abschnitt 9.5.3).

Die Berechnungen erfolgen fallweise, wie immer bei Daten-
Modifikationskarten. Jeder Fall erhält den Wert, der sich aus
seinen Daten und den Rechenanweisungen im arithmetischen Ausdruck des COMPUTE-Befehls ergibt. Wollen wir z.B. den Wochenlohn von Arbeitern aus Arbeitszeit und Stundenlohn ermitteln,
könnte einer der notwendigen Befehle lauten:

    COMPUTE   WOCHLOHN = STUNLOHN * WOCHSTUN

Haben die Variablen STUNLOHN und WOCHSTUN gültige Werte, wird
für jeden Fall das Produkt der konkreten Merkmalsausprägungen
ermittelt und unter dem WOCHLOHN gespeichert. Handelt es sich
bei WOCHLOHN um eine "alte" Variable, werden die unter diesem
Namen bisher gespeicherten Werte "überschrieben" und damit
gelöscht.

Die *Zielvariable (target variable)* WOCHLOHN ist Ergebnis eines
arithmetischen Ausdrucks, der mathematisch viel komplizierter
sein kann. Dazu stehen unter anderem auch viele Funktionen
zur Verfügung. Mit COMPUTE können sogar *Reihen-Variablen*
definiert werden, wenn die Variablen-Liste rechts des Gleich-

heitszeichens aus alphanumerischen Variablen besteht.[1]

Da wir im Normalfall mit numerischen Variablen arbeiten, werden wir im folgenden nur *arithmetische Ausdrücke* behandeln, die prinzipiell auch bei anderen SPSS-Anweisungen einsetzbar sind.[2] Das allgemeine Format der COMPUTE-Anweisung ist verführerisch einfach:

Format:

                COMPUTE   zielvar = Ausdruck

Das Ergebnis des rechten Ausdrucks wird unter dem Namen der Zielvariablen gespeichert; es ersetzt was immer vorher unter "zielvar" gespeichert war. Insofern ist '=' kein Gleichheitszeichen, sondern ein "Ersatz-Zeichen"; der Wert links von '=' wird durch das Ergebnis des rechten Ausdrucks ersetzt.

zielvar:

Name **einer** Zielvariablen; zur Definition weiterer Zielvariablen ist jeweils ein neuer COMPUTE-Befehl erforderlich. Man kann einen im Wörterbuch bereits enthaltenen, "alten" Namen wählen oder einen neuen, nach den üblichen Konventionen. Neue Variablen werden entweder in das Wörterbuch aufgenommen oder als Hilfs-Variablen zum Speichern von Zwischenergebnissen verwendet (siehe Abschnitt 9.5).

Ausdruck:

Dieser Ausdruck kann bestehen aus einer *Konstanten*, z.B.

                COMPUTE ALTER = 999

Alle Befragten erhalten zunächst den Wert 999 als Alters-

---

1) Bei Reihen-Variablen stehen folgende Funktionen zur Verfügung: CONCATenate, RightPADding, RightTRIMming, INDEX, NUMBER, Left PADding, LeftTRIMming, SUBSTRing, convert to a STRING. Siehe dazu UG 7.11 - 7.19.
2) Arithmetische Ausdrücke in der hier dargestellten Art sind außerdem möglich bei den Befehlen SELECT IF (vgl.Abschnitt 8.3), IF (vgl. Abschnitt 9.4), DO IF (vgl.Abschnitt 9.4.1), LOOP (vgl.9.5.6) und REPEATING DATA (siehe UG: 11.31-34).

angabe, unabhängig davon, wie alt sie tatsächlich sind
und ob die Variable ALTER bereits im Wörterbuch enthalten
ist. Konstante können ein positives oder negatives Vorzeichen haben oder in Exponentialform (z.B. 3.2E+4 für
32ooo) geschrieben sein. Bei Dezimalzahlen ist statt
eines Kommas ein Punkt zu setzen. Der Ausdruck kann bestehen aus *einer* Variablen, z.B.:

COMPUTE ALTER = FRAGE76

Hier wird das ALTER der Befragten ihrer Antwort auf Frage
Nr.76 entnommen.
Eine Zielvariable kann aber auch durch Verknüpfung von
zwei oder mehr Variablen ermittelt werden, z.B.:

COMPUTE ALTER = INTDATUM - GEBDATUM

(Der Einfachheit halber nehmen wir an, daß INTerviewDATUM
und GEBurtsDATUM als Kalenderjahre gespeichert wurden.)

Es liegt auf der Hand, daß der die Zielvariable definierende

Ausdruck wesentlich komplizierter sein kann, denn es ist

nicht nur möglich, in einem Ausdruck mehrere *arithmetische*

Operatoren zu verwenden, sondern auch *logische* Operatoren,

die im folgenden Abschnitt ausführlicher beschrieben werden.

9.3.1 Logische Operatoren

Bei früheren Versionen von SPSS konnte die Zielvariable beim
COMPUTE-Befehl nur durch einen *arithmetischen* Ausdruck definiert werden. SPSS-X gestattet jedoch auch die Verwendung
eines *logischen* Ausdrucks mit den *Relations-Operatoren:*

GE	(größer oder gleich)
LE	(kleiner oder gleich)
GT	(größer als)
LT	(kleiner als)
EQ	(gleich)
NE	(ungleich)

Dabei können mehrere Relationen auch durch AND bzw. OR verknüpft werden. Im übrigen gilt für die Formulierung solcher
Ausdrücke das in Abschnitt 8.3 Gesagte, u.a.:

-- das Ergebnis eines logischen Ausdrucks ist entweder
   "wahr" oder "falsch". Entsprechend erhält die Zielvariable, eine *logische Variable,* den Wert 1 oder 0.

Beispiel:

COMPUTE ERWERBEV = (ALTER GE 16 AND ALTER LT 65)

-- der Ausdruck kann außer *logischen* auch *arithmetische*
   Operatoren enthalten. Diesen wollen wir uns nun zuwenden.

9.3.2 Arithmetische Operatoren

Für die verschiedenen Rechenarten dürfen nur die folgenden
Symbole verwendet werden:

    +   Addition
    -        Subtraktion
    *   Multiplikation
    /   Division
    **   Exponentiation

Der Doppelpunkt als Divisionszeichen ist also nicht zulässig.
Ebenso darf das Multiplikationszeichen *nicht* impliziert sein,
d.h. die Befehle

            COMPUTE WOCHLOHN = 4o (STUNLOHN)

                        bzw.

            COMPUTE WOCHLOHN = (STUNLOHN) (ARBSTUN)

sind nicht zulässig, weil das Multiplikationszeichen fehlt. In
der Regel dürfen zwei arithmetische Operatoren auch nicht aufeinander folgen. Ausnahme:

            COMPUTE NEWVAR = VARA * - VARB
                        bzw.
            COMPUTE NEWVAR = VARA * (-VARB)

Hier bezeichnet '-VARB' einen negativen Wert, und dies ist
statthaft. *Falsch* wäre dagegen:

            COMPUTE NEWVAR = VARA - * VARB

Vor und hinter diesen Operatoren brauchen keine Leerspalten zu
stehen; die Operatoren sind "selbstabgrenzend", d.h. sie fungieren auch als spezielle Trennzeichen ("delimiters").

9.3.3 Arithmetische Funktionen

Diese werden nicht durch Sonderzeichen, sondern durch spezielle Kennwörter aufgerufen, welche deswegen nicht als Variablennamen verwendbar sind. Hinter dem Kennwort folgt in Klammern das *Argument*, der Teil eines arithmetischen Ausdrucks, den die Funktion bearbeiten soll. Folgende Funktionen sind verfügbar:

ABS(arg)
: absoluter Wert; liefert die "Beträge" ohne Vorzeichen. 'ABS (5-7)' ergibt den Wert 2. Diese Funktion ist anwendbar etwa bei der Berechnung der Statusähnlichkeit von Freunden, wenn man sich nicht dafür interessiert, wer den höheren Status hat, oder wenn wir die durchschnittliche Abweichung (vgl. Benninghaus, 1974) der Antworten auf verschiedene Einstellungsfragen feststellen wollen, um zu prüfen, ob schematische Antworten ("response sets") vorliegen.

RND(arg)
: Rundung zur nächsten ganzen Zahl; das jeweilige Vorzeichen bleibt erhalten. Anwendbar etwa bei Preisen, die wir u.U. nur in vollen DM-Beträgen weiterverarbeiten wollen. Der Wert o.5o wird nach dem Zufallsprinzip auf- oder abgerundet.

TRUNC(arg)
: Dezimalstellen kappen ("truncate"). Beispiel: Berufe werden oft -- auch beim ALLBUS -- nach der dreistelligen Internationalen Berufsklassifikation der Berufe (ISCO) verschlüsselt. Die erste Stelle, i.e. der Hunderter, liefert Berufshauptgruppen ("Wissenschaftler, technische Berufe o.ä.", "Leitende Tätigkeiten im öffentlichen Dienst und in der Wirtschaft", "Bürokräfte o.ä.", "Handelsberufe", "Dienstleistungsberufe", "land-, forst- oder tierwirtschaftliche Berufe", "Tätigkeiten in der Gütererzeugung oder im Transportwesen" und "Sonstiges". Durch Hinzunahme der zweiten Stelle entstehen ca. 1oo Berufsuntergruppen.[1] Der Einer dient zur weiteren Untergliederung und liefert insgesamt ca. 3oo Einzelberufe.

---

[1] Wir sehen hier der Einfachheit halber davon ab, daß bei Kodes unter o1o der Einer in gewisser Weise auch Berufshauptgruppen bezeichnet (Arbeitslose, Rentner, Hausfrauen, Soldaten, Offiziere, in der Ausbildung befindliche Personen, und solche mit Fehlwerten.

Wollen wir nur mit den Hauptgruppen arbeiten,
können wir statt einer RECODE-Anweisung auch
eingeben:

COMPUTE BERUF = TRUNC (ISCOVAR / 1oo)

Dabei setzen wir voraus, daß ISCOVAR ganzzahlig,
also ohne Dezimalstellen eingelesen wurde.

MOD(arg,arg)   Dezimalstellen-Teil ("Modulus") des Ergebnisses
                einer Division des ersten Arguments durch das
                zweite. Beispiel:

COMPUTE X = MOD (1984, 1oo)

X erhält den Wert 84. Das erste Argument wird
jedoch meist ein Variablen-Name (z.B. JAHR)
sein.

Ein anderes Beispiel für den Einsatz der MOD-
Funktion wird in Abschnitt 1o.2.1 vorgestellt.

SQRT(arg)   Quadratwurzel ("square root") aus dem Argument
                in Klammern. Beispiel:

COMPUTE X = SQRT(VARA)

EXP(arg)   Exponentialfunktion; liefert für das Ergebnis
                eines beliebigen Arguments den entsprechenden
                Exponenten mit e als Basis.

LG1O(arg)   Gemeiner ("dekadischer") Logarithmus für das
                Ergebnis des Arguments.

LN(arg)   Natürlicher Logarithmus

ARSIN(arg)   Arcussinus-Funktion

ARTAN(arg)   Arcustangens-Funktion

SIN(arg)   Sinus-Funktion

COS(arg)   Cosinus-Funktion

9.3.4 Statistische Funktionen

Die Auswertung dieser Funktionen erfolgt fallweise, wie bisher. Wenn wir mit diesen Funktionen Summen, Mittelwerte o.ä.
bilden, werden diese Berechnungen nur für die Werte *innerhalb*
("within") eines Falles ausgeführt und nicht über alle Fälle
hinweg ("across"). Für letztere Art der Auswertung sind die
statistischen *Prozeduren* heranzuziehen.

Diese Funktionen verwenden Argument-*Listen* ("arglist"), die
meist aus einer Liste von Variablen-Namen bestehen. Auch hier
ist die TO-Konvention zulässig bei mehr als zwei im Lexikon
aufeinanderfolgenden Variablen. Die verfügbaren statistischen
Funktionen sind:

SUM.n(arglist)   Summe der im Argument enthaltenen Werte bzw.
                    der genannten Variablen; Beispiel (vgl.
                    Abb. 3.6):
                    COMPUTE KONTAKT = SUM (AMT1 TO AMT16)

MEAN.n(arglist)   arithmetisches Mittel aus den im Argument
                    enthaltenen Werten bzw. den Werten der dort
                    genannten Variablen; Beispiel:
                    COMPUTE KONTAKT% = MEAN (AMT1 TO AMT16)* 1oo

SD.n(arglist)   fallweise Berechnung der Standard-Abweichung
                    analog zu MEAN und SUM;

VARIANCE.n(arglist) fallweise Berechnung der Varianz, dem
                    Quadrat der Standard-Abweichung;

CFVAR.n(arglist)   Variations-Koeffizient; entspricht der Stan-
                    dardabweichung dividiert durch das arithme-
                    tische Mittel;

MIN.n(arglist)   kleinster Wert der im Argument genannten
                    Werte oder Variablen;

MAX.n(arglist)   größter Wert der im Argument genannten Werte
                    oder Variablen.

Diese Funktionen beziehen alle gültigen Werte ein; Fehlwerte
werden schlicht ignoriert. Bei MEAN mag dies relativ unproblematisch sein, bei SUM ist dies weniger wahrscheinlich.

Damit kein "Unfug" passiert, kann man deshalb angeben, wieviele gültige Werte *mindestens* vorhanden sein müssen. Dies
geschieht durch die Angabe '.n' nach dem Funktions-Namen, wobei n durch jede beliebige, ganze Zahl ersetzt wird. Erreicht
die Zahl der gültigen Werte dieses Limit nicht, bekommt das
Ergebnis der Argument-Liste den *System-Fehlwert*.

9.3.5 <u>Logische Funktionen</u>

Die Einführung der Funktionen RANGE und ANY in das Programmsystem SPSS-X ist für den Benutzer eine erhebliche Erleichterung. In früheren Versionen von SPSS wurde der gleiche Zweck
nur durch aufwendigere IF-Anweisungen (s. Abschnitt 9.4) erreicht. Jetzt wird es möglich, IF-Befehle auf komplexe Situationen zu beschränken. Diese Funktionen sind nicht nur bei
COMPUTE-Befehlen einsetzbar; sie wurden nicht zuletzt bereits
in Abschnitt 8.3 im Zusammenhang mit der SELECT IF-Anweisung
vorgestellt. Logische Funktionen können analog auch im Argument anderer Daten Modifikationskarten erscheinen, also z.B.
auf IF- oder DO IF-Anweisungen.

RANGE(arg,arglist)   Das Ergebnis ist 1, wenn der Wert des
                     ersten Arguments ("arg") in einen der auf
                     der Argumentliste spezifierten *Wert-*
                     bereiche ("ranges") fällt.Oft besteht
                     "arg" nur aus einem Variablen-Namen;
                     "arglist" jedoch muß immer eine gerade
                     Anzahl von Werten haben, da sie *paarweise*
                     betrachtet werden (s. Abschnitt 8.3).
                     In dem Beispiel:

        COMPUTE PHASE1 = RANGE(SEM , 1,4)

                     erhalten alle Studenten den Wert 1 für
                     PHASE1, wenn die Semesterzahl ("SEM")zwi-
                     schen 1 und 4 (einschließlich) liegt.Gast-
                     hörer oder Studenten in höheren Semestern
                     erhalten den Wert '0'. Ist SEM ein Fehl-
                     wert,erhält PHASE1 den *System-Fehlwert*.

ANY(arg,arglist)   Das Ergebnis ist 1, wenn der Wert der im
                     Argument ("arg") genannten Variablen
                     gleich dem *einer* der unter "arglist" ge-
                     nannten Werte ist. Andernfalls ist das Er-
                     gebnis ("arg") gleich 0. Hier können, im
                     Gegensatz zu RANGE, beliebig viele Einzel-
                     werte aufgelistet werden.
                     In dem Beispiel:

        COMPUTE LINKS = ANY (WAHL, 2,5,6)

                     (s. Abb.3.3) nimmt die (neue) Variable
                     LINKS den Wert "1" an bei allen Befragten,
                     die bei der "Sonntagsfrage" für SPD, die
                     DKP oder DIE GRÜNEN gestimmt haben. Alle
                     übrigen bekommen den Wert "0". Ist "arg"
                     ein Fehlwert, bekommt LINKS den *System-*
                     Fehlwert.

9.3.6 Fehlwert-Funktionen

Das Programmsystem SPSS-X enthält weiterhin einige Funktionen
zur Verarbeitung von Fehlwerten.Auch hier ist die TO-Konvention zulässig, wenn eine Argumentliste drei oder mehr im
Lexikon aufeinanderfolgende Variablen-Namen enthält. Diese
Funktionen sind:

VALUE(arg)   macht die Definition von Fehlwerten rück-
gängig; die entsprechenden Kodes werden so-
mit als gültige Werte behandelt. Das Argument
kann nur *einen* Variablen-Namen enthalten.
Dies kann zwar auch durch:

      MISSING VALUES varname ()

erreicht werden (s. Abschnitt 5.3); die
VALUE-Funktion setzt die Definition von Fehl-
werten jedoch nur für die aktuelle Daten-
Modifikationskarte außer Kraft; danach gilt
sie wieder.
Beispiel:

      COMPUTE VARA = VALUE (VARB) + VARC

MISSING(arg)   Das Ergebnis ist "1", wenn der Wert des Argu-
ments ein Fehlwert ist; andernfalls ist das
Ergebnis "O". Normalerweise wird "arg" aus
einem Variablen-Namen bestehen.
Beispiel:

      COMPUTE INVALID = MISSING (VARA)

SYSMIS(arg)   Das Ergebnis ist "1", wenn das Argument einen
system-definierten Fehlwert liefert; sonst
ist das Ergebnis "O". Auch hier wird "arg"
meist aus einem Variablen-Namen bestehen.

NMISS(arglist)   Anzahl der Fehlwerte unter den auf der Argument-Liste aufgeführten Variablen. Die Aus-
wertung vollzieht sich im Prinzip wie bei der
COUNT-Anweisung, nur etwas "eleganter" in dem
Sinn, daß dieser Wert in *einer* Daten-Modifi-
kationskarte berechnet und weiterverwendet
werden kann.

NVALID(arglist) Anzahl der gültigen Werte unter den auf der
Argument-Liste aufgeführten Variablen. Im
übrigen gilt das bei der Funktion NMISS Gesagte.

Nicht nur für Anfänger sind Fehlwerte lästig wie Stechmücken.
Sie lenken ab von dem, was uns interessiert und inhaltlich
"wichtig" ist. Wer von ihnen jedoch genügend gepiesackt wurde,
wird sie nicht aus dem Auge lassen: ihre Nichtbeachtung kann
zu gravierenden Fehlern bei der Datenanalyse führen.

Wir müssen nicht nur die in unserem Datensatz *tatsächlich* vorkommenden[1] Werte kennen, sondern auch berücksichtigen, welche
"Situationen" durch arithmetische Operationen zumindest theoretisch möglich werden. So kann es leicht passieren, daß bei
dem Ausdruck 'VARA/VARB' der Dividend den Wert O annimmt, oder
daß bei 'SQRT (VARA)' VARA negativ ist. In solchen Fällen bekommt der Ausdruck den System-Fehlwert.[2] Ob dadurch der ganze Ausdruck einen Fehlwert erhält, hängt davon ab, wie er
insgesamt formuliert ist; u.U. kann das Ergebnis auch ein
gültiger Wert sein.[3]

Es ist unrealistisch zu erwarten, daß sich ein "Anfänger in
Sachen EDV" aller Implikationen seiner Anweisungen bewußt ist.
Im Zweifelsfall, wenn die Lektüre aller Handbücher (auch die-
ser Einführung) nichts nützt, helfen nur Tests (s. Abschnitt

---

1) In dieser Hinsicht gibt uns das Kodebuch leider nur unge-
   nügend Auskunft. Fehler schleichen sich immer wieder ein,
   weshalb im ersten Schritt der Datenanalyse immer nach
   "wilden Lochungen" gesucht wird, nach Werten, die außerhalb der im Kodebuch verzeichneten Wertbereiche ("out of
   range") liegen.
2) Näheres zu solchen "domain errors" findet sich in UG 6.31.
3) Manche arithmetischen Operationen mit O führen zu Ergebnissen, die unabhängig davon sind, welche Werte sonst auftreten.

Ausdruck	Ergebnis
O * Fehlwert	O
O / Fehlwert	O
Fehlwert ** O	1
O ** Fehlwert	O
MOD (O,Fehlwert)	O

Ähnliches hatten wir bereits in Abschnitt 8.3., Tabelle 8.2,
festgestellt.

12.2.4). Selbst erfahrene SPSS-Anwender sind gefährdet, da
SPSS-X bei Daten-Modifikationskarten Fehlwerte anders verarbeitet als frühere Versionen des Programmsystems SPSS. So
wurden früher bei dem Befehl:

$$COMPUTE\ INDEX = VARA + VARB + VARC$$

auch die deklarierten Fehlwerte mit aufsummiert, so daß besondere Vorkehrungen nötig waren, um dies zu verhindern. Bei
SPSS-X dagegen erhält INDEX den System-Fehlwert, wenn eine
(oder mehrere) dieser drei Variablen einen Fehlwert aufweist.
Das Äquivalent des alten Verfahrens ist bei SPSS-X (siehe
oben):

COMPUTE INDEX = VALUE(VARA) + VALUE(VARB) + VALUE(VARC)

Verwenden wir jedoch die statistische Funktion SUM, wie in
dem Beispiel:

$$COMPUTE\ INDEX = SUM\ (VARA\ TO\ VARC)$$

werden lediglich die gültigen Werte aufsummiert. Sind die
Werte für VARB und VARC ungültig, erhält INDEX den Wert von
VARA. Ein Wert von "3" kann in diesem Beispiel zustandekommen
durch:

   (1) eine 3 und zwei Fehlwerte
   (2) eine 2, eine 1 und einen Fehlwert
   (3) dreimal die 1 (ohne einen Fehlwert)

Bei der Interpretation ist diese Besonderheit der Konstruktion der Variablen INDEX natürlich zu berücksichtigen. Nur
wenn alle drei Variablen einen ungültigen Wert haben, bekommt
INDEX den System-Fehlwert.

Generell versucht SPSS-X alle Funktionen auszuwerten und
weist System-Fehlwerte nur dann zu, wenn die verfügbare Information nicht ausreicht, um eine eindeutige Entscheidung
zu treffen. Letzteres ist vor allem der Fall,

  -- wenn ein Argument, das nur aus *einer* Konstanten
    oder Variablen besteht, einen Fehlwert aufweist,

-- wenn bei einer Argument-Liste die Mindestzahl
   gültiger Werte unterschritten wird (s. Abschnitt
   9.3.4) oder

-- wenn keine gültigen Werte vorkommen.

Bei den Funktionen für Fehlwerte kann jedoch nie ein System-
Fehlwert auftreten.[1]

---

1) Für detailliertere Angaben siehe UG: 6.3o.

9.3.7 <u>Sonstige Funktionen</u>

Für spezielle Anwendungen gibt es weitere Funktionen, die bei
den herkömmlichen Analysen jedoch nur selten eingesetzt werden dürften. Dies sind im einzelnen:

LAG(arg,n)   liefert den Wert der im Argument aufgeführten,
                    numerischen Variablen für den n-ten, *vorange-
                    gangenen* Fall; ein Beispiel für die Verwendung
                    dieser Funktion zusammen mit dem LEAVE-Komman-
                    do findet sich in Abschnitt 9.5.4.

UNIFORM(arg)   liefert eine Pseudo-Zufallszahl; die Zahlen
                    sind gleichverteilt und liegen zwischen 0 und
                    der im Argument genannten Zahl.

NORMAL(arg)   liefert eine Pseudo-Zufallszahl; die Verteilung
                    ist glockenförmig ("normal") und hat ein arith-
                    metisches Mittel von 0 und eine Standardabwei-
                    chung wie im Argument angegeben.

CDFNORM(arg)   Diese Funktion liefert die Wahrscheinlichkeit
                    dafür, daß eine standard-normalverteilte Zu-
                    fallsvariable *kleiner*, als der im Argument ent-
                    haltene Wert (das "Normalfraktil") ist. Diese
                    kumulative Wahrscheinlichkeit entspricht der
                    Fläche unter der Normalverteilungskurve von
                    $-\infty$ bis zu dem im Argument genannten Wert der
                    Abszisse der Normalverteilungskurve.

PROBIT(arg)   Umkehrung einer kumulativen Standard-Normalver-
                    teilung. Nun ist die Abszisse gesucht, die der
                    im Argument genannten Wahrscheinlichkeit ent-
                    spricht. Diese Wahrscheinlichkeit wird ausge-
                    drückt als Wert zwischen 0 und 1. Bei der
                    PROBIT-Transformation wird zu dem Wert der
                    Abszisse lediglich die Konstante 5 hinzuaddiert,
                    so daß negative Werte praktisch nicht mehr auf-
                    treten.

YRMODA(arglist)   wandelt ein beliebiges Datum in die Zahl der
                    Tage seit dem 15. Oktober 1582 um, dem 1. Tag
                    des Gregorianischen Kalenders. Die für die
                    Argument-Liste obligatorische Reihenfolge ist
                    Jahr, Monat, Tag. Diese drei Elemente können
                    aus Konstanten, Variablen oder einem arithme-
                    tischen Ausdruck bestehen. Beispiel:

                        YRMODA (1944, 4, 15)
                        YRMODA (GEBJAHR, GEBMONAT, GEBTAG)
                        YRMODA (GEBJAHR + 65, GEBMONAT, GEBTAG)

Besteht die Jahresangabe aus einer Zahl zwischen O und 99, wandelt SPSS-X diese in eine
Zahl zwischen 19oo und 1999 um. Ansonsten ist
die kleinstmögliche Jahreszahl 1582.

Bei dem zweiten, dem Monats-Parameter sind die
Zahlen O und 13 statthaft; bei dem dritten, dem
Tag-Parameter ist der Kode O ebenfalls gültig:

(YR,13, O)   bezeichnet den letzten Tag
                eines Jahres,

(YR,13,DA)   irgendeinen Tag ('DA') im
                ersten Monat des auf 'YR'
                folgenden Jahres,

(YR,MO+1,O)   den letzten Tag eines Monats,
                gleichgültig, ob er 28, 29,
                3o oder 31 Tage hat.

Mit dieser Funktion ist das Alter einer Person
ebenso einfach und exakt zu ermitteln, wie der
zeitliche Abstand zweier Ereignisse.
Beispiel:

COMPUTE ALTER=($JDATE-YRMODA(1944,4,15))/365.25

Für weitere Hinweise und Verwendungsmöglich-
keiten der YRMODA-Funktion siehe UG 6.26.
System-Variablen wie $JDATE werden in Abschnitt
9.5.2 besprochen.

9.3.8 Prioritäten bei komplexen Ausdrücken

Die Beispiele der vorangegangenen Abschnitte waren mit Absicht
unrealistisch einfach: kaum eine Anweisung war länger als eine
"Lochkarte", obwohl sich Datenmodifikations-Befehle in der
Praxis oft über viele Fortsetzungskarten erstrecken und durch
Klammern vielfach verschachtelt sind.

Damit stellt sich die Frage, in welcher Reihenfolge arithmetische Ausdrücke ausgewertet werden, ein Problem, auf das wir
bereits bei dem SELECT IF-Kommando und der Auswertung logischer Ausdrücke gestoßen sind (siehe Abschnitt 8.3). Die dor-
tigen Regeln gelten auch hier: sie müssen nur ergänzt werden
durch die Angabe der Prioritäten von Funktionen und arithmetischen Operatoren. Somit gilt:

1. Bei durch Klammern *verschachtelten* Ausdrücken wird die
    innerste Beziehung zuerst ausgewertet. Das Resultat (ein
    numerischer, logischer oder fehlender Wert) wird als
    Element des nächst-äußeren Ausdrucks weiterverarbeitet.

2. Innerhalb eines Klammerausdrucks haben *Funktionen* die
    höchste Priorität; untereinander sind alle Funktionen
    gleichrangig; ihre Auswertung erfolgt von links nach
    rechts.

3. Eine Prioritäts-Stufe darunter sind die *arithmetischen*
    Operatoren angesiedelt; diese sind untereinander *nicht*
    gleichrangig, sondern werden in folgender Reihenfolge
    ausgewertet:
        -- Potenzierung bzw. Exponentiation zuerst; dann
        -- Multiplikation oder Division; zuletzt
        -- Addition bzw. Subtraktion.
    Befinden sich in einem ungeschachtelten Ausdruck mehrere
    arithmetische Operatoren gleicher Priorität, verläuft
    die Auswertung wiederum von links nach rechts. Auf der
    nächsten Prioritätsstufe darunter sind

4. die *logischen* Relationsoperatoren EQ, LT, LE, GT, GE:
    sie haben untereinander die gleiche Priorität und werden
    somit von links nach rechts ausgewertet;

5. die nächst-niedere Priorität hat NOT;[1]

6. es folgt der logische Operator AND und zuletzt

7. der logische Operator OR.

<u>Beispiel:</u>

COMPUTE X = F LT 7 OR E GT D - RND ((A + B)* C) / G**2

Hier wird die *logische* Variable X gebildet (vgl. Abschnitt 9.3.1); sie nimmt den Wert 1 an, wenn F oder E wahr ist. Bei der Auswertung des gesamten Ausdrucks wird zuerst die Summe A+B gebildet (weil dies der innerste Klammerausdruck ist) und mit C multipliziert. Danach wird das Produkt auf- oder abgerundet, denn die Funktion END hat eine höhere Priorität als die Division. Das Ergebnis, eine ganze Zahl, wird durch G^2 dividiert, weil die Quadrierung von G vor der Division Vorrang hat.[2]

Damit ist der Ausdruck rechts vom Minuszeichen ausgewertet. Das Ergebnis wird nun von D subtrahiert, so daß nach der linken auch die rechte logische Relation auf ihren Wahrheitsgehalt geprüft werden kann. Wenn mindestens eine dieser Relationen wahr ist, wird der ganze Ausdruck wahr, und X erhält den Wert 1.

---

1) Achtung: bis zur 9. Version von SPSS war die Priorität von AND UND OR gleich, die niedrigste Priorität hatte der Operator NOT.
2) Stünde vor 'RND' zusätzlich eine offene und hinter G eine weitere geschlossene Klammer, würde der mittlere Klammerausdruck nur durch G dividiert; danach wird das Ergebnis des ganzen Klammerausdrucks quadriert.

9.4 Transformationen unter Vorbehalt: IF-Anweisungen

Nicht immer will man an allen Fällen eines Datensatzes die gleichen Transformationen vornehmen, wie es bei den bisher besprochenen Datenmodifikationsbefehlen RECODE, COUNT und COMPUTE der Fall war. Oft sollen Transformationen an bestimmte Voraussetzungen oder Bedingungen geknüpft sein und nur in bestimmten Situationen, bei bestimmten Subpopulationen oder Untergruppen vorgenommen werden.

SPSS-X gestattet auf vielfältige Weise, solche Bedingungen oder "Vorbehalte" zu spezifizieren. Wie dies im einzelnen geschehen kann, ist Gegenstand dieses Abschnitts.

Man erleichtert sich das Verständnis des Formats und der Funktionsweise des IF-Befehls, wenn man ihn als Kombination einer SELECT IF- und einer COMPUTE-Anweisung betrachtet.

```
Aus:        SELECT IF    <(> logischer Ausdruck <)>
                            und
            COMPUTE      zielvar = Ausdruck
                            wird:
```

Format:

```
        IF  <(>logischer Ausdruck<)>  zielvar = Ausdruck
```

Entsprechend gilt für die IF-Anweisung alles im Zusammenhang mit den SELECT IF- und COMPUTE-Befehlen in den Abschnitten 8.3 und 9.3 Gesagte. Wir ersparen uns eine Wiederholung dieser Dinge und begnügen uns mit zwei Beispielen und einigen allgemeine Hinweisen.

Beispiel 1:

```
        IF  (UNISEM GT FACHSEM) WECHSLER = 1
```

Angenommen, die Variable (Studienfach-) WECHSLER wird neu erstellt. Trifft die im logischen Ausdruck spezifizierte Bedingung bei einem Fall zu, erhält die Variable WECHSLER den Wert 1 ("ja"); andernfalls behält sie den *System-Fehlwert*. Gleiches gilt, wenn der logische Aus-

druck auf Grund von Fehlwerten nicht ausgewertet werden
kann (vgl. Abschnitt 8.3).

Beispiel 2:

    IF   (WOCHLOHN NE O)   MONLOHN = WOCHLOHN * 52 / 12

Beim zweiten Beispiel werden Angaben über den erhaltenen
Wochenlohn in einen Monatslohn umgerechnet. Angenommen,
die Variable MONLOHN gibt es im Lexikon bereits (weil
manche Befragte eben ein Monatsgehalt bekommen). In diesem Fall erhalten alle, die bisher nur einen Wochenlohn
angegeben hatten und für die der logische Ausdruck folglich wahr ist, einen auf der Grundlage des arithmetischen Ausdrucks ermittelten, rechnerischen Wert für
Monatslohn. Bei Gehaltsempfängern ist der logische Ausdruck natürlich falsch, und MONLOHN behält den Wert.

Die Berechnungen erfolgen fallweise, wie immer bei Datenmodifikationsbefehlen.

9.4.1 Transformationen mit DO IF und END IF

Manchmal möchte man unter ein und derselben Bedingung mehrere
"Computationen" durchführen bzw. viele Variablen erstellen
oder verändern. Es könnte z.B. sein, daß eine ganze Reihe von
RECODE-, COUNT- und COMPUTE-Kommandos nur für bestimmte
Untergruppen gelten soll. In diesem Fall braucht man die lo-
gischen Bedingungen nicht für jede Transformation erneut an-
zugeben; es genügt, die entsprechenden Befehle zwischen die
Kommandos DO IF und END IF einzubetten.

DO IF spezifiziert den logischen Ausdruck bzw. die Bedingungen, die für alle Datenmodifikationsbefehle bis zum END IF
gelten. Die DO IF-Anweisung hat das gleiche Format und die
gleichen Möglichkeiten wie der SELECT IF-Befehl (vgl. Abschnitt 8.3). Es ist:

Format:
              DO IF <(logischer Ausdruck)>

Alle Datenmodifikationsbefehle nach dem DO IF werden also
nur ausgeführt, wenn die im DO IF-Kommando spezifizierte Bedingung zutrifft. Andernfalls bleibt die jeweilige (Ziel-)
Variable unverändert bzw. erhält den System-Fehlwert. Dies
geschieht bis zu dem Kommando:

Format:
                          END IF

Alle Datenmodifikationsbefehle nach dem END IF gelten dann
wieder für alle Untersuchungseinheiten, es sei denn, es folgt
eine neue DO IF-Anweisung.

Beispiel 1:

```
        DO IF  (ALTER GT 30 AND ALTER  LT  65)
        .  RECODE EINKOMEN (LO THRU 3000=0)(3001 THRU HI=1)
        :  COUNT JOBS=JOB1 TO JOB5  (1)
        END IF
```

```
DO IF   (ALTER GE 18 AND ALTER  LE 30)
.  RECODE EINKOMEN (LO THRU 2000=0)(2001 THRU HI=1)
.  COUNT JOBS1 TO JOBS5   (1)
END IF
```

Hier dichotomisieren wir das individuelle Einkommen aus nicht-
selbständiger Arbeit getrennt für jüngere und ältere Arbeit-
nehmer und bestimmen die Zahl ihrer Arbeitsstellen.

Der größeren Übersichtlichkeit wegen wurde bei den RECODE und
COUNT-Befehlen ein '.' in Spalte 1 gesetzt (es hätte auch ein
'+' oder ein '-' sein können, wie in den folgenden Beispielen), damit die beiden Kommandos etwas eingerückt werden können und ihre Abhängigkeit von dem vorangegangenen DO IF-
Kommando deutlicher hervortritt.

Die gleichen Transformationen hätte man auch mit einer Serie
IF-Kommandos ausführen können, z.B. durch

```
IF   (ALTER GT 30 AND ALTER LT 65 AND EINKOMEN LE 3000)
     EINKOMEN = 0
IF   (ALTER GT 30 AND ALTER LT 65 AND EINKOMEN GT 3000)
     EINKOMEN = 1
IF   (ALTER GE 18 AND ALTER GE 30 AND EINKOMEN LE 2000)
     EINKOMEN = 0
IF   (ALTER GE 18 AND ALTER GE 30 AND EINKOMEN GT 2000)
     EINKOMEN = 1
IF   (JOB1 EQ 1) JOBS = JOBS + 1
IF   (JOB2 EQ 1) JOBS = JOBS + 1
IF   (JOB3 EQ 1) JOBS = JOBS + 1
IF   (JOB4 EQ 1) JOBS = JOBS + 1
IF   (JOB5 EQ 1) JOBS = JOBS + 1
IF   (ALTER LT 18 OR ALTER GE 65) JOBS = SYSMIS
```

Diese Programmierweise ist aber unübersichtlicher, fehleran-
fälliger und viel aufwendiger; auch der Computer braucht entsprechend mehr Rechenzeit dafür. Hätten wir viele Einkommens-
kategorien gebildet und nicht nur zwei, wären noch mehr IF-
Anweisungen notwendig.

9.4.2 Transformationen mit ELSE IF und ELSE

Mit den Befehlen ELSE IF bzw. ELSE läßt sich das obige Beispiel weiter vereinfachen. Statt des zweiten DO IF-Befehls
in Beispiel 1 kann man auch schreiben:

Beispiel 2:

```
DO IF   (ALTER GT 30 AND ALTER LT 65)
+   RECODE EINKOMEN (LO THRU 3000=0)(3001 THRU HI=1)
+   COUNT JOBS=JOB1 TO JOB5   (1)
ELSE IF   (ALTER GE 18 AND ALTER LE 30)
+   RECODE EINKOMEN (LO THRU 2000=0)(2001 THRU HI=1)
+   COUNT JOBS=JOB1 TO JOB5   (1)
END IF
```

Noch einfacher wäre es, einen COUNT-Befehl vor das DO IF oder
hinter das END IF zu stellen und den anderen wegzulassen.
Zwar würde die Variable JOBS dann auch für Personen unter 18
und über 64 berechnet; dies dürfte aber kaum einen Schaden
anrichten.

Die Verwendung von ELSE IF ist besonders interessant, wenn
unterschiedliche Transformationen für eine Vielzahl von
Untergruppen zu bilden sind.

Beispiel 3:

```
DO IF   (ALTER GE 65)
-   RECODE EINKOMEN (LO THRU 2500=0)(2501 THRU HI=1)
-   ELSE IF   (ALTER GT 30 AND ALTER LT 65)
-   RECODE EINKOMEN (LO THRU 3000=0)(3001 THRU HI=1)
-   ELSE IF   (ALTER GE 18 AND ALTER LE 30)
-   RECODE EINKOMEN (LO THRU 2000=0)(2001 THRU HI=1)
-   ELSE
-   RECODE EINKOMEN (LO THRU  500=0)( 501 THRU HI=1)
END IF
COUNT JOBS=JOB1 TO JOB5   (1)
```

Hier spezifizieren wir explizit drei von insgesamt vier
Altersgruppen und dichotomisieren ihr Einkommen jeweils
anders. Für 65-jährige oder ältere Personen wird der
erste RECODE-Befehl ausgeführt. Danach springt SPSS-X
direkt zum END IF und führt als nächstes den COUNT-
Befehl aus.

Ist die Person jünger als 65, überspringt SPSS die erste
RECODE-Anweisung und evaluiert den logischen Ausdruck
des ersten ELSE IF-Befehls: ist er wahr, wird die zweite
RECODE-Anweisung ausgeführt. Dann springt SPSS sofort
zum End IF. Nur wenn der logische Ausdruck des ersten
ELSE IF-Kommandos falsch ist, wird der zweite ELSE IF-
Befehl bearbeitet.

Das Kommando ELSE spricht die Residualgruppe an, in unserem Beispiel alle Personen unter 18 Jahren. Ihr Einkommen wird entsprechend der vierten RECODE-Anweisung
dichotomisiert. Das ELSE-Kommando darf zwischen je einem
DO IF und END IF natürlich nur einmal verwendet werden.

Die DO IF-Struktur darf auch verschachtelt werden, wie das
folgende Beispiel einer Klassifikation der Wohnbevölkerung
nach Nationalität und Geschlecht zeigt:

<u>Beispiel 4</u>:

```
DO IF       (NATION EQ 1)            /* DEUTSCHE
-  DO IF (SEX EQ 1)                  /* DEUTSCHE MÄNNER
-     COMPUTE   BEVGRUPE = 1
-     ELSE                           /* DEUTSCHE FRAUEN
-     COMPUTE   BEVGRUPE = 2
-  END IF
ELSE IF   (SEX EQ 1)                 /* AUSLÄNDISCHE MÄNNER
-     COMPUTE   BEVGRUPE = 3
ELSE                                 /* AUSLÄNDISCHE FRAUEN
-     COMPUTE   BEVGRUPE = 4
END IF
```

9.4.3 Zur Ökonomie der DO IF - Struktur

Wie in Abschnitt 9.4.1 bereits angedeutet, ist die Verwendung
der DO IF-Struktur vielfach übersichtlicher und ökonomischer
als die Aneinanderreihung einzelner IF-Befehle. Dies gilt
aber nicht immer. Für die obige Klassifikation der Wohnbevölkerung hätte man z.B. nur die folgenden vier IF-Anweisungen benötigt:

```
IF   (NATION EQ 1 AND SEX EQ 1) BEVGRUPE = 1
IF   (NATION EQ 1 AND SEX EQ 2) BEVGRUPE = 2
IF   (NATION NE 1 AND SEX EQ 1) BEVGRUPE = 3
IF   (NATION NE 1 AND SEX EQ 2) BEVGRUPE = 4
```

Bei jeder Untersuchungseinheit wäre jedoch insgesamt viermal
geprüft worden, ob der logische Ausdruck wahr ist oder nicht.
Dies ist natürlich überflüssig: ist die erste Bedingung
"wahr", d.h. die Untersuchungseinheit ist ein deutscher Mann,
müssen die logischen Ausdrücke der folgenden drei IF-Befehle
"falsch" sein. Weist die Variable NATION einen Fehlwert aus,
ist die Auswertung der nachfolgenden IF-Befehle gleichfalls
überflüssig: die logischen Ausdrücke müssen "falsch" sein, da
auch hier NATION einen Fehlwert haben muß und die ganze Relation nicht "wahr" sein kann, wenn sie durch den Operator AND
mit einer ander Relation verbunden ist (vgl. Abschnitt 8.3).

Bei der DO IF-Struktur überspringt SPSS dagegen alle Datenmodifikations-Befehle, die sich zwischen dem nächsten ELSE
IF- oder ELSE-Kommando und dem END IF-Kommando befinden, so-
bald ein logischer Ausdruck wahr ist *oder wegen eines Fehl-
wertes nicht ausgewertet werden kann*. Im letzteren Fall bleiben die Werte bereits existierender Variablen unverändert;
werden neue Variablen erstellt, erhalten alle Untersuchungseinheiten dafür den *System-Fehlwert*. Dies geschieht auch,
wenn z.B. bei dem Befehl:

```
DO  IF      (NATION EQ 1)
```

der Wert 1 für NATION als Fehlwert deklariert wurde.

Generell sollte man also die am häufigsten zutreffenden Bedingungen zuerst prüfen. Deshalb wurden in Beispiel 4 zuerst
die logischen Bedingungen für Deutsche und dann die für Aus-
länder spezifiziert. Überwiegen in unserem Datensatz die
Deutschen, wird das zweite ELSE IF und das ELSE relativ selten zu bearbeiten sein, und es wird weniger Rechenzeit benötigt.

9.5 Transformationshilfen: Tips und Tricks

Außer den bisher besprochenen Kommandos bietet SPSS-X noch
eine Reihe zusätzlicher Hilfen für Transformationen an, die
im folgenden kurz vorgestellt werden.

9.5.1 TEMPORARY: die Fristenlösung für Datenmodifikationen

Nicht immer wünscht man *permanent* File- bzw. Datenmodifikationen, d.h. solche, die für die gesamte Dauer eines SPSS-
Laufs gelten. Bei dem File-Modifikationskommando SPLIT FILE
haben wir bereits eine Möglichkeit kennengelernt, diesen Befehl im gleichen Lauf, also z.B. nach der ersten oder zweiten
Arbeitsanweisung wieder außer Kraft zu setzen: nämlich durch
das Kommando SPLIT FILE OFF (siehe Abschnitt 8.2).

Eine andere Möglichkeit gibt es bei SAMPLE oder SELECT IF:
hier wird das erste Kommando durch Eingabe eines zweiten
SAMPLE- oder SELECT IF-Befehls modifiziert. Das zweite Kommando hebt das erste aber nicht auf; vielmehr wirken beide Anweisungen *kumulativ*.

SPSS bietet noch eine dritte, und besonders für die in diesem
Kapitel besprochenen Datenmodifikationskommandos wichtige
Möglichkeit, die Gültigkeit von RECODE, COMPUTE, IF usw. für
eine Arbeitsanweisung zu beschränken. Man schiebt lediglich
vor den ganzen Block aller Kommandos, die nur bei der <u>näch-
sten</u> Prozedur in Kraft sein sollen, den Befehl:

<u>Format:</u>   TEMPORARY

Entsprechend bezeichnet man diese als *temporäre* Daten- bzw.
File-Modifikationen.

Beispiel:

```
GET FILE       ALLBUS82
RECODE         FRAUROL1 TO FRAUROL6 (8=2.5)
TEMPORARY
SELECT IF      FAMSTAND EQ 1 OR FAMSTAND EQ 2
FREQUENCIES    VARIABLES=FRAUROL1 TO FRAUROL6
CROSSTABS      VARIABLES=PARTEI (1,1o) FAMSTAND (1,5)
             / TABLES    =PARTEI BY FAMSTAND
FINISH
```

Die durch CROSSTABS angeforderte Kreuztabelle enthält nun
-- im Gegensatz zur Prozedur FREQUENCIES -- auch ledige, geschiedene und verwitwete Personen. Der RECODE-Befehl gilt dagegen für beide Arbeitsanweisungen.

Um Fehler zu vermeiden und der besseren Übersichtlichkeit
wegen empfiehlt es sich, zuerst alle permanenten Datenmodifikationen vorzunehmen und erst danach die temporären. Auch
nach der ersten Prozedur sind noch (permanente oder temporäre)
Datenmodifikationen zulässig.

Im übrigen gilt TEMPORARY auch für:

      --   COUNT und DO REPEAT

      --   PRINT, PRINT EJECT, PRINT SPACE und WRITE
          (siehe Kapitel 1o)

      --   PRINT FORMATS, WRITE FORMATS und FORMATS
          (siehe Abschnitt 9.5.7)

      --   SELECT IF, SAMPLE, WEIGHT und SPLIT FILE

      --   NUMERIC   (siehe Abschnitt 9.5.5)

      --   VARIABLE LABELS, VALUE LABELS und MISSING VALUES

9.5.2 System-Variablen: als Gratiszugabe

Bisher haben wir im wesentlichen nur von Variablen gesprochen, die vom Benutzer definiert wurden. SPSS-X stellt ihm automatisch jedoch auch eine Reihe "eigener" Variablen zur Verfügung, auf die er jederzeit -- also auch auf Datenmodifikationskommandos -- zurückgreifen kann.

Diese *System-Variablen* sind durch ein '$'-Zeichen als erstes Symbol des Namens gekennzeichnet. Dies sind im einzelnen:

$CASENUM   Ordnungszahl eines gelesenen Falles; die Werte laufen von 1 bis n und werden <u>abweichend</u> von der üblichen Voreinstellung für Rohdaten (vgl. dazu Abschnitt 6.4) im Format F8.0 , d.h. als achtstellige, ganze Zahlen gespeichert bzw. gedruckt.

$SYSMIS   System-Fehlwert im Format 1.0 ; bei der Ausgabe dieser Variablen erscheint nur ein '.' (Punkt). Der exakte Wert von $SYSMIS ist durch das Kommando SHOW (siehe Abschnitt 6.4) zu ermitteln.

$JDATE   Aktuelles Datum im Format F6.0 ; liefert die Zahl der Tage seit Beginn des Gregorianischen Kalenders (siehe YRMODA-FUNKTION bzw. Abschnitt 9.3.7).

$DATE   Aktuelles Datum im Format A9 , d.h. als alphanumerische Variable; die ersten beiden Stellen geben den Tag an, es folgt eine Leerspalte, dann der Monat verkürzt zu drei Buchstaben, dann wieder eine Leerspalte und schließlich die letzten Stellen der Jahreszahl.

$LENGTH   Voreingestellte Seitenlänge für die Druckausgabe (siehe SET-Befehl bzw. Abscnitt 6.4).

$WIDTH   Voreingestellte Zeilenbreite für die Druckausgabe (siehe SET-Befehl bzw. Abschnitt 6.4).

9.5.3 Hilfs-Variablen für Zwischenergebnisse

Hilfs- oder Arbeitsvariablen werden nicht automatisch vom
System generiert, sondern durch eine entsprechende Benennung
auf der DATA LIST-Anweisung oder durch Datenmodifikations-
befehle wie COUNT, COMPUTE oder IF. Solche *"scratch variables"*
(Notiz-Variablen) unterscheiden sich äußerlich von permanenten Variablen durch ein "+"-Zeichen zu Beginn ihres Namens.
Sie können numerisch oder alphanumerisch sein; ansonsten
haben sie nur die Aufgabe, Zwischenergebnisse zu speichern.
Im übrigen gilt:

-- sie dürfen nicht auf Arbeitsanweisungen oder der
   WEIGHT-Anweisung angesprochen,

-- in einem Arbeits- oder System-File gespeichert oder

-- mit Etiketten versehen werden;

-- für sie sind keine Fehlwerte definierbar;

-- sie existieren nur bis zur jeweils nächsten Prozedur;

-- mit der TO-Konvention darf man nur Hilfs- oder permanente (bzw. temporäre) Variablen ansprechen, nicht
   beide.

Numerische Hilfs-Variablen werden beim ersten Fall mit O
(Null) initialisiert, alphanumerische mit einem Leerzeichen
("blank"). Bei allen folgenden Untersuchungseinheiten erhalten die Arbeits-Variablen zunächst den Wert des vorangegangenen Falles. Dies entspricht der Verwendung des LEAVE-Kom-
mandos (siehe Abschnitt 9.5.4).

Beispiel:

```
DATA LIST     FILE = SURVEY
 /ID 1-4 SEX 6 +GEBTAG 8-9 +GEBMONAT 1o-11 +GEBJAHR 12-13
COMPUTE ALTER = RND ( $JDATE - YRMODA (+GEBJAHR,
                      +GEBMONAT, +GEBTAG ) / 365.25 )
FORMATS ALTER (F3.O)
CONDESCRIPTIVE  ALTER
```

Wir lesen drei Hilfs-Variablen ein und berechnen ALTER als
Differenz aus dem gegenwärtigen Datum (auf der Grundlage

der System-Variablen \$JDATE[1] im YRMODA-Format[2]) und
dem Geburtsdatum der Befragten (ebenfalls im YRMODA-
Format); durch Division dieses Betrags (Anzahl der Tage)
mit 365.25 ergibt sich das Alter einer Person in Jahren.[3]

---

1) vgl. Abschnitt 9.5.2
2) vgl. Abschnitt 9.3.7
3) Das Kommando FORMATS (vgl. Abschnitt 9.5.7) bestimmt, daß
   ALTER maximal als dreistellige Variable ausgedruckt werden
   kann. Diese Feldbreite reicht aus, da wegen der RND-
   Funktion keine Dezimalstellen anfallen.

9.5.4 Gewinnen durch Unterlassen: das LEAVE-Kommando

Erzeugt man temporäre oder permanente Variablen mit Datenmodifikationsbefehlen wie COMPUTE oder IF, so erhalten diese
Variablen bei *jedem einzelnen Fall* zunächst den System-Fehlwert zugewiesen; eine Änderung dieses Wertes erfolgt erst,
wenn der logische oder arithmetische Ausdruck der entsprechenden Datenmodifikations-Anweisung wahr ist bzw. ausgeführt
werden kann. Nur Hilfsvariablen oder die auf COUNT-Befehlen
genannten Zählvariablen werden sofort mit Null (bei numerischen Variablen) oder einem Leerzeichen (bei alphanumerischen Hilfs-Variablen) initialisiert.

Berechnen wir also eine neue Variable durch:

        COUNT VALITEMS = FRAUROL1 TO FRAUROL6 (1,4)

wird die Zählvariable VALITEMS bei jeder Untersuchungseinheit
zunächst den Wert O annehmen und sich von <u>diesem</u> Wert aus-
gehend jedesmal um 1 erhöhen, wenn bei ihr die Variablen
FRAUROL1 bis FRAUROL6 einen gültigen Wert aufweisen.

Das LEAVE-Kommando gibt uns jedoch die Möglichkeit, diese
Regelung für einzelne (oder alle) generierten Variablen außer
Kraft zu setzen. In diesem Fall erhalten sie den Wert, den
sie bei dem jeweils vorangegangenen Fall zuletzt hatten. Damit lassen sich die Werte einer Variablen über mehrere oder
alle Fälle eines Datensatzes hinweg kumulieren. Wenn wir z.B.
schreiben:

        COUNT VALITEMS = FRAUROL1 TO FRAUROL6 (1,4)
        LEAVE VALITEMS

wird der letzte Fall in unserer Datei die Gesamtzahl der gültig beantworteten Items ausweisen. Bei sechs Items und 3ooo
Befragten kann VALITEMS für Fall Nr.3ooo maximal den Wert
18ooo annehmen. Das allgemeine Format dieses Kommandos ist:

        LEAVE   varlist

Ein interessanteres Anwendungsbeispiel ist die Bestimmung
des Gesamteinkommens aller zu einem Haushalt gehörenden Personen. Wir gehen dabei von der Annahme aus, daß die Untersuchungseinheiten Individuen sind, daß sie eine Haushalts-
Identifikationsnummer besitzen und daß die Datei nach dieser
Nummer geordnet ist. Das Haushaltseinkommen läßt sich dann
wie folgt bestimmen:

```
SORT CASES   HAUSHALT
IF           (HAUSHALT NE LAG1) (HAUSHALT,1))
             HHEINK = O
COMPUTE      HHEINK = HHEINK + PERSEINK
LEAVE HHEINK
```

Zuerst prüft SPSS, ob eine Untersuchungseinheit die gleiche
Haushalts-Identifikationsnummer wie der unmittelbar vorangegangene Fall hat. Sind sie verschieden, gehören die beiden
Personen nicht zu demselben Haushalt. Der logische Ausdruck
ist dann *wahr* und die Variable HHEINK erhält den Wert Null.
Anschließend wird persönliches Einkommen dieser Person hin-
zuaddiert. Im Fall eines Einpersonen-Haushalts haben HHEINK
und PERSEINK dann denselben Wert: das Haushaltseinkommen ist
gleich dem persönlichen Einkommen.

Sind die Identifikationsnummern gleich, gehört der betreffende Fall zu demselben Haushalt wie der vorangegangene. Der
logische Ausdruck ist dann *falsch* und die Variable HHEINK
bleibt zunächst unverändert. Normalerweise würde HHEINK, da
es sich um eine neue Variable handelt, den System-Fehlwert
behalten. In diesem Fall hat HHEINK aber nicht den System-
Fehlwert gespeichert, sondern den Wert des persönlichen Einkommens des vorangegangenen Falles, bei einem Zweipersonen-
Haushalt also das persönliche Einkommen des ersten Haushalts-
mitgliedes, da das LEAVE-Kommando die Initialisierung der
Variablen HHEINK (zu SYSMIS) verhindert.

---

1) Zur LAG-Funktion siehe Abschnitt 9.3.7.

Auf Grund des nachfolgenden COMPUTE-Befehls wird HHEINK anschließend um den Betrag des persönlichen Einkommens des zweiten Haushalts-Mitgliedes erhöht. Damit haben wir das Gesamteinkommen dieses Zweipersonen-Haushaltes ermittelt.[1]

---

[1] Man beachte jedoch, daß HHEINK bei der ersten Person nicht das gesamte Haushaltseinkommen ausweist. Um dieses Manko zu überwinden, sind noch weitere Maßnahmen notwendig, auf die wir hier jedoch nicht mehr eingehen wollen.

9.5.5 Die Anweisung NUMERIC

Neue Variablen können auch mit dem Kommando NUMERIC in das
Lexikon der Arbeitsdatei eingefügt werden, und zwar in der
Reihenfolge ihrer Plazierung auf der NUMERIC-Anweisung. Diese
Variablen erhalten dann zunächst den System-Fehlwert zuge-
wiesen.

Allgemeines Format:

    NUMERIC varlist [(fortran format)] [/varlist ...]

Dieses Kommando verhindert, daß neue Variablen in einer mehr
oder minder willkürlichen Reihenfolge im Lexikon erscheinen;
ihre Plazierung ist damit nicht mehr davon abhängig, wann
bestimmte Datentransformationen ausgeführt werden (müssen).
Es ist jedenfalls einfacher, auf diese Weise eine für den
späteren Gebrauch der TO-Konvention günstige Anordnung der
Variablen zu schaffen, als mit Hilfe des Unterbefehls /KEEP
der SAVE-Anweisung.

Die Angabe eines Fortran-Formats ist wahlfrei; ohne eine
solche Spezifikation wird allen Variablen das Format F8.2
zugewiesen. Für die *Ausgabe* von Rohwerten stehen dann jeweils
acht Druckpositionen zur Verfügung, wovon zwei für Dezimalstellen reserviert sind. Genügt dies nicht, ist eine entsprechende Format-Angabe erforderlich.[1]

Beispiel:

        NUMERIC INDEX1 TO INDEX3o (F4.O)

Durch diese Anweisung werden 3o Variablen auf einmal erstellt und in der Reihenfolge INDEX1, INDEX2, ...INDEX3o
in das Lexikon aufgenommen. Sie bekommen zunächst den
System-Fehlwert.

---

1) Zur Formatierung von Variablen siehe auch die Abschnitte
   9.5.7, 1o.2 und 1o.3.

Die Format-Spezifikation "(F4.0)" besagt, daß für die *Ausgabe* der Kodes dieser Indizes vier Spalten zur Verfügung stehen und keine Dezimalstellen vorgesehen sind. Mit diesem Format lassen sich also nur ganzzahlige Werte von -999 bis 9999 darstellen. Zahlen außerhalb dieses Wertbereichs oder mit Dezimalstellen werden dennoch verarbeitet, d.h. SPSS *rechnet* mit ihnen. Beim Ausdrucken solcher Werte erscheinen in den entsprechenden Spalten der Ausgabe dann jedoch nur die Zeichen '****'.

9.5.6 Programmierschleifen mit DO REPEAT und LOOP

In manchen Situationen ist es notwendig, bestimmte Berechnungen zu wiederholen, z.B. wenn man mit Längsschnitt-Daten
arbeitet und das Haushaltseinkommen zu verschiedenen Zeitpunkten (aber immer auf die gleiche Weise) zu berechnen ist.
Gleiches gilt, wenn man Status-Indizes für die Befragten,
ihre Eltern, Freunde und Nachbarn nach dem gleichen Schema
berechnen will.

Dazu definiert man zuerst Platzhalter-Variablen (*stand-in
variables*) und listet nach einem Gelichheitszeichen die Variablen auf, welche von den Platzhaltern repräsentiert werden
sollen. Die gewünschten Berechnungen für diese Variablen
spezifiziert man dann unter Verwendung der Namen der Platzhalter. SPSS führt die entsprechenden Berechnungen dann
automatisch für alle einzelnen Variablen-Sätze durch. Man muß
nur auf die richtige Reihenfolge der Variablen innerhalb der
einzelnen Listen achten und darauf, daß sie gleich lang sind.

Wie DO IF muß auch die DO REPEAT-Schleife durch ein END
REPEAT-Kommando abgeschlossen werden. Danach verlieren die
Namen der Platzhalter ihre Gültigkeit.

In dem folgenden Beispiel ist die Reihenfolge innerhalb einer
Variablenliste *logisch* falsch, so daß EINK84 die Zinsen des
Jahres 1985 und EINK85 die Zinsen des Jahres 1984 enthält.
Da die Syntax der DO REPEAT-Schleife jedoch formal richtig
ist, bleibt dieser Fehler von SPSS unentdeckt.

```
DO REPEAT EINK = EINK84 EINK85 EINK86 EINK87
         / JOB  = JOB84 JOB85 JOB86 JOB87
         / ZINS = ZINS85 ZINS84 ZINS86 ZINS87
COMPUTE    EINK = JOB + ZINS + SONST
END REPEAT
```

Dieses Programm erstellt die Variablen EINK84, EINK85,
EINK86 und EINK87. Nur diese werden in das Lexikon aufgenommen und nicht etwa auch der Name EINK.

Die Kommandos innerhalb einer DO REPEAT-Schleife dürfen außer
den Platzhaltern beliebige, gültige Variablennamen enthalten:
permanente, temporäre, Hilfs- oder Systemvariablen. In dieser
Schleife gelten u.a.

    -- Daten- und Filemodifikations-Kommandos
       (COMPUTE, RECODE, COUNT, IF, SELECT IF)

    -- Datendeklarations-Befehle
       (NUMERIC, LEAVE, STRING, VECTOR)

    -- Datendefinitions-Kommandos
       (DATA LIST, MISSING VALUES)

    -- DO IF, ELSE IF, ELSE, END IF

    -- PRINT, PRINT EJECT, PRINT SPACE und WRITE
       (siehe Kapitel 1o)

    -- PRINT FORMATS, WRITE FORMATS und FORMATS
       (siehe Abschnitt 9.5.7)

Für weitere Hinweise siehe UG: 6.39-6.41. Für spezielle Probleme, die iterative Lösungen erfordern, stehen außerdem die
LOOP-, END LOOP und VECTOR-Kommandos zur Verfügung. Die Anwendungsmöglichkeiten dieser (in der Programmiersprache
FORTRAN unter der Bezeichnung DO LOOP bekannten) Struktur
sind jedoch begrenzt, zumindest wenn man an typische Probleme der Aufbereitung und Analyse sozialwissenschaftlicher
Daten denkt. Deshalb verzichte ich auf weitere Erläuterungen
und begnüge mich damit, auf die Abschnitte 12.1.-12.11 im
SPSS-X User's Guide hinzuweisen.

9.5.7 Die Formatierung von Variablen mit FORMATS, PRINT FORMATS oder WRITE FORMATS

Gewöhnlich definiert die DATA LIST-Anweisung, in welchem Format Daten bzw. Variablen einzulesen sind und speichert diese Information im Lexikon. Werden Variablen aber durch Datenmodifikations-Befehle wie COUNT, COMPUTE oder IF erzeugt, fehlen solche Angaben.[1] Diesen Variablen wird dann automatisch das Format "F8.2" bzw. das durch SET (vgl. Abschnitt 6.4) festgelegte Format zugewiesen. Dies bedeutet, daß für die *Ausgabe* numerischer Werte insgesamt acht Druckpositionen zur Verfügung stehen, wovon zwei für die ersten beiden Dezimalstellen reserviert sind.

Die Voreinstellung F8.2 ist meist ausreichend, zumal man bei der Auflistung von Daten[2] mit Hilfe von PRINT oder WRITE (siehe Abschnitt 1o.2 und 1o.3) das Format einzelner Variablen ohnehin individuell gestalten kann. Der entscheidende Vorteil dieser Kommandos ist jedoch, daß mit ihnen die Format-Angaben im Lexikon *gespeichert* werden, so daß man sie auch auf den Kommandos WRITE oder PRINT nicht mehr anzugeben braucht.

SPSS-X vermerkt außerdem, für welche Art der Ausgabe die einzelnen Format-Spezifikationen gelten sollen. Im einzelnen stehen folgende Kommandos zur Verfügung:

-- PRINT FORMATS: für die Druckausgabe bei statistischen Prozeduren und bei der PRINT-Anweisung (siehe Abschnitt 1o.2);

---

1) Gleiches gilt, wenn die DATA LIST-Anweisung die Parameter FREE oder LIST enthält (siehe Abschnitt 5.2 bzw. UG: 3.6, 3.2o-3.23).
2) Für die statistischen Analyseprozeduren sind Formatangaben nur selten relevant: etwa wenn Kreuztabellen oder Streudiagramme berechnete Kodes über 999999, unter -99999 oder mit vielen Dezimalstellen abbilden sollen.

-- WRITE FORMATS: für die Ausgabe der Werte in eine ex-
                     terne Datei und bei der WRITE-Anwei-
                     sung (siehe Abschnitt 1o.3).

-- FORMATS: für die Druckausgabe bei statistischen
                     Prozeduren (bzw. beim PRINT Befehl)
                     <u>und</u> für die Ausgabe der Werte in eine
                     externe Datei (bzw. für die WRITE-
                     Anweisung).

Neben dem Format "F" gibt es für alle drei Kommandos die
Formate "COMMA", "DOLLAR", "Z", "A", "N" und "E", die im übrigen auch für die DATA LIST-Anweisung gelten. Damit ist es u.a.
möglich, Zahlen in wissenschaftlicher Schreibweise, mit Komma
oder einem Dezimalpunkt auszudrucken. Wir können mit einer
entsprechenden Spezifikation vor die Ausgabewerte auch ein
$-Zeichen setzen. Da diese Dinge jedoch nur selten benötigt
werden, begnüge ich mich mit diesen Hinweisen. (Für Details
siehe UG: 3.35-3.39 und 9.15-9.18.)

KAPITEL 1o

DIE AUSGABE VON ROHDATEN

Meistens werden die eingegebenen Daten bzw. die durch Datenmodifikationsbefehle erzeugten Variablen nur statistisch
ausgewertet: durch Häufigkeitsverteilungen, Diagramme oder
mit Hilfe statistischer Kennziffern. Es gibt aber gerade im
Stadium der Datenaufbereitung viele Situationen, wo man die
eingegebenen oder berechneten Werte "schwarz auf weiß" betrachten muß, um zu kontrollieren, welche konkreten Werte
eine bestimmte Variable bei bestimmten Fällen annimmt. Für
diesen Zweck gibt es die Kommandos LIST (vgl. Abschnitt 1o.1)
und PRINT (vgl. Abschnitt 1o.2).

Dazu sucht SPSS zunächst für jede gewünschte Variable das im
Lexikon gespeicherte Druck Format[1] und stellt u.a. fest, ob
sie numerisch oder alphanumerisch ist, wieviele Spalten bzw.
Druckpositionen vorgesehen sind und wieviele Dezimalstellen.
Danach werden die Daten entsprechend ausgedruckt.

Manchmal benötigt man die Daten jedoch in *maschinenlesbarer
Form*, d.h. nicht auf Papier, sondern auf Magnetbändern oder
Lochkarten: vielleicht will man sie zu einem anderen Rechenzentrum transportieren und sie direkt einlesen lassen; vielleicht will man — und dies ist sehr anzuraten — auf "Nummer
Sicher" gehen und ein *"back-up"*, also eine Sicherheitskopie der
Daten anlegen. In jedem Fall sollten sie möglichst kompakt
übertragen werden, also ohne zusätzlichen Text und ohne Leerzeilen oder -spalten. Für diesen Zweck ist die WRITE-Anwei-
sung besonders geeignet (vgl. Abschnitt 1o.3).

---

1) Die Format-Angaben stammen überwiegend von den entsprechenden Spezifikationen der DATA LIST-Anweisung; sie können aber auch während eines Laufs mit Hilfe der Kommandos
   PRINT FORMATS oder FORMATS (vgl. Ab.9.5.7) verändert werden.

Wie wir bereits bei der DISPLAY-Anweisung gesehen haben (vgl.
Abschnitt 7.5), kann man sich natürlich auch die im Lexikon
gespeicherten *Daten-Definitionen* herausschreiben lassen. Die
drei in diesem Kapitel vorgestellten Anweisungen dienen
jedoch nur der Wiedergabe von Daten und sind insofern eine
wichtige Ergänzung des DISPLAY-Befehls.

1o.1 Druck-Ausgabe mit automatischer Seitengestaltung: LIST

Der einfachste Weg, Daten auszudrucken, ist mit Hilfe der Anweisung LIST. Wenn ein Datensatz nur wenige Variablen und
Fälle enthält, sind keine weiteren Angaben notwendig. Wir
geben einfach den Befehl:

                         LIST

Damit werden *alle Werte aller Variablen und aller Fälle* ausgedruckt, Fehlwerte eingeschlossen. System-Fehlwerte erscheinen als " . " (Punkt).

Reihenfolge und Format der ausgedruckten Daten folgen den An-
gaben im Lexikon. Etwaige Datenmodifikationen vor dem LIST-
Kommando werden folglich berücksichtigt, d.h. neu erstellte
Variablen werden ebenfalls ausgedruckt, und zwar mit zwei
Dezimalstellen und maximal sechs Stellen vor dem Komma, wenn
für sie kein FORMATS oder PRINT FORMATS-Befehl erstellt wurde.

Bei großen Dateien kann man durch Unterkommandos Variablen
oder Fälle auswählen und, in engen Grenzen auch die Gestaltung der Druckseite beeinflussen. Das allgemeine Format des
LIST-Befehls ist:

```
                    <   ALL    >
    LIST   [VARIABLES = < varlist >]
                    < 1 >        <eof>        < 1 >
        [ /CASES  = [FROM < n >] [TO < n >] [BY < n >] ]
                    <  WRAP  >   < UNNUMBERED >
        [ /FORMAT = [< SINGLE >][<  NUMBERED  >] ]
    EXECUTE
```

Beispiel:

```
    LIST   VARIABLES = ID  FRAUROL1  TO  FRAUROL6
           /CASES     = FROM 1 TO 99 BY 5
           /FORMAT    = NUMBERED
    EXECUTE
```

Wir wählen hier sieben Variablen aus und lassen uns die
Identifikationsnummern und Beobachtungswerte von 2o Fällen (in der Reihenfolge 1., 5., 1o., ... 95. Fall) ausdrucken. Die Sequenz-Nummern werden auf Grund des Parameters NUMBERED ebenfalls ausgegeben.

Zwischen den Zahlen-Kolumnen der einzelnen Variablen
bleibt aus Gründen größerer Übersichtlichkeit mindestens
eine Spalte frei; über den Kolumnen erscheinen in einer
Titelzeile die Namen der jeweiligen Variablen.

```
                  <    ALL    >
VARIABLES = < varlist > :
```

Angabe der gewünschten Variablen, einzeln oder/und mit
der TO-Konvention. Nicht aufgeführt werden dürfen die
Namen von *Hilfs-* und *System-Variablen*; dies ist nur bei
dem PRINT-Befehl zulässig.

```
                  < 1 >           <eof>           < 1 >
/CASES = [ FROM < n > ]   [ TO < n > ]   [ BY < n > ] :
```

Angabe der Untersuchungseinheiten, für welche Daten auszudrucken sind; man spezifiziert die Sequenznummer des
ersten ("FROM n ") und des letzten gewünschten Falles
(" TO n "), sowie die Schrittlänge (" BY n "); dadurch
sind die übrigen Fälle bestimmt.
Durch:

```
                  /CASES = BY 2
```

werden alle Fälle mit ungerader Sequenznummer gewählt;
um die Daten aller Fälle mit einer geraden Sequenznummer
aufzulisten, schreiben wir:

```
                  /CASES = FROM 2 BY 2
```

Wenn vor dem LIST-Befehl eine SELECT IF-Anweisung steht,
beziehen sich die Sequenznummern auf das *aktuelle Aktiv-
File*; dieses wird meist weniger Fälle enthalten als das
permanente System-File.

```
            < WRAP >   <UNNUMBERED>
/FORMAT =[<SINGLE>][< NUMBERED >]:
```

Bei WRAP (Voreinstellung) wird die Ausgabe aller Daten,
die nicht in eine Zeile passen, in einer zweiten fortge-
setzt.

Der Unterbefehl SINGLE beschränkt die Länge der logischen Ausgabezeile auf eine physische Druck-Zeile; überschreitet die logische Zeile dieses Limit, erscheint
eine Fehlermeldung und das Programm wird abgebrochen.
Die logische Zeile bestimmt sich durch die Zahl Variablen und deren Feldbreite, die physische Zeile durch die
jeweilige Einstellung des Parameters WIDTH beim SET-
Kommando (vgl. Abschnitt 6.4).
Mit dem Unterkommando NUMBERED werden in der ersten
Kolumne zusätzlich die Sequenznummern der ausgewählten
Fälle ausgedruckt; bei UNNUMBERED (Voreinstellung) nicht.

1o.2 <u>Druck-Ausgabe mit möglicher Seitengestaltung: PRINT</u>

Das Kommando PRINT ist nicht wesentlich komplizierter als der
LIST-Befehl. Im Gegensatz zu LIST muß man jedoch die gewünschten Variablen angeben, und zwar nach einem Schrägstrich (aber
ohne das sonst übliche " VARIABLES= ").

<u>Beispiel:</u>

             PRINT / ID FRAUROL1 TO FRAUROL6

Andere Angaben sind nicht notwendig, da PRINT — wie LIST —
auf die im Lexikon gespeicherten Format-Angaben zurückgreift,
um zu "erfahren", ob die auszudruckenden Variablen numerisch
oder alphanumerisch sind, wie viele Spalten bzw. Druckpositionen benötigt werden, ob Dezimalstellen oder nur ganzzahlige
Werte vorkommen usw.

Im Vergleich zu LIST besteht der Vorteil von PRINT darin, daß
das Format der gewünschten Variablen abweichend von den im
Lexikon gespeicherten Parametern spezifiziert werden kann —
sozusagen "temporär", d.h. ohne PRINT FORMATS oder FORMATS-
Befehle. Dem steht als Nachteil gegenüber, daß mit der PRINT-
Anweisung keine Auswahl von Fällen möglich ist. Hier kann man
sich allerdings mit DO IF oder den in Kapitel 8 vorgestellten
Selektionsbefehlen (SELECT IF, SAMPLE oder N OF CASES) recht
gut behelfen.

Enthält der PRINT-Befehl mehr Variablen als in eine Druckzeile passen,[1] werden die Werte der überschüssigen Variablen
automatisch in der nächsten *physischen* Zeile ausgedruckt. Die
logische Zeile kann maximal 255 Zeichen lang sein.

---

1) Die Zahl der möglichen Druckpositionen pro Zeile ist vom
   Parameter WIDTH abhängig. Dieser ist durch das Kommando
   SHOW zu ermitteln und durch SET zu verändern (vgl. Ab-
   schnitt 6.4).

Normalerweise vermeidet man jedoch, daß eine logische Zeile
die Zahl der vorgesehenen Druckpositionen überschreitet. Deshalb addiert man zur Kontrolle die Feldbreiten der Variablen
(und eventueller Leerfelder) und setzt rechtzeitig das spezielle Trennzeichen '/' . Dieser Schrägstrich bewirkt einen
Zeilenvorschub und somit den Beginn einer neuen Druckzeile.

Beispiel:

```
        PRINT   /  ID  /  FRAUROL1 TO FRAUROL6  /
        EXECUTE
```

oder:

```
        PRINT  RECORDS = 3
        / 1 ID /2   FRAUROL1 TO FRAUROL6
        EXECUTE
```

Die Variable ID wird in der ersten Zeile ausgedruckt. Nach
jedem weiteren Schrägstrich beginnt eine neue Zeile; die
Werte für FRAUROL1 bis FRAUROL6 kommen deshalb in die zwei-
te Zeile. Der dritte Schrägstrich bewirkt einen weiteren
Zeilenvorschub. Dahinter folgen keine weiteren Variablen-
Namen, diese Zeile bleibt also leer.

Die zweite Variante führt zum gleichen Ergebnis. Hier wird
eine Leerzeile[1] eingefügt, weil das Unterkommando 'RECORDS
=3' (die Ausgabe von drei Zeilen) erfüllt werden muß und
nur für die ersten beiden Zeilen Spezifikationen vorhanden
sind.

Ohne besondere Spaltenangabe beginnt das erste Variablen-Feld
immer in Spalte 1. Daran schließen sich die übrigen Kolumnen
mit einer Spalte Zwischenraum an. Das folgende Beispiel zeigt,
wie die im Lexikon gespeicherten Format-Spezifikationen *für
die Druckausgabe* außer Kraft zu setzen sind: nämlich ganz
analog zur Dateneingabe mit Hilfe der DATA LIST-Anweisung.
Die im Lexikon gespeicherten Format-Angaben bleiben unverändert erhalten.

---

1) Leerzeilen können ferner mit dem Kommando PRINT SPACE (vgl.
   UG: 9.1o) eingeschoben werden. Diese Alternative ist in-
   teressant, wenn die Zahl der benötigten Leerzeilen von
   Fall zu Fall variiert.

<u>Beispiel:</u>

```
PRINT   / 1   ID 1-5   SEX 8   ALTER 11-14 (1)
        / 3   FRAUROL1 TO FRAUROL6 11-22
EXECUTE
```

Mit dieser Anweisung werden pro Fall ebenfalls drei Zeilen
ausgedruckt: in der ersten befindet sich in den Spalten 1
bis 5 die Identifikationsnummer, in Spalte 8 der Geschlechts-
Kode und das Alter in den Spalten 11-14 mit einer Dezimal-
stelle. Danach folgt eine Leerzeile. In Zeile 3 haben wir
schließlich sechs Einstellungsitems mit je zwei Spalten:
FRAUROL1 in den Spalten 11-12, FRAUROL2 in den Spalten 13-
14 usw.

Weiterhin können wir in einer Druckzeile eine "Konstante" erscheinen lassen, z.B. in Form von etwas Text.

<u>Beispiel:</u>

```
PRINT   /   'INTERVIEW-NR.: ' 3 '   ' ID
        /   FRAUROL1 TO FRAUROL6   /
EXECUTE
```

Hier wird vor der Variablen ID bzw. vor jeder Identifikationsnummer eines jeden Falles der Text "INTERVIEW-NR.:"
erscheinen. Solche Konstanten kann man an beliebiger Stelle
einschieben. Voraussetzung ist, daß der Text in Anführungs-
oder Apostroph-Zeichen gesetzt wird. Die Zahl '3' hinter
'INTERVIEW-NR.' besagt, daß dieser Text in Spalte 3 beginn-
nen soll.

Danach kommt die übliche Leerspalte, dann drei von Apostro-
phen eingeschlossene Leerzeichen, dann wieder eine Leerspalte und schließlich die Identifikationsnummer in dem im
Lexikon gespeicherten Format.

Mit PRINT werden natürlich ebenfalls die Kodes von Fehlwerten

ausgedruckt. Nur eventuelle System-Fehlwerte erscheinen als

" . " (Punkt). Das allgemeine Format der PRINT-Anweisung lau-

tet:

```
                                                  <NOTABLE>
    PRINT  [OUTFILE=handle]  [RECORDS = < n >] [< TABLE >]
        < 1 >                    < spaltenplatz  [(format)] >
     /[<rec#>]varliste  [ <  (FORTRAN formatliste)   > ]

            [ varliste ... ]


        < 2 >                    < spaltenplatz  [(format)] >
     /[<rec#>]varliste  [<  (FORTRAN formatliste)    > ]

            [ varliste ... ]

     [ / ...... ]
```

Wegen der Ähnlichkeit des Formats von PRINT und DATA LIST begnügen wie uns mit einigen Hinweisen auf Besonderheiten des
PRINT-Befehls und verweisen im übrigen auf Abschnitt 5.2 .

<u>OUTFILE=handle</u>:

>   Durch die PRINT-Anweisung erstellen wir eine neue Datei,
>   welche bei Spezifikation eines neuen Zugriffsnamens,
>   einer FILE HANDLE-Karte und zusätzlicher JCL-Befehle zu
>   verschiedenen Speichermedien gelenkt werden kann. Ohne
>   diesen Unterbefehl steuert SPSS die Zieldatei automa-
>   tisch zum Drucker; im Regelfall wollen wir genau dies.
>   Die maximale Zeilenlänge der Datei beträgt 255 Zeichen.

<NOTABLE>
<u>< TABLE ></u>:

>   Im Gegensatz zur DATA LIST-Karte ist hier die Voreinstel-
>   lung, daß *keine* Korrespondenz- bzw. Format-Tabelle er-
>   stellt wird. Wird sie gewünscht, ist der Unterbefehl
>   TABLE einzugeben.

<u>varliste</u>:

>   Angabe der gewünschten Variablen, einzeln oder/und mit
>   der TO-Konvention. Im Gegensatz zum LIST-Befehl dürfen
>   hier auch *Hilfs-* und *System-Variablen* genannt werden.

Streng genommen ist PRINT — im Gegensatz zu LIST — *keine* "Prozedur". Der PRINT-Befehl allein führt deshalb noch nicht dazu, daß SPSS die Daten einliest. Ohne eine zusätzliche statistische Analyse-"Prozedur" <u>oder</u> das Kommando:

EXECUTE

kann folglich kein "Listing" erstellt werden. Für den Befehl
EXECUTE gibt es keine Unterkommandos oder sonstigen Parameter.

Auf den ersten Blick mag es widersinnig erscheinen, daß PRINT
nicht als eigenständige Arbeitsanweisung behandelt und ohne
die Anweisung EXECUTE bzw. eine statistische Prozedur kein
Listing erstellt wird. Ein Vorteil dieses Umstandes ist jedoch, daß man die Werte von Hilfs- und Systemvariablen ausdrucken oder PRINT in eine DO IF-Struktur einbauen kann.

Beispiel 1:

```
DO IF   (UNISEM EQ O OR UNISEM GT 2o OR FACHSEM GT UNISEM)
- PRINT  / ID UNISEM FACHSEM  SEX ALTER STUDFACH
END IF
EXECUTE
```

Bei einer Studentenbefragung werden jetzt nur "Problem-
Fälle" aufgelistet: solche mit O oder mehr als 2o Semestern
oder Studenten, bei denen die Zahl der Fach-Semester die
der Universitäts-Semester überschreitet.

PRINT in einer DO IF-Struktur eignet sich auch zur Erstellung
von Spaltenüberschriften:

Beispiel 2:

```
DO IF   (#CASENUM = 1)
- PRINT   RECORDS= 2
        / 1    'INT.-NR.' 2  'GESCHLECHT' 10  'ALTER' 2o
  END IF
PRINT  RECORDS = 3
        / 1  ID 2-6  SEX 15  ALTER 22-23
        / 2  'EINSCHAETZUNGEN' FRAUROL1 TO FRAUROL6 22-33
EXECUTE
```

Da "‡CASENUM" nur beim ersten Fall die Zahl 1 hat, wird
nur bei diesem Fall eine Zeile mit den Konstanten "INT.-
Nr.", "GESCHLECHT" und "ALTER" ausgedruckt. Diese Überschriften beginnen jeweils in den Spalten 2, 1o und 2o.
Danach folgt eine Leerzeile. So werden die in dem ersten
PRINT-Befehl spezifizierten Überschriften nur einmal gedruckt, und zwar zu Beginn des ganzen Listings.

Der zweite PRINT-Befehl ist an keine logischen Bedingungen geknüpft. Folglich gilt er für den ersten und alle
weiteren Untersuchungseinheiten. Nach den beiden Titel-
Zeilen werden somit für jeden Fall im Aktiv-File drei
Zeilen gedruckt:

1. Zeile: ID in den Spalten 2-6, SEX in Spalte 15
            und ALTER in den Spalten 22-23.
2. Zeile: die Konstante "EINSCHAETZUNGEN" beginnend
            mit Spalte 1, und FRAUROL1 bis FRAUROL6 ab
            Spalte 22.
3. Zeile: -- leer --

1o.2.1 Neuer Seitenanfang mit PRINT EJECT

Soll an einer bestimmten Stelle der Druckausgabe eine neue
Seite beginnen, können wir das Kommando PRINT EJECT verwenden. Dieser Befehl ist meist nur in Verbindung mit der DO IF-
Struktur sinnvoll. Andernfalls führt PRINT EJECT dazu, daß
die Daten jedes Falles auf eine neue Seite gedruckt werden
— im Normalfall reine Papierverschwendung.

Das allgemeine Format dieses Befehls ist mit der PRINT-Anweisung identisch; wir verzichten also darauf, es zu wiederholen
und begnügen uns mit einem Beispiel:

Beispiel 3:

```
DO IF   ( MOD ( ≠CASENUM, 1oo ) EQ  o1 ) OR
        ( MOD ( ≠CASENUM, 1oo ) EQ  51 )
- PRINT EJECT   RECORDS=2
        / 1  'INT.-NR.' 2  'GESCHLECHT' 1o   'ALTER' 2o
END IF
PRINT  RECORDS = 3
        / 1   ID 2-6   SEX 15   ALTER 22-23
        / 2   'EINSCHAETZUNGEN' FRAUROL1 TO FRAUROL6  22-33
EXECUTE
```

In diesem Beispiel lassen wir nach jedem 5o. Fall eine neue
Seite beginnen. Wir dividieren ≠CASENUM durch 1oo und be-
trachten mit Hilfe der MOD-Funktion nur die Dezimalstellen.
Ist der Wert gleich O1 oder 51, erfolgt ein Seitenvorschub.
Dann werden jedesmal zwei Titelzeilen gedruckt: die erste
trägt die Überschriften 'INT.-Nr.', 'GESCHLECHT' und 'ALTER',
die zweite bleibt leer. Danach folgen die Kolumnen mit den
Werten der gewünschten Variablen wie in Beispiel 2.

1o.3 Ausgabe in maschinenlesbarer Form: WRITE

Das Kommando WRITE leistet im wesentlichen dasselbe wie die
PRINT-Anweisung;auch das allgemeine Format dieses Befehls ist
das gleiche:

Format:

```
WRITE  [OUTFILE=handle]  [RECORDS = < n >]  [< TABLE >]
    < 1 >                 < spaltenplatz [(format)]>
   /<rec#> varliste  [ <   (FORTRAN formatliste) > ]
         [ varliste ... ]

    < 2 >                 < spaltenplatz [(format)]>
 [ /<rec#> varliste  [ <   (FORTRAN formatliste) > ] ]
         [ varliste ... ]
 [ / ... ]
```

Beispiel:

```
WRITE   OUTFILE=ROHDATEN   RECORDS = 3
/1 ID 1-5   SEX 8 ALTER 11-14 (1)
/2 FRAUROL1 TO FRAUROL6 11-22
EXECUTE
```

Ein Unterschied zwischen PRINT und WRITE besteht darin, daß
man mit WRITE auch logische Zeilen herausschreiben kann, die
mehr als 255 Zeichen lang sind. Dies ist nützlich, wenn große
Dateien auf Magnetbänder zu kopieren sind.

Ein weiterer Unterschied ist, daß in die Zieldatei nicht automatisch Leerspalten, Leerzeilen oder Überschriften mit den
Namen der Variablen übertragen werden.

Der Grund, weshalb für diese trivial erscheinenden Unterschiede ein spezielles Kommando eingerichtet wird, ist, daß mit
WRITE Dateien erzeugt werden sollen, die von Computern und
nicht von Menschen gelesen werden. Deshalb sind Leerspalten
oder Überschriften überflüssig; deshalb sind für WRITE auch
gewisse FORTRAN-Formatierungsparameter wichtig, mit denen man

Daten u.a. "positiv ganzzahlig binär in hexadezimaler Darstellung", "reell binär in hexadezimaler Darstellung", "hexa-
dezimal", "ungepackt dezimal" herausschreiben kann. Dies ist
prinzipiell zwar auch mit PRINT möglich; wenn man jedoch gedruckte Rohdaten leicht lesen will, wird man sich mit den
üblichen Formaten F (standard numerisch) und A (standard
alphanumerisch) begnügen. Nähere Angaben zum WRITE-Kommando
und zu den Formatierungsparametern finden sich im *User's
Guide* in den Abschnitten 3.23, 3.35-3.39, 9.12, 9.15-9.18.

KAPITEL 11

UNTERPROGRAMME FÜR STATISTISCHE ANALYSEN

Die in den folgenden Abschnitten beschriebenen Unterprogramme
sind nur ein Teil der von SPSS-X zur Verfügung gestellten
statistischen Analyseprozeduren. Ausgewählt wurden die am
häufigsten verwendeten Unterprogramme oder solche, die keine
allzu großen statistischen Vorkenntnisse verlangen.

Komplexe Analyseverfahren wie: ANOVA, BOX-JENKINS, CLUSTER,
DISCRIMINANT, FACTOR, LOGLINEAR, MANOVA, PROBIT, SURVIVAL und
andere wurden ausgeklammert, weil die Nutzer solcher Prozeduren aller Wahrscheinlichkeit schon mit SPSS-X vertraut sind
und somit nicht zu den Lesern der vorliegenden Einführung
gehören dürften. Ihre Informationsbedürfnisse würden ohnehin
kaum durch eine Kurzbeschreibung befriedigt; sie werden nicht
umhin können, das Handbuch *SPSS-X User's Guide* oder das Buch
SPSS-X Advanced Statistics Guide von M. Norusis zu konsultie-
ren.

Um im Rahmen dieser allgemeinen Einführung dennoch möglichst
viele Prozeduren vorstellen zu können, habe ich mich um eine
möglichst knappe Beschreibung der ausgewählten Analyseprogram-
me bemüht und auf Details verzichtet, die den "Einsteiger"
unnötig belasten (z.B. Matrix Input oder die jeweils geltenden
Beschränkungen für die maximale Zahl für Variablen, Tabellen
oder Koeffizienten), zumal diese Dinge auch für den "typischen
Benutzer" ohne Belang sind.

Da der an einer Einführung in das Programmsystem SPSS-X interessierte Personenkreis bereits statistische Grundkenntnisse
besitzen dürfte, habe ich ebenfalls auf statistische Erklä-
rungen verzichtet und mich damit begnügt, kurz die Situationen
zu beschreiben, in denen die eine oder andere Prozedur sinn-

voll verwendet werden kann. Wenn ein Nutzer also feststellt,
daß sein Untersuchungsproblem den Einsatz eines bestimmten
Unterprogramms erfordert, daß er aber einzelne Koeffizienten
nicht interpretieren kann oder daß die notwendigen statistischen Vorkenntnisse generell fehlen, ist er gehalten, ein-
schlägige Lehrbücher der Statistik zu Rate zu ziehen.

Die in den folgenden Abschnitten besprochenen Unterprogramme
sind _nicht_ in einer von dem jeweiligen Prozedur-Namen aus-
gehenden, alphabetischen Reihenfolge. Vielmehr werden zuerst
Unterprogramme zur Beschreibung univariater Verteilungen vorgestellt: FREQUENCIES, CONDESCRIPTIVE und MULT RESPONSE.
Danach folgen die wichtigsten bzw. die am häufigsten verwendeten Prozeduren. Manche dienen ausschließlich der Beschreibung bzw. Analyse bivariater Zusammenhänge (SCATTERGRAM,
PEARSON CORR, NONPAR CORR, NPAR TESTS, T-TEST und ONEWAY),
andere sind zusätzlich für multivariate Analysen einsetzbar
(BREAKDOWN, CROSSTABS, REGRESSION). Nur PARTIAL CORR ist ein
reines multivariates Verfahren, da hier mindestens drei Variablen gleichzeitig untersucht werden müssen.

Bei der Wahl des Analyse-Verfahrens und vor allem bei der
Spezifikation der Vorgehensweise durch Unter-Kommandos sind
viele Faktoren zu berücksichtigen: das Untersuchungsstadium
ebenso wie der Untersuchungszweck oder die Annahmen bzw. Vorkenntnisse des Forschers. Universell gültige Analyse-"Rezepte"
gibt es nicht; vor schematischen Lösungen ist zu warnen.

Es gilt aber auch, daß unter gegebenen Bedingungen selten nur
eine einzige Analyse-Variante in Frage kommt. Ferner können
sich Untersuchungszweck, Vorkenntnisse oder Prämissen im
Laufe der Zeit ändern, so daß später manche Analyse sinnvoll
und legitimierbar ist, die anfangs "zu gewagt" erscheint. Dies
gilt u.a. für Annahmen über das Skalen-Niveau von Variablen.
Forschung ist ein Prozeß. Deshalb ist es prinzipiell zulässig,
Daten aus verschiedenen Perspektiven zu betrachten und mit
unterschiedlichen Annahmen zu analysieren. Entscheidend ist,

was man sich bei der Verletzung eines Tabus denkt und was dabei herauskommt; wenn man Glück hat, sind die Ergebnisse interessant genug, um die "Regelverletzung" zu rechtfertigen.

Zu Beginn der Analyse, insbesondere zum Zweck der Datenkontrolle wird man für nominal- und ordinalskalierte Variablen zunächst FREQUENCIES (Häufigkeitsverteilungen) und für intervallskalierte ("kontinuierliche") Variablen CONDESCRIPTIVE ("condensed descriptive statistics")anfordern. Damit verschafft man sich nicht nur einen Überblick über die Form der Verteilung, sondern auch über "Ausreißer" oder illegitime Werte. Für Mehrfachnennungen ist dafür das Unterprogramm MULT RESPONSE geeignet.

Für die weiteren Analysen wird man die Vorauswahl eines geeigneten Analyseverfahrens vom Skalen-Niveau der abhängigen und der unabhängigen Variablen abhängig machen. Jede für ein bestimmtes Skalen-Niveau geeignete Prozedur kann ebenfalls für Variablen mit höherem Skalen-Niveau verwendet werden. Das heißt, alle in der folgenden Aufstellung genannten Prozeduren sind in diesem Sinn prinzipiell "aufwärts" kompatibel.

Wir erhalten somit folgende Grob-Klassifikation für die in dieser Einführung dargestellten bi- und multivariaten Unterprogramme:

abhängige Variable	unabhängige Variable(n)		
	Nominalskala	Ordinalskala	Intervallskala
Nominalskala	CROSSTABS		
Ordinalskala	NPAR TESTS	NONPAR CORR	
Intervallskala	BREAKDOWN T-TEST ONEWAY		SCATTERGRAM PEARSON CORR PARTIAL CORR REGRESSION

11.1 Einfache Häufigkeitsauszählungen mit FREQUENCIES

Diese Prozedur erstellt für einzelne (numerische oder alphanumerische) Variablen Tabellen mit absoluten und relativen
Häufigkeiten. Zusätzlich können für Variablen mit wenigen Merkmalsausprägungen Balkendiagramme, und für Variablen mit vielen
Ausprägungen Histogramme (Stabdiagramme) erzeugt werden.
Schließlich kann man auch eine Reihe statistischer Maßzahlen
zur Beschreibung der Häufigkeitsverteilung berechnen.

Ist man nur an statistischen Kennziffern interessiert, empfiehlt sich die Verwendung von CONDESCRIPTIVE; spezielle Auszählungen von Mehrfachnennungen liefert MULT RESPONSE.

Beispiel 1:

```
FREQUENCIES  VARIABLES = ORTSTEIL  ZUFRIED
```

Hier werden nur zwei Häufigkeitstabellen ausgedruckt, und
zwar im allgemeinen Modus ("general mode"). Dieser Modus
ist notwendig, wenn die auf "VARIABLES =" folgende Liste
alphanumerisch kodierte Merkmale enthält, er gilt aber
auch, wenn sie ausschließlich aus numerischen Variablen
besteht.

Beispiel 2:

```
FREQUENCIES  VARIABLES = ALTER (14,85) SEX (o,1) FRAUROL1
                 TO FRAUROL6 (1,4)
   /FORMAT=ONEPAGE   /HISTOGRAM
   /STATISTICS  DEFAULT MEDIAN
```

Hier werden acht Häufigkeitstabellen ausgedruckt, und
zwar im Ganzzahl-Modus ("integer mode"). Dieser Modus
tritt in Kraft, wenn nach der Variablenliste ein niedrig-
ster und ein höchster Wert angegeben wird. Dies spart
Rechenzeit und Speicherkapazität; im übrigen ist das For-

mat einer Tabelle im general Mode dasselbe wie im Ganzzahl-Modus.
Sollte eine der Tabellen zu groß werden (z.B. bei ALTER)
und deshalb nicht auf eine Druckseite passen, wird die
Tabelle auf Grund des /FORMAT-Unterkommandos komprimiert
gedruckt.
Durch HISTOGRAM werden acht Stabdiagramme erstellt;
/STATISTICS fordert eine Reihe statistischer Maßzahlen
an: "per default" das arithmetische Mittel, die Standardabweichung, Minimum, Maximum und zusätzlich den Median.

Natürlich können noch viele andere Parameter definiert bzw.
Unterkommandos benutzt werden. Deshalb erscheint das allgemeine Format des Befehls FREQUENCIES relativ komplex. In der
Praxis wird man die meisten Spezifikationen nur selten benötigen.

<u>Allgemeines Format:</u>

```
FREQUENCIES VARIABLES = varliste [(min, max)]
                        [varliste  (min, max)][....]

                     [<CONDENSE>] [< NOTABLE >]   <DVALUE>
[/FORMAT =            <ONEPAGE >   <LIMIT (n)> [<AFREQ >] [WRITE]
                                                <DFREQ >
                     [NOLABELS] [DOUBLE] [NEWPAGE] [INDEX]]

[/MISSING       = INCLUDE]
[/NTILES        = n]
[/PERCENTILES = value liste]

[/BARCHART     = [MINIMUM(n)] [MAXIMUM(n)] [<FREQ [(n)]    >]]
                                            <PERCENT [(n)]>

[/HISTOGRAM    = [MINIMUM(n)] [MAXIMUM(n)] [<FREQ    [(n)]>]
                  [<NONORMAL>                <PERCENT [(n)]>
                   <NORMAL  >] [INCREMENT(n)]]

[/HBAR         = Spezifikation wie für /HISTOGRAM ]

[/STATISTICS  = <DEFAULT MEAN STDDEV MINIMUM MAXIMUM       >
                 <SEMEAN VARIANCE RANGE MODE MEDIAN SUM    >]
                 <SKEWNESS SESKEW KURTOSIS SEKURT ALL NONE >
```

VARIABLES = varliste [(min, max)] :

> Spezifikation der Variablen wie üblich. Ganzzahl-Modus
> durch Angabe des niedrigsten und höchsten Wertes der zu-
> vor aufgelisteten Variablen; Dezimalstellen werden (so-
> weit vorhanden) gekappt. Im allgemeinen Modus wird für
> alle vorkommenden Werte eine Kategorie gebildet.

/FORMAT = :

> CONDENSE. Komprimiertes Format: Werte, Häufigkeiten und
> Prozentwerte (gerundet) dreispaltig nebeneinander,
> ohne Etiketten.

> ONEPAGE. Komprimiertes Format (wie bei CONDENSED) für
> Tabellen, die sonst nicht mehr auf eine Druckseite
> passen würden.

> NOTABLE. Häufigkeitstabellen werden nicht ausgedruckt.

> LIMIT n. Tabellen mit mehr als "n" Kategorien werden
> nicht ausgedruckt.

> DVALUE/AFREQ/DFREQ. Ohne Angabe eines dieser drei Para-
> meter werden (numerische) Ausprägungen in aufsteigen-
> der Reihenfolge aufgeführt. Mit DVALUE ist die Anord-
> nung dieser Kategorien ("values") umgekehrt. Bei AFREQ
> und DFREQ richtet sich die Anordnung der Ausprägungen
> nach ihrer Besetzungszahl ("frequency"); mit AFREQ wer-
> den sie in aufsteigender ("ascending"), mit DFREQ in
> fallender ("descending") Reihenfolge aufgeführt. DFREQ
> ist somit besonders für Nominalskalen oder alphanume-
> rische Variablen interessant.

> WRITE. Die Häufigkeitstabellen werden nicht ausgedruckt,
> sondern in machinenlesbarer Form ausgegeben; vorher ist
> ein FILE HANDLE- und ein PROCEDURE OUTPUT-Kommando not-
> wendig.

> NOLABELS. Alle Etiketten werden weggelassen.

> DOUBLE. Doppelzeiliger Abstand bei den Tabellen.

> NEWPAGE. Bewirkt, daß auf jeder Seite nicht mehr als eine
> Tabelle ausgedruckt wird.

> INDEX. Erstellung eines Tabellenregisters.

/MISSING = INCLUDE :

    Wenn die vom Benutzer definierten Werte wie gültige Werte behandelt werden sollen. Ohne dieses Unterkommando gilt: vom System oder Benutzer definierte Fehlwerte werden in die Tabelle (nicht aber in Histogramme oder Balkendiagramme) aufgenommen und als solche gekennzeichnet; von der Berechnung statistischer Maßzahlen sind sie ausgeschlossen.

/NTILES = n :

    "N-tile" sind Werte, die eine Verteilung so zerlegen, daß n gleich große Fall-Gruppen entstehen. Mit

/NTILES = 4

erhalten wir vier Gruppen mit jeweils 25% der Fälle und drei "N-tile": 25, 5o und 75. Diese werden üblicherweise "Quartilswerte" genannt. "n" muß immer ganzzahlig sein.

/PERCENTILES = value liste :

    Perzentile sind Werte, unterhalb derer sich ein bestimmter Prozentanteil der Fälle befindet. Der Unterbefehl

/PERCENTILE = 25, 5o, 75

liefert das gleiche Ergebnis wie "/NTILES=4". Hier darf man jedoch beliebige Werte zwischen O und 100 einsetzen, z.B.: /PERCENTILE = 1O, 25, 33.3, 5o, 66.7, 75, 9o. Ist ein Perzentil-Wert nicht zu ermitteln, wird (.) ausgedruckt.

/BARCHART = :

    Durch dieses Unterkommando werden horizontal verlaufende Balkendiagramme angefordert. Weitere Spezifikationen sind nicht notwendig, obzwar sich die graphische Gestaltung des Diagramms durch folgende Parameter steuern läßt:

- MINIMUM (n): Untergrenze, d.h. für Werte unter "n" werden keine Balken erzeugt.
- Maximum (n): Obergrenze, d.h. für Werte über "n" werden keine Balken erzeugt.
- FREQ (n): auf der waagrechten Achse werden zur Kennzeichnung der Balkenlänge im allgemeinen die absoluten Häu-

figkeiten abgetragen, und zwar auch ohne diesen Befehl. Durch die zusätzliche Spezifikation von "n" kann der Endpunkt der horizontalen Skala festgelegt werden.

- PERCENT (n) analog zu FREQ (n), jedoch mit Skalierung der Horizontalen in Prozentwerten.

<u>Beispiel</u>: FREQUENCIES VARIABLES = KINDZAHL
              /BARCHART = PERCENT MAX (5)

Wir erhalten maximal sechs Balken für Haushalte mit O bis fünf Kindern. Die horizontale Skala zeigt die relative Häufigkeit von Haushalten mit O bis 5 Kindern an.

/HISTOGRAM = :

Durch dieses Unterkommando werden horizontal verlaufende Stabdiagramme angefordert. Weitere Spezifikationen sind nicht nötig. Die Gestaltung des Diagramms ist durch folgende Parameter zu steuern:

- MINIMUM (n): Untergrenze, d.h. für Werte unter "n" werden keine "Stäbe" erzeugt.

- MAXIMUM (n): Obergrenze, d.h. für Werte über "n" werden keine "Stäbe" erzeugt.

- FREQ (n): auf der waagrechten Achse werden zur Kennzeichnung der Stablänge im allgemeinen die absoluten Häufigkeiten abgetragen. Durch die zusätzliche Spezifikation von "n" kann der Endpunkt der Skala festgelegt werden.

- PERCENT (n) analog zu FREQ (n), jedoch mit Skalierung der Horizontalen in Prozentwerten.

- INCREMENT (n): Bei Skalen mit sehr vielen Ausprägungen wird die Intervallbreite automatisch so gewählt, daß nicht mehr als 21 Größenklassen entstehen. Spezifizieren wir dagegen

              /HISTOGRAM = INCREMENT (5)

bei einer Variablen mit 2oo verschiedenen Werten, so erhalten wir 4o Intervalle.

- NORMAL: Einzeichnung einer Normalverteilungskurve über
  die empirische Häufigkeitsverteilung.

/HBAR = :

Mit diesem Unterbefehl werden entweder Balken- oder
Histogramme erzeugt, je nachdem wieviele Kategorien zu
"plotten" sind: da bis zu 12 Balken auf eine Seite passen, wird bei 12 oder weniger Kategorien ein Balkendia-
gramm erzeugt, andernfalls ein Histogramm. Für die Gestaltung des Diagramms gelten ansonsten die gleichen
Kennwörter wie bei /BARCHART oder /HISTOGRAM.

/STATISTICS = :

Ohne dieses Unterkommando werden keine statistischen Maßzahlen berechnet. Mit diesem Unterkommando, aber ohne
weitere Parameter, erhält man durch die Voreinstellung
(DEFAULT) automatisch das arithmetische Mittel (MEAN),
die Standardabweichung (STDDEV), den kleinsten (MINIMUM)
und den größten Wert (MAXIMUM).

Diese Maßzahlen können durch Angabe der entsprechenden
Kennwörter auch einzeln angefordert werden. Zusätzlich
stehen noch folgende Maßzahlen zur Verfügung:

- SUM   Summe der Beobachtungswerte
- SEMEAN   Standardfehler des arithmetischen Mittels
- MEDIAN   Median (nicht nach /FORMAT AFREQ oder DFREQ !)
- MODE   Modus bzw. häufigster ("dichtester") Wert
- VARIANCE   durchschnittliche quadratische Abweichung
- RANGE   Spannweite
- SKEWNESS   Schiefe
- SESKEW   Standardfehler der Schiefe
- KURTOSIS   Wölbung ("Exzeß")
- SEKURT   Standardfehler der Wölbung
- ALL   alle obengenannten statistischen Maßzahlen
- NONE

11.2 Univariate Maßzahlen für kontinuierliche Verteilungen: CONDESCRIPTIVE

Die Prozedur CONdensed DESCRIPTIVE Statistics berechnet im wesentlichen die gleichen statistischen Maßzahlen wie FREQUENCIES, arbeitet jedoch effizienter und eignet sich vor allem für kontinuierliche Variablen. Diagramme und Häufigkeitstabellen können damit nicht erstellt werden. Ein besonderer Vorteil dieser Prozedur ist, daß es Beobachtungswerte standardisieren, d.h. in z-Werte umwandeln und speichern kann. Alphanumerische Variablen können damit nicht bearbeitet werden.

Das allgemeine Format der Arbeitsanweisung ist einfach: wir müssen nur die Namen der Variablen auflisten, für die statistische Maßzahlen zu berechnen sind. Statt weiterer Unterkommandos benötigen wir hier jedoch die separaten Befehle OPTIONS und/oder STATISTICS, um spezielle Wünsche zu realisieren.

Allgemeines Format :

```
CONDESCRIPTIVE      varname [ (zname) ]
                    [ varname ..... ]
                    [ varliste..... ]
OPTIONS      #liste
STATISTICS   #liste
```

Beispiel:

```
CONDESCRIPTIVE   ALTER GROESSE GEWICHT
OPTIONS      3
STATISTICS   8, 13
```

Ohne das Kommando STATISTICS würde für die drei Variablen das arithmetische Mittel, die Standardabweichung, der kleinste und der größte Wert ermittelt. Nun interessiert uns vielleicht zusätzlich das Maß für die Schiefe dieser Verteilungen. Spezifizieren wir "STATISTICS 8" wird jedoch nur das Schiefenmaß ausgedruckt. Deshalb müssen wir zusätzlich den Parameter "13" angeben.

<u>varname   (zname)</u> :

Spezifikation der Variablen wie üblich. Werden z-Werte
berechnet, kann man einen Namen für die so generierte,
neue Variable spezifizieren. Andernfalls wird der neue
Variablen-Name automatisch generiert, indem ein "Z" vor
den Namen der Ursprungsvariablen gesetzt wird. Für Details siehe UG: 19.5.

<u>OPTIONS ≠liste</u>:

1 Einschluß der vom Benutzer (nicht vom System !) definierten Fehlwerte bei der Berechnung der Maßzahlen;
2 Etiketten werden nicht ausgedruckt;
3 Berechnung von z-Werten; sie werden unter einem neuen
   Variablen-Namen an das Ende der Arbeitsdatei gehängt;
4 Erstellung von zwei Variablen-Registern: das eine
   listet die Variablen-Namen in alphabetischer Reihenfolge auf, das andere ordnet sie nach ihrer Position
   in der Arbeitsdatei. Zusätzlich wird angegeben, auf
   welcher Seite des Ausdrucks die statistischen Maßzahlen für die einzelnen Variablen zu finden sind.
5 Fallweiser Ausschluß von Fehlwerten: Fälle mit Fehlwerten bei einer auf der CONDESCRIPTIVE-Anweisung
   genannten Variablen werden von der Analyse ausgeschlossen.
6 Ausgabe der Maßzahlen im Blockformat; andernfalls erfolgt die Ausgabe im Zeilenformat (Voreinstellung).
7 Ausgabe in einem schmalen Format mit 80 Zeichen pro
   Zeile.

<u>STATISTICS ≠liste</u>:

 1 arithmetisches Mittel
 2 Standardfehler des arithmetischen Mittels
 5 Standardabweichung
 6 Varianz; durchschnittliche quadratische Abweichung
 7 Wölbung ("Exzeß") und Standardfehler der Wölbung
 8 Schiefe und Standardfehler der Schiefe
 9 Range bzw. Spannweite
1o Minimum bzw. kleinster Wert
11 Maximum bzw. größter Wert
12 Summe der Beobachtungswerte
13 (Voreinstellung) die Maßzahlen 1, 5, 1o und 11

11.3 Die Analyse von Mehrfachnennungen: MULT RESPONSE

Dieses Verfahren dient speziell der Analyse von Mehrfachnennungen, gleichgültig ob diese Daten durch Fragen im Format
mehrfacher Dichotomisierung (vgl. Abb. 3.6) oder im Reihungsformat (vgl. Abb. 3.7) erhoben wurden.

MULT RESPONSE liefert, je nach Wunsch, univariate Häufigkeitsauszählungen im Stile von FREQUENCIES oder zwei- bis fünf-
dimensionale Kreuztabellen analog zu CROSSTABS. Dazu müssen
zunächst die entsprechenden Einzelvariablen mit einem GROUPS-
Unterbefehl als zusammengehörig bezeichnet und mit einem
neuen Namen belegt werden. Danach kann man die gewünschte
Tabelle z.B. mit einem FREQUENCIES-Unterkommando anfordern.

Beispiel 1:

```
MULT RESPONSE  GROUPS = BEHKNTKT 'KONTAKT MIT BEHOERDEN'
                             (AMT1 TO AMT16 (1) )

               /FREQUENCIES = BEHKNTKT
```

Hier erhält die Gruppenvariable zusätzlich ein in Apostrophzeichen gesetztes Etikett. Der Einzelwert in
Klammern "(1)" gibt an, daß eine mehrfache Dichotomisierung vorliegt und daß die Häufigkeit dieses Kodes zu ermitteln ist.

Hätte man bei der Frage nach dem Kontakt zu Behörden das
Reihungsformat gewählt, bis zu zwanzig Nennungen zugelassen
und die genannten Ämter mit Werten von 1 bis 5o kodiert,
wäre die dem obigen Beispiel entsprechende MULT RESPONSE-
Anweisung wie folgt:

Beispiel 2:

```
MULT RESPONSE  GROUPS = BEHKNTKT 'KONTAKT MIT BEHOERDEN'
                             (AMT1 TO AMT16 (1,16) )
               /FREQUENCIES = BEHKNTKT
```

Formal betrachtet führen beide Anweisungen zu den gleichen
Tabellen. Wie bereits erwähnt, dürfte das Antwortverhalten
vom Format der Fragepräsentation nicht ganz unabhängig sein.

Will man sich nicht mit einfachen Häufigkeiten begnügen, die
Kontakte zu den einzelnen Behörden z.B. nach Geschlecht und
Haushaltsgröße untergliedern und sich zusätzlich eine Häufigkeitsverteilung der Einzelvariablen HHGROESE erstellen lassen,
müssen die Variablen SEX und HHGROESE auf einem VARIABLES-
Unterbefehl aufgeführt werden. Dabei können mehrere dichotomisierte Variablen in <u>einer</u> Kopfzeile bzw. -spalte ausgedruckt
werden. Dies ist bei der Kreuztabellen normalerweise verwendeten Prozedur CROSSTABS auf Umwegen (über IF-Befehle) zwar
auch möglich, es ist aber umständlicher.
Beispiel 1 ändert sich dann wie folgt:

<u>Beispiel 3:</u>

```
MULT RESPONSE  GROUPS = BEHKNTKT   'KONTAKT MIT BEHOERDEN'
                                   (AMT1 TO AMT16 (1))

    /VARIABLES = SEX (1,2) HHGROESE (1,1o)
    /FREQUENSIES = HHGROESE
    /TABLES     = BEHKNTKT BY SEX  HHGROESE /
                  BEHKNTKT BY SEX BY HHGROESE
```

Das Format der Unterkommandos /VARIABLES=, /FREQUENCIES=
und /TABLES= ist wie bei BREAKDOWN, CROSSTABS oder anderen
Prozeduren.

Das allgemeine Format der MULT RESPONSE-Anweisung ist:

```
MULT RESPONSE [GROUPS =  groupname [  ' etikett ' ]
                                  <     wert     >
                    (itemliste  ( < wert1,wert2 > ) )

                          [ groupname ...... ]           ]


                         < LO,HI >
[ / VARIABLES = varliste ( <min,max> )     [ varliste .... ]]
[ / FREQUENCIES = itemliste]
[ / TABLES = itemliste BY itemliste   [ BY ...]  [(PAIRED)]
                [ / itemliste BY .... ]]


OPTIONS  ≠liste
STATISTICS ≠liste
```

                                              <   wert   >
GROUPS-groupname 'etikett' (itemliste(<wert1,wert2>)):

    Spezifikation eines Namens für die Gruppenvariable; eine
Etikettierung dieser Variable ist ebenfalls möglich. Dahinter sind in runden Klammern alle Einzel-Variablen aufzulisten, die für die Sammelauswertung in Frage kommen.
Die Einzelvariablen müssen ganzzahlig sein. Anschließend
ist bei mehrfachen Dichotomien der Wert anzugeben, für
den eine Auszählung erfolgen soll; bei Mehrfachnennungen
im Reihungsformat muß statt eines Wertes die Unter- und
Obergrenze des Klassifikations-Schemas genannt werden.
Diese Angaben müssen wiederum in Klammern erfolgen, und
zwar mit der "itemliste" verschachtelt.

                         < LO,HI >
/VARIABLES-varliste (<min,max>):

    Spezifikation der Variablen wie üblich (auch mit TO); in
Klammern werden der niedrigste und der höchste Wert der
gewünschten Variablen (oder die Kennwörter LOEWEST bzw.
LO, HIGHEST bzw. HI) angegeben. Bei Dezimalzahlen werden alle Stellen nach dem Komma gekappt. Hier dürfen
auch Einzelvariablen aufgeführt werden, die bereits auf
der Itemliste der Gruppenvariablen enthalten waren. Dies
ist sogar notwendig, wenn sie später auf der /FREQUENCIES-
oder der /TABLES-Anweisung erscheinen sollen.

/FREQUENCIES=itemliste:

    Spezifikation der (Gruppen-) Variablen, für welche Häufig-
keitstabellen angefordert werden; die Nennung von Einzelvariablen ist ebenfalls möglich, wenn sie vorher auf dem
/VARIABLES-Unterkommando angegeben wurden. Das Kennwort
TO ist gültig, bezieht sich jedoch auf die Reihenfolge
der auf dem /GROUPS- bzw. dem /VARIABLES-Unterkommando
genannten Variablen. Gruppen- und Einzelvariablen dürfen
nicht durch ein TO verknüpft sein.

/TABLES=itemliste BY itemliste BY ... :

Spezifikation der gewünschten Kreuz-Tabelle(n) analog zu
BREAKDOWN; die erste Itemliste bezeichnet die abhängigen
Variablen, deren Kategorien zeilenweise am linken Spal-
tenrand abgetragen werden. Die zweite Itemliste enthält
unabhängige Variablen; ihre Kategorien erscheinen spaltenweise im Kopf der Tabelle. Für mehrdimensionale Tabellen wird jeweils nach einem weiteren BY-Befehl eine Itemliste mit den gewünschten Kontrollvariablen eingegeben.
Maximal sind fünf Dimensionen (bzw. vier By-Kommandos)
möglich. Nach einem Schrägstrich sind weitere Tabellen
wie oben spezifisierbar.

(PAIRED):

Die oben beschriebene Voreinstellung liefert in den meisten Situationen sinnvolle Kreuztabellen, nicht jedoch
wenn zwei Gruppenvariablen im Reihenformat miteinander
kreuztabelliert werden sollen und wenn jedem Item der
einen Gruppenvariablen ein Item der anderen Gruppenvariablen entspricht. In solchen Situationen ist am Ende der
Tabellenspezifikation das Kennwort "PAIRED" in Klammern
anzufügen, da es sonst zu unerwünschten Doppelzählungen
kommen kann (vgl. UG: 21.1o).

OPTIONS ≠liste:

Fehlwerte (Voreinstellung):
Fälle mit Fehlwerten in der gewünschten Tabelle werden
von den Berechnungen ebenso ausgeschlossen, wie Fälle mit
Kodes außerhalb der auf den GROUPS- oder /VARIABLES-Unter-
kommandos definierten Wertebereiche. Bei mehrfachen Dichotomien sind auch die Fälle ausgeschlossen, bei denen der
auf dem GROUPS-Unterkommando spezifizierte Wert nicht vorkommt. In unserem Beispiel wären dies alle Personen, die
mit keiner Behörde Kontakt hatten. Abweichend von dieser
Regelung sind die folgenden Optionen möglich:

1 Einschluß der vom Benutzer (nicht vom System!) definierten Fehlwerte, wenn sie innerhalb der auf den
   GROUPS- oder /VARIABLES- Unterkommandos definierten
   Wertebereiche liegen.
2 Ausschluß der Fälle mit einem (oder mehreren) Fehlwert
   (en) bei den dichotomen Einzelitems einer Gruppenvariablen.
3 Ausschluß der Fälle mit einem (mehreren) Fehlwert(en)
   bei Einzelheiten einer Gruppenvariablen im Reihungsformat.

Etiketten
4 Werte-Etiketten werden nur bei Gruppenvariablen ausgedruckt, die aus Mehrfach-Dichotomien gebildet wurden,
   nicht aber für Gruppenvariablen aus Mehrfachnennungen
   im Reihungsformat oder für Einzelvariablen.

Prozent-Werte
5 Prozentwerte und Summenangaben (siehe STATISTICS-
   Befehl) basieren nicht auf der Zahl der Fälle ("res-
   pondents"), sondern auf der Zahl der Nennungen ("res-
   ponses").

Format der Druckausgabe
6 Ausgabe im Format 8,5 * 11 Zoll, d.h. mit bis zu 75
   Zeichen pro Zeile.
7 Ausgabe der Häufigkeitsauszählung in platzsparender
   Form.
8 Ausgabe der Häufigkeitsauszählung in platzsparender
   Form nur dann, wenn Einzel- oder Gruppenvariablen
   mehr als 2o Kategorien aufweisen.

STATISTICS ≠liste :

   Ohne eine entsprechende Angabe enthalten die erstellten

   Kreuztabellen nur absolute Häufigkeiten. Zusätzlich kann

   man anfordern (siehe auch OPTION 5) :

   1 zeilenweise berechnete Prozentwerte.
   2 spaltenweise berechnete Prozentwerte.
   3 Prozentwerte auf die Gesamtzahl der kreuztabellierten
      Einheiten bezogen.

Eine andere, interessante Anwendungsmöglichkeit von MULT

RESPONSE ist die Generierung von Tabellen, bei denen in der

Kopfspalte und -zeile zwei oder mehr Variablen aufgeführt

werden, so daß die normalerweise in zwei oder mehr Tabellen

enthaltenen Information in einer Tabelle ausgedruckt wird.

Dafür ist allerdings auch der COUNT-Befehl notwendig, wie das folgende Beispiel illustriert:

Beispiel 4:

```
COUNT MAENNER = SEX (1)/ FRAUEN = SEX (2)/
        EINP-HH = HHGROESE (1) / ZWEIP-HH = HHGROESE (2) /
      DREIP-HH = HHGROESE (3) / VIERP-HH = HHGROESE (4) /
      MEHRP-HH = HHGROESE (5 THROUGH 2o)
MULT RESPONSE  GROUPS = BEHKNTKT 'KONTAKT MIT BEHOERDEN'
                                (AMT1 TO AMT16 (1))
      DEMOGRAF    'GESCHLECHT UND HAUSHALTSGROESSE '
          (MAENNER, FRAUEN, EINP-HH, ZWEIP-HH, DREIP-HH,
          VIERP-HH, MEHRP-HH (1)) /
      /TABLES = BEHKNTKT BY DEMOGRAF
STATISTICS 2
```

Durch den COUNT-Befehl werden die Variablen SEX und HHGROESE in sieben dichotomisierte Variablen umgeformt, und anschließend zu der Gruppenvariablen DEMOGRAF zusammengefaßt. Diese steht dann als unabhängige Variable im Kopf der Tabelle und besteht aus insgesamt sieben Spalten.

11.4 Zwei- und mehrdimensionale Kreuztabellen: CROSSTABS

Das neben FREQUENCIES am häufigsten eingesetzte statistische
Unterprogramm ist CROSSTABS. Es dient vor allem der Erstellung
mehrdimensionaler Kreuz- oder "Kontingenz"-Tabellen. Es eignet
sich sowohl für diskrete numerische als auch alphanumerische
Variablen mit nicht allzu vielen Merkmalsausprägungen. Entsprechend kann es (wie FREQUENCIES oder BREAKDOWN) im Ganz-
zahl- oder im allgemeinen Modus arbeiten. Im Ganzzahl-Modus
können maximal achtdimensionale Tabellen erstellt, d.h. bis
zu sieben unabhängige bzw. Kontroll-Variablen verarbeitet werden; im allgemeinen Modus sind bis zu zehn Dimensionen spezi-
fizierbar.

Das Format der generierten Tabellen gleicht den mit Hilfe von
BREAKDOWN oder MULT RESPONSE erstellten Tabellen. Im Gegensatz
zu BREAKDOWN enthalten die Zellen jedoch keine Mittelwerte,
sondern absolute Häufigkeiten und Prozentwerte; im Gegensatz
zu MULT RESPONSE können nur Einzelvariablen verarbeitet werden.

Beispiel 1:   (allgemeiner Modus)

        CROSSTABS FRAUROL1 TO FRAUROL6 BY SEX

Wir erhalten 6 * 1 Kreuztabellen für die sechs Einstellungsfragen zur Rolle der Frau, aufgegliedert nach dem
Geschlecht der Befragten. Der allgemeine Modus *kann* verwendet werden, wenn alle Variablen in den angeforderten
Kreuztabellen numerisch sind; er ist jedoch *notwendig*,
wenn alphanumerische Variablen darunter sind und z.B. SEX
mit "M" und "W" kodiert wurde.

Beispiel 2:   (Ganzzahl-Modus)

  CROSSTABS VARIABLES = FRAUROL1 TO FRAUROL6 (1,4) SEX (1,2)
                  RELIGION (1,3) /
      TABLES = FRAUROL 1 TO FRAUROL6 BY SEX/
            FRAUROL 1 TO FRAUROL6 BY SEX BY RELIGION/
            FRAUROL 1 TO FRAUROL6 BY RELIGION BY SEX

Zunächst werden die Wertgrenzen der untersuchten Variablen
wie bei FREQUENCIES oder BREAKDOWN definiert, danach spezifiziert man die gewünschten Kreuztabellen. Hier fordern wir zuerst die gleichen Tabellen an wie in Beispiel 1. Danach soll
jede der sechs Tabellen nach Religionszugehörigkeit weiter
aufgegliedert werden; wir erhalten somit 18 weitere Tabellen.
Die im Prinzip gleiche Information erhalten wir auch durch
die letzte Tabellenanweisung, nur werden hier die Einstellungsfragen zuerst nach Religionszugehörigkeit aufgegliedert
und dann nach dem Geschlecht. Durch diese Spezifikation entstehen nur 12 Kreuztabellen.

<u>allgemeines Format</u>   (allgemeiner Modus)

```
   CROSSTABS        abh.varliste  BY  unabh.varliste [BY ...]
   OPTIONS ≠liste
   STATISTICS ≠liste
```


<u>allgemeines Format</u>   (Ganzzahl-Modus)

```
                                  < LO,HI >
   CROSSTABS  VARIABLES = varliste (<min,max>) [varliste ...]
              / TABLES = abh.varliste  BY unabh.varliste
                         [ BY  unabh.varliste ] [ BY ... ]

   OPTIONS ≠liste
   STATISTICS ≠liste
```


```
                        < LO,HI >
VARIABLES = varliste (<min,max>):
```
<u>VARIABLES = varliste (<min,max>)</u>:
    Spezifikation der Variablen wie üblich (auch mit TO oder
    ALL); in Klammern wird der niedrigste und höchste Wert
    der gewünschten Variablen (oder die Kennwörter LO, HI
    bzw. LOWEST, HIGHEST) angegeben. (Bei alphanumerischen
    Variablen entfällt das Unterkommando "VARIABLES=").

<u>TABLES = abh.varliste BY unabh.varliste [BY unabh.varliste]</u>:
    Zuerst spezifizieren wir die "abhängige(n)" Variable(n)
    bzw. die "Ziel"-Variable, für die statistische Kennzif-
    fern zu berechnen sind. Nach dem Kennwort "BY" folgen die
    "unabhängige(n) Variable(n) zur weiteren Untergliederung
    der Fälle.

Für mehrdimensionale Untergliederungen gibt man nach weiteren "BY"-Kennwörtern die Namen der gewünschten Kontroll-Variablen an. Maximal sind acht Dimensionen (bzw. sieben BY-Kommandos) zulässig.

Zur leichteren Erstellung von Variablen-Listen ist auch hier die Verwendung der TO-Konvention gestattet. Im allgemeinen Modus bezieht sich SPSS-X auf die Reihenfolge der Variablen im Aktiv-File, im Ganzzahl-Modus auf die beim Unterkommando "VARIABLES=" angegebene Reihenfolge.

OPTIONS ≠liste:

Fehlwerte (Voreinstellung):

Fälle mit Fehlwerten in einer gewünschten Tabellenliste werden ausgeschlossen. Die nach einem Schrägstrich zusätzlich gewünschten Tabellen werden in dieser Hinsicht separat betrachtet. Alternativ dazu gibt es Option 1 und -- im Ganzzahl-Modus -- Option 7.

1 Einschluß der vom Benutzer (nicht vom System!) definierten Fehlwerte in die Tabelle und bei der Berechnung der Assoziationsmaße; die Fehlwerte müssen in dem auf dem VARIABLES-Unterkommando angegebenen Wertebereich ("min,max") enthalten sein.
7 (Nur im Ganzzahl-Modus): Einschluß der Fälle mit Fehlwerten in die Tabelle in entsprechend gekennzeichnete Spalten oder Zeilen; von der Berechnung statistischer Kennziffern sind sie jedoch ausgeschlossen.

Index:
9 Ausgabe eines Registers der ausgedruckten Tabellen mit Seitenangabe.

zum Format:
2 Keine Ausgabe von Etiketten.
6 Ausgabe der Etiketten für Variablen, nicht aber für Werte.
8 Ausgabe der Zeilenvariablen in umgekehrter Reihenfolge, d.h. von den höchsten zu den niedrigsten Werten. Die Reihenfolge der Spalten bleibt davon unberührt.
12 Keine Ausgabe der Tabellen; ausgedruckt werden nur statistische Maßzahlen; bei Verwendung der Optionen 1o und 11 wird auch die BCD-Ausgabe erstellt.

Zelleninhalt:
3 Ausgabe der auf die Zeilensumme bezogenen, relativen Häufigkeiten (Prozentwerte).

4 Ausgabe der auf die Spaltensumme bezogenen, relativen
   Häufigkeiten (Prozentwerte).
5 Ausgabe der relativen Häufigkeiten (Prozentwerte) be-
   zogen auf die Gesamtzahl aller Fälle in der jeweiligen
   (Unter-)Tabelle.
13 Keine Ausgabe der absoluten Häufigkeiten in den Zellen.
14 Ausgabe erwarteter Häufigkeiten (Indifferenztabelle).
15 Ausgabe der Residualhäufigkeiten (beobachtete minus
   erwartete Häufigkeiten).
16 Ausgabe standardisierter Residualhäufigkeiten.
17 Ausgabe angepaßter standardisierter Residualhäufigkeiten.
18 Ausgabe aller verfügbarer Informationen zu den einzelnen Zellen: Häufigkeiten, Zeilen-, Spalten-, Ge-
   samt-Prozente, erwartete Häufigkeiten und alle Residualhäufigkeiten.

maschinenlesbare Ausgabe:

Für die Optionen 1o oder 11 ist zusätzlich eine FILE HAND-
LE und eine PROCEDURE OUTPUT-Anweisung notwendig (für
Details siehe UG: 2o.15 - 2o.17).

1o Für jede nicht-leere Zelle wird ein logischer Satz mit
    den Werten der Ausprägungen und den beobachteten ab-
    soluten Häufigkeiten erstellt.
11 (Nur im Ganzzahl-Modus): Für alle Zellen wird ein lo-
    gischer Satz mit den Kodes der Ausprägungen und den
    beobachteten absoluten Häufigkeiten erstellt.

STATISTICS ≠liste:

1 Chi-Quadrat. Bei weniger als 2o Fällen in einer 2*2
   Tabelle wird Fischers exakter Test durchgeführt. Für
   größere Tabellen erfolgt die Yates-Korrektur.
2 Phi-Koeffizient für 2*2 Tabellen, bzw. Cramers V für
   größere Tabellen.
3 Kontingenz-Koeffizient.
4 Symmetrisches und asymmetrisches Lambda.
5 Symmetrischer und asymmetrischer Unsicherheits-
   koeffizient.
6 Kendalls tau-b.
7 Kendalls tau-c.
8 Gamma. Zusätzlich werden im Ganzzahl-Modus partielle
   Gammas für drei- bis achtdimensionale Tabellen berechnet, im allgemeinen Modus für bis zu zehndimen-
   sionale Tabellen.
9 Somers d, symmetrisch und asymmetrisch.
1o Eta (nur im Ganzzahl-Modus).
11 Pearsons r (nur im Ganzzahl-Modus).

11.5 Deskriptive Maßzahlen für Untergruppen mit BREAKDOWN

Dieses Verfahren zerlegt die Gesamtheit der verfügbaren Fälle
an Hand einer (oder mehrerer) diskreten Kontroll-Variablen in
Untergruppen und berechnet für sie das arithmetische Mittel
oder die Varianz der angegebenen, metrischen Zielvariablen.
Dadurch ergibt sich eine einfache Möglichkeit, t-Tests und
einfaktorielle Varianzanalysen durchzuführen, und man erspart sich u.U. den Rückgriff auf die Prozeduren T-TEST, ONE-
WAY oder ANOVA.

Wie bei FREQUENCIES gibt es auch bei BREAKDOWN einen allgemeinen und einen Ganzzahl-Modus. Spezielle Wünsche sind
-- wie bei CONDENSCRIPTIVE -- auf separaten OPTIONS- und/oder
STATISTICS-Befehlen anzugeben:

Beispiel 1:   (allgemeiner Modus)

```
BREAKDOWN  TABELS = FRAUROL1 TO FRAUROL6 BY SEX
                  / EINKOMEN BY SEX BY RELIGION
```

Zuerst werden für jedes Einstellungs-Item (FRAUROL1 bis
FRAUROL6) Mittelwerte, Standardabweichungen, Varianzen
und Summen berechnet, und zwar getrennt für Männer und
Frauen.
Die gleichen Kennziffern werden anschließend für EIN-
KOMEN angefordert, und zwar zunächst für Männer und Frau-
en, und dann weiter aufgegliedert nach Religion. Wir erhalten somit u.a. das Durchschnittseinkommen für katholische Männer, evangelische Männer, Männer mit einer
anderen (oder keiner) Konfession, katholische Frauen usw.
Eine Aufgliederung des Einkommens nur nach Konfession,
d.h. ohne Berücksichtigung des Geschlechts erfolgt bei
dieser Anordnung der unabhängigen Variablen nicht.
Der allgemeine Modus ist notwendig, wenn eine der untersuchten Variablen alphanumerisch ist, wenn also z.B. SEX
oder RELIGION mit "M" und "W" bzw. "RK", "EV" oder "S"
kodiert wurde.

<u>Beispiel 2:</u>   (Ganzzahl-Modus)

```
BREAKDOWN VARIABLES = FRAUROL1 TO FRAUROL6 (1,4) SEX (1,2)
                      EINKOMEN (LO, HI) RELIGION (1,3)
            / TABELS = FRAUROL1 TO FRAUROL6 BY SEX
                   / EINKOMEN BY SEX BY RELIGION
STATISTICS 1
```

Hier geschieht im wesentlichen das gleiche wie oben, nur
wurden aus Gründen der COMPUTER-Ökonomie die Grenzwerte der
Variablen angegeben. Die STATISTICS-Anweisung verlangt einfaktorielle Varianz-Analysen. Bei EINKOMEN wird diese Analyse nur für EINKOMEN BY SEX durchgeführt.

<u>allgemeines Format:</u>   (Ganzzahl-Modus)

```
                                      <( LO,HI )>
    BREAKDOWN VARIABLES =   varliste  <(min,max)>
                                      <( LO,HI )>
                      [varliste  <(min,max)>] [ ... ]

        <   TABELS   >
      / <CROSSBREAK> = abh.varliste BY unabh.varliste
                               [BY unabh.varliste]
                               [BY ...            ]
                     [ / abh.varliste BY unabh.varliste...]

    OPTIONS  #liste
    STATISTICS  #liste
```


<u>allgemeines Format:</u>   (allgemeiner Modus)

```
    BREAKDOWN  [TABLES = ] abh.varliste BY unabh.varliste
                                  [BY unabh.varliste]
                                  [BY ...            ]
                   [ / abh.varliste BY unabh.varliste
                                  ...               ]

    OPTIONS  #liste
    STATISTICS  #liste
```


```
                   <( LO,HI )>
VARIABLES = varliste <(min,max)>:
```
   Auflistung der für die Analyse benötigten Variablen (wie
   üblich auch mit TO oder ALL); in Klammern erscheint der
   niedrigste und höchste Wert unter den angegebenen Variablen (oder die Kennwörter LOWEST, HIGHEST, LO bzw. HI).
   Im allgemeinen Modus entfällt dieses Unterkommando ganz.

< TABLES >
/<CROSSBREAK>= :

Im allgemeinen Modus steht CROSSBREAK nicht zur Verfügung
und die Angabe "TABLES=" kann entfallen. Im Ganzzahl-
Modus muß entweder "/TABLES" <u>oder</u> "/CROSSBREAK" angegeben
werden. Bei /TABLES werden arithmetisches Mittel, Standardabweichung, Varianz, Summe und Fallzahl für die einzelnen Gruppen zeilenweise ausgedruckt; bei /CROSSBREAK
erscheinen sie im Format einer Kreuztabelle. Das Kommando
STATISTICS ist nur in Verbindung mit "TABLES" zulässig.

<u>abh.varliste BY unabh.varliste BY unabh.varliste BY ...</u> :

Zuerst spezifizieren wir die "abhängige(n)" bzw. die
"Ziel"-Variable(n), für die statistische Kennziffern angefordert werden. Nach dem Kennwort "BY" führen wir die
"unabhängige(n)" Variable(n) auf, nach denen eine erste
Untergliederung der Fälle erfolgt. Die gewünschten Maßzahlen zur Beschreibung der Variablen der "dep. varliste"
werden dann für jede der so entstandenen Untergruppen
berechnet.
Für dreidimensionale Untergliederungen folgen nach einem
weiteren "BY" die Namen der gewünschten Kontroll-Variablen. So werden Maßzahlen für schrittweise weiter differenzierte Untergruppen berechnet. Maximal sind sechs
solche Dimensionen (bzw. fünf BY-Kommandos) zulässig.

Zur leichteren Erstellung von Variablenlisten gilt auch
hier die TO-Konvention. Im allgemeinen Modus bezieht sich
SPSS-X dabei auf die Reihenfolge der Variablen im Aktiv-
File; im Ganzzahl-Modus auf die beim Unterkommando "Varia-
ble=" angegebene Reihenfolge.

<u>OPTIONS ≠liste</u>:

<u>Fehlwerte</u> (Voreinstellung):
Fälle mit Fehlwerten bei der abhängigen oder unabhängigen
Variablen werden ausgeschlossen. Die auf einer TABLES-
oder CROSSBREAK-Anweisung nach einem Schrägstrich zusätzlich gewünschten Tabellen werden in dieser Hinsicht sepa-

rat betrachtet.
Alternativ dazu gibt es Option 1 und 2 .

1   Einschluß der vom Benutzer (nicht vom System !) defi-
    nierten Fehlwerte bei der Berechnung der Maßzahlen.
2   Ausschuß lediglich der Fälle mit einem Fehlwert bei
    der Zielvariablen; vom Benutzer definierte Fehlwerte
    werden wie gültige Werte behandelt.

zum Format:
3   Keine Ausgabe von Etiketten.
4   Nur im allgemeinen Modus: Ausgabe der Tabellen im For-
    mat eines Baumdiagramms.

nur für CROSSBREAK:
5   Keine Fallzahlen in den Zellen der Tabelle.
6   Keine Summen in den Zellen der Tabelle.
7   Keine Standardabweichung in den Zellen der Tabelle.
8   Keine Etiketten für Merkmalsausprägungen.

STATISTICS ≠liste:

(nicht gültig in Verbindung mit CROSSBREAK)

1   Standard-Tabelle für einfaktorielle Varianz-Analysen;
    zusätzliche Berechnung von ETA und ETA^2.
2   Nur zulässig, wenn alle unabhängigen Variablen nume-
    risch sind und STATISTIC 1 verlangt wurde: Linearitäts-
    test mit Berechnung der linearen und nicht-linearen
    Varianzanteile, der Freiheitsgrade, der F-Ratio,
    Pearsons r und r^2.

11.6 Streudiagramme für zwei metrische Variablen mit SCATTERGRAM

Zur Beschreibung bivariater Zusammenhänge bietet sich bei intervallskalierten Daten mit relativ vielen Merkmalsausprägungen als Alternative zu Kreuztabellen die Erstellung von Streudiagrammen an. Statt CROSSTABS verwenden wir dann die Prozedur SCATTERGRAM.

Eine Variable wird entlang der X-Achse eines Koordinatenkreuzes abgetragen, die andere entlang der Y-Achse. Jeder Punkt ("*") in einem der Quadranten repräsentiert dann die Kombination der Merkmalsausprägungen eines Falles für diese beiden Variablen. Haben mehrere Fälle die gleiche Ausprägungskombination, erscheint statt des Asterisks ("*") die entsprechende Häufigkeit in das Streudiagramm eingetragen; sind es mehr als acht Fälle, wird eine "9" gedruckt.

SCATTERGRAM kann zugleich die Koeffizienten für eine einfache (bivariate) Korrelations- bzw. Regressionsanalyse berechnen; man benötigt dafür also nicht zusätzlich noch die Prozeduren PEARSON CORR bzw. REGRESSION.

SCATTERGRAM erstellt ein Streudiagramm für je ein Variablenpaar. Zusätzlich kann man durch OPTIONS- und STATISTICS-Anweisungen die Skalierung der beiden Achsen, die Behandlung der Fälle mit Fehlwerten etc. steuern.

Beispiel:

```
SCATTERGRAM   VAR1 TO VAR25 /
              SHULJARE IQ ALTER WITH EINKOMEN
OPTIONS       4, 7
STATISTICS    ALL
```

Zuerst werden alle 25 Variablen paarweise "geplottet", d.h. jede mit jeder anderen. Zusammen ergibt dies 25 * 24 : 2 = 3oo Streudiagramme. Danach werden drei weitere Streudiagramme angefordert, und zwar SHULJARE mit EIN-

KOMEN, IQ mit EINKOMEN und ALTER mit EINKOMEN.

Das Streudiagramm besteht aus 51 vertikalen und 1o1 horizon-
talen Einheiten. Jedes Diagramm wird auf eine Seite mit 55
Zeilen gedruckt und ist von dem Parameter PAGESIZE des SET-
Kommandos unabhängig. Das allgemeine Format der SCATTERGRAM-
Anweisung ist wie folgt:

```
                          < LO,HI >
   SCATTERGRAM varname  [ (<min,max>) ]   [ varname ..... ]

                          LO,HI
      [ WITH varname   [ ( min,max ) ]   [ varname ..... ] ]

         [ / varname   .....   ]


   OPTIONS ≠liste
   STATISTICS ≠liste
```

$$\underline{\text{varname } (<\text{min,max}>) \overset{<\,LO,HI\,>}{} [\text{ WITH }] \text{ varname } (<\text{min,max}>) \overset{<\,LO,HI\,>}{} :}$$

varname (<min,max>) [WITH] varname (<min,max>) :
   Die Spezifikation der gewünschten Diagramme kann mit oder
   ohne das Kennwort WITH erfolgen. Ohne WITH wird jede Variable mit jeder anderen Variablen dieser Liste "geplottet". Mit WITH wird jede Variable davor nur mit jeder anderen Variablen hinter dem WITH "geplottet", d.h. die
   Variablen vor dem WITH werden ebensowenig gegeneinander
   geplottet wie die Variablen hinter dem WITH.

   Die beobachteten Werte bestimmen die Skalierung der beiden Achsen; sie kann durch Angabe bestimmter "min"- bzw.
   "max"-Werte jedoch vom Benutzer gesteuert werden. Fälle
   außerhalb dieses Wertebereichs werden nicht geplottet und
   gehen auch nicht in die evtl. berechneten Maßzahlen ein.

OPTIONS ≠liste:

   Fehlwerte (Voreinstellung):
   Fälle mit Fehlwerten bei einer der zu plottenden Variablen werden ausgeschlossen; dabei wird jedes Streudiagramm für sich betrachtet. Alternativ dazu gibt es die
   Optionen 1 und 2.

1 Einschluß der vom Benutzer (nicht vom System !) definierten Fehlwerte im Streudiagramm und bei der Berechnung statistischer Maßzahlen.
2 "Listenweiser" Ausschlüß aller Fälle, die nicht bei
  allen, in einer Liste genannten Variablen gültige Werte
  besitzen. Jede Liste nach einem Schrägstrich wird in
  dieser Hinsicht separat betrachtet.

zum Format:
3 Keine Ausgabe der Variablen-Etiketten.
4 Keine Einfügung zusätzlicher horizontaler und vertika-
   ler Einteilungslinien.
5 Einfügung diagonaler Einteilungslinien.
6 Zweiseitige Signifikanztest für Pearsons r.
7 Automatische Ganzzahl-Skalierung nur möglich, wenn
   kein Wertbereich "(min,max)" angegeben wurde. Damit
   wird sichergestellt, daß bei der Randbeschriftung nur
   ganzzahlige Werte auftreten. Die Tatsache, daß Daten
   nur ganzzahlig sind, garantiert keine ganzzahlige Randbeschriftung, da dieses Programm die Spannweite der
   Beobachtungswerte zur Skalierung der Y-Achse durch 1o
   teilt und die zur Skalierung der X-Achse durch 2o.
8 Falls der verfügbare Speicherplatz nicht ausreicht,
   wird eine einfache Zufallsstichprobe der Untersuchungseinheiten geplottet.

STATISTICS ≠liste:

  1 Pearsons r.
  2 r^2
  3 Das Signifikanzniveau des Korrelationskoeffizienten r.
  4 Standard-Schätzfehler.
  5 Schnittpunkt der Regressionsgeraden mit der Y-Achse.
  6 Steigung der Regressionsgeraden (b).
ALL Alle der obengenannten statistischen Kennziffern.

11.7 Bivariate Korrelationen zwischen metrischen Skalen: PEARSON CORR

Dieses Unterprogramm berechnet für metrische Variablen Pearson'sche Produkt-Moment-Korrelations-Koeffizienten (r) und ihre Irrtumswahrscheinlichkeiten. Daneben kann man einige univariate statistische Kennziffern, die Kovarianz und die Summe der Abweichungsprodukte berechnen. Diese Maßzahlen und Korrelationsmatritzen werden auch von anderen Prozeduren berechnet, z.B. von SCATTERGRAM, PARTIAL CORR, REGRESSION, DISCRIMINANT und FACTOR.

Der Korrelationskoeffizient r gilt im allgemeinen als geeignetes Maß zur Charakterisierung zweiseitiger Beziehungen, wenn keine der beiden Variablen zur Vorhersage der anderen herangezogen und kein "kausaler" Zusammenhang unterstellt wird. Ist die Beziehung dagegen einseitig und wird ein Merkmal eindeutig als abhängige und das andere als unabhängige Variable betrachtet, ist bei metrischen Variablen die Berechnung des Koeffizienten b bzw. BETA vorzuziehen.

Das Format der PEARSON CORR-Anweisung gleicht dem des Unterprogramms SCATTERGRAM:

Beispiel:

```
PEARSON CORR   VAR1 TO VAR25 /
               SHULJARE IQ  ALTER WITH EINKOMEN
OPTIONS        3
STATISTICS     1
```

Zuerst werden fünfundzwanzig Variablen miteinander korreliert, dann SHULJARE mit EINKOMEN, IQ mit EINKOMEN und schließlich ALTER mit EINKOMEN. Für jedes r wird ein zweiseitiger Signifikanztest durchgeführt (auch wenn Option 3 nicht besonders sinnvoll erscheint). Schließlich werden für alle Variablen die Mittelwerte und Standardabweichungen ausgedruckt.

Kann ein Koeffizient nicht berechnet werden (z.B. weil
eine Variable keine Streuung oder nur Fehlwerte aufweist),
wird der Wert 99.oooo eingesetzt.

allgemeines Format:

```
PEARSON CORR  varliste [ WITH  varliste ] [/ varliste...]
OPTIONS #liste
STATISTICS #liste
```

varliste [WITH varliste] :

Angabe der Variablen wie üblich, auch mit dem Kennwort TO.
Die Spezifikation der gewünschten "Kreuzungen" kann mit
oder ohne das Kennwort WITH erfolgen. Ohne WITH wird jede
Variable mit jeder anderen dieser Liste korreliert. Mit
dem Kennwort WITH wird jede Variable vor dem WITH nur mit
jeder anderen Variablen hinter dem WITH korreliert, d.h.
die Variablen vor und hinter dem WITH werden untereinander
nicht korreliert. Nach einem Schrägstrich können weitere
Korrelationslisten spezifiziert werden.

OPTIONS #liste:

Fehlwerte (Voreinstellung):

paarweiser Ausschluß, d.h. Fälle mit Fehlwerten bei einem
Variablen-Paar werden ausgeschlossen. Dies führt zwar zu
einer maximalen Nutzung der verfügbaren Daten, aber auch
dazu, daß die Koeffizienten meist auf unterschiedlichen
Fallzahlen basieren. Alternativ dazu gibt es die Optionen
1 und 2.

1 Einschluß der vom Benutzer (nicht vom System !) definierten Fehlwerte bei der Berechnung der statistischen
   Maßzahlen.
2 "Listenweiser" Ausschluß aller Fälle, die nicht bei
   allen, auf einer Liste genannten Variablen gültige
   Werte besitzen. Nach einem Schrägstrich evtl. folgende
   Variablenlisten werden separat betrachtet.

Zusatzinformation:
   Zweiseitiger Signifikanztest für jeden Koeffizienten.
   Voreinstellung: einseitiger Signifikanztest.

<u>maschinenlesbare Ausgabe</u>:
   Hierfür sind zusätzlich eine FILE HANDLE und eine PRO-
   CEDURE OUTPUT-Anweisung notwendig.
4 Ausgabe der Korrelationskoeffizienten und Fallzahlen
   in der Form zweier Matritzen entsprechend der spezifizierten Variablenliste. Bei dieser Option ist das Kennwort WITH nicht zulässig. (Für Details siehe UG: 31.8).

<u>Format</u>:
5 Keine Ausgabe der für die Berechnung des jeweiligen
   Koeffizienten herangezogenen Fallzahl und keine Ausgabe
   des Signifikanz-Niveaus. Signifikante Koeffizienten
   werden durch "*" (alpha <= o.o1) oder "**" (alpha
   <= o.oo1) gekennzeichnet. Damit wird eine komprimierte
   Ausgabe der Koeffizienten ermöglicht.
6 Ausgabe der Koeffizienten (einschließlich der Fallzahlen und Irrtumswahrscheinlichkeiten) nicht in Matrix-
   Form, sondern reihenweise und ohne die redundanten
   Werte.

<u>STATISTICS #liste</u>:

1 Für jede Variable werden das arithmetische Mittel, die
   Standardabweichung und die Zahl der gültigen Beobachtungen angegeben. Fehlwerte bleiben unberücksichtigt,
   gleichgültig wie sie bei der Berechnung der Korrelationskoeffizienten behandelt werden.
2 Für jedes Variablenpaar wird die "Kovariation" (Summe
   der Abweichungsprodukte) und die Kovarianz ausgedruckt.
   Diese Maßzahlen beruhen auf der gleichen Fallzahl wie
   die Korrelationskoeffizienten.

11.8 Partielle Korrelationen zwischen metrischen Skalen: PARTIAL CORR

Auch dieses Unterprogramm berechnet Pearson'sche Produkt-Moment-Korrelationskoeffizienten (r). Im Gegensatz zu der Prozedur PEARSON CORR ist es hier jedoch möglich (und notwendig), den Einfluß von Drittvariablen Z1, Z2 ... auf die Korrelation zwischen zwei anderen Variablen X und Y statistisch auszuschalten. Insofern ist diese Prozedur eine wichtige Ergänzung des Unterprogramms PEARSON CORR.

Auch der partielle Korrelationskoeffizient r ist ein Maß zur Charakterisierung zweiseitiger Beziehungen, wenn keine der beiden Variablen zur Vorhersage der anderen herangezogen und kein "kausaler" Zusammenhang unterstellt wird. Ist die Beziehung dagegen einseitig und wird ein Merkmal eindeutig als abhängige und das andere als unabhängige Variable betrachtet, ist bei metrischen Variablen die Berechnung des Koeffizienten b bzw. BETA vorzuziehen.

Mit dieser Prozedur lassen sich außerdem Signifikanztests durchführen und eine Reihe weiterer Maßzahlen berechnen. PARTIAL CORR liest auch Korrelationsmatrizen (die z.B. von PEARSON CORR, REGRESSION, FACTOR oder DISCRIMINANT erzeugt wurden) oder schreibt die berechneten partiellen Korrelations-Koeffizienten in eine Datei, auf die andere Unterprogramme zugreifen können.

Beispiel:

```
PARTIAL CORR   V1  TO  V3  BY  VARA VARB (1)
             / V1 WITH V5  BY  VARA VARB (1,2)
             / VARA  VARB  BY  V1 TO V5  (1,2,5)

OPTION 3
STATISTICS 1, 2
```

Zuerst werden drei partielle r's "erster Ordnung" zwischen den Variablen V1-V2, V1-V3 und V2-V3 berechnet

mit VARA als Kontrollvariable; danach werden die gleichen Partial-Koeffizienten noch einmal berechnet, wobei
VARB konstant gehalten wird.

Die zweite Anweisung verlangt zwei partielle r's erster
Ordnung zwischen V1 und V5 (wobei einmal VARA und einmal
VARB gehalten wird) und ein partielles r zweiter Ordnung
(wobei der Einfluß von VARA und VARB auf die Beziehung
zwischen V1 und V5 kontrolliert wird).

Die dritte Anweisung bewirkt, daß die Beziehung zwischen
VARA und VARB von den Störeinflüssen der Variablen V1,
V2, V3, V4 und V5 befreit werden. Wir erhalten zunächst
fünf partielle r's erster Ordnung mit jeweils V1, V2, V3,
V4 oder V5 als Kontrollvariablen; danach wird die Beziehung zwischen VARA und VARB vom gleichzeitigen Einfluß
der Variablen V1-V2, V1-V3, ... V4-V5 befreit, d.h. wir
erhalten 1o partielle r's zweiter Ordnung: zuletzt wird
ein partielles r fünfter Ordnung berechnet, wobei gleichzeitig der Einfluß von V1, V2, V3, V4 und V5 konstant
gehalten wird.

Die OPTIONS-Anweisung verlangt zweiseitige Signifikanztests und die STATISTICS-Anweisung "einfache" Korrelationskoeffizienten ("nullter Ordnung"), Freiheitsgrade,
Irrtumswahrscheinlichkeiten, Mittelwerte und Standardabweichungen.

Das allgemeine Format der PARTIAL CORR-Anweisung ist wie
folgt:

    PARTIAL CORR varliste [WITH varliste] BY kontrliste (werte)
    OPTIONS #liste
    STATISTICS #liste

varliste [WITH varliste] BY kontrliste:

    Angabe der Variablen wie üblich, auch mit dem Kennwort
    TO. Die Liste bis zu dem Kennwort BY gibt an, für welche
    Beziehungen partielle Korrelations-Koeffizienten zu be-
    rechnen sind. Die Spezifikation dieser Liste kann mit
    oder ohne das Kennwort WITH erfolgen. Ohne WITH wird

jede Variable mit jeder anderen Variablen dieser Liste
korreliert. Mit WITH wird jede Variable davor mit jeder
Variablen dahinter korreliert, d.h. die Variablen vor
dem WITH werden ebensowenig miteinander korreliert wie
die Variablen hinter dem WITH.

Hinter dem (obligatorischen) Kennwort BY stehen alle
Variablen, deren Einfluß auf alle vorher spezifizierten
Beziehungen statistisch konstant gehalten werden soll.
Ob die Variablen (maximal 1oo) dieser "Kontroll-Liste"
allein oder gleichzeitig mit anderen Variablen konstant
gehalten werden, wird durch die nachfolgenden "(werte)"-
Parameter bestimmt.

<u>(werte)</u>:

Die Angabe zumindest eines, in Klammern gesetzten Ord-
nungswertes ist obligatorisch; bei "(1)" wird jeweils
<u>eine</u> Kontrollvariable konstant gehalten, bei "(2)" sind
es alle möglichen, paarweisen Kombinationen der Variablen auf der Kontroll-Liste usw. Der größtmögliche Ordnungswert ist 5.

Es können auch mehrere (ganzzahlige) Werte aufgeführt
werden; dadurch werden in einem Kommando für jede Beziehung mehrere Partialkoeffizienten unterschiedlicher Ordnung angefordert. Kein Ordnungswert darf größer als 5
oder die Zahl der insgesamt zur Verfügung stehenden
Kontroll-Variablen sein.

<u>OPTIONS ≠liste</u>:

<u>Fehlwerte</u> (Voreinstellung):
Listenweiser Ausschluß aller Fälle mit einem Fehlwert
bei den in der Korrelations- oder der Kontroll-Liste aufgeführten Variablen. Damit wird sichergestellt, daß der
Berechnung der Partialkoeffizienten die gleiche Fallzahl
zu Grunde liegt. Alternativ dazu gibt es die Optionen 1
und 2.

1 Einschluß der vom Benutzer (nicht vom System !) definierten Fehlwerte.
2 Paarweiser Ausschluß der Fälle, die bei der Berechnung der "einfachen" Korrelationen (nullter Ordnung)
   einen Fehlwert aufweisen.

<u>Druckausgabe:</u>
3 Zweiseitiger Signifikanztest für die berechneten Partialkoeffizienten. Voreinstellung: einseitige Tests.
7 Keine Ausgabe der zur Berechnung des jeweiligen Koeffizienten herangezogenen Fallzahl.
   Keine Ausgabe des Signifikanz-Niveaus. Signifikante
   Koeffizienten werden durch ein "*" (alpha <= o.o1)
   oder "**" (alpha <= o.oo1) gekennzeichnet. Dies ermöglicht eine komprimierte Ausgabe der Koeffizienten.
8 Ausgabe der Koeffizienten (einschließlich der Freiheitsgrade und Irrtumswahrscheinlichkeiten) nicht in
   Matrix-Form, sondern reihenweise und ohne die redundanten Werte.

<u>Ein- und Ausgabe von Matrizen:</u>   (s. UG: 32.11-32.14)
4 Eingabe einer Matrix.
5 Ausgabe einer Matrix.
6 Anzeige von Zusatzinformation für die Eingabe von
   Korrelationsmatrizen.

<u>STATISTICS ≠liste:</u>

1 Ausgabe der "einfachen" Korrelationskoeffizienten mit
   den jeweiligen Freiheitsgraden und Irrtumswahrscheinlichkeiten.
2 Für jede Variable werden das arithmetische Mittel,
   die Standardabweichung und die Zahl der gültigen Beobachtungswerte ausgegeben.
3 Ausgabe der "einfachen" Korrelationskoeffizienten mit
   den jeweiligen Freiheitsgraden und Irrtumswahrscheinlichkeiten, wenn einzelne Koeffizienten nicht zu berechnen sind. (STATISTICS 1 hat Priorität.)

11.9 Asymmetrische Beziehungen zwischen metrischen Variablen: REGRESSION

Dieses Unterprogramm dient der Analyse von Beziehungen zwischen metrischen Variablen, bei denen — im Gegensatz zu PEARSON CORR oder PARTIAL CORR — *eine* Variable als abhängig bzw. von bestimmten Kausalfaktoren beeinflußt angesehen wird. Im einfachsten Fall einer asymmetrischen Beziehung wird eine Variable (Y) als abhängig und eine andere (X) als unabhängig betrachtet. Es können jedoch auch mehrere unabhängige Variablen spezifiziert und in eine den theoretischen Vorstellungen entsprechende Regressionsgleichung eingefügt werden. Falls eine kausale Abhängigkeit nicht plausibel erscheint, ist bei metrischen Variablen die Prozedur PEARSON CORR oder PARTIAL CORR vorzuziehen.

Beispiel:

```
REGRESSION  VARIABLES = EINKOMEN, ALTER, SHULJARE, SEX
            / DEPENDENT = EINKOMEN
            / ENTER
```
Hier wird versucht, EINKOMEN durch die unabhängigen Variablen ALTER, SHULJARE und SEX zu erklären bzw. vorherzusagen. Obligatorisch sind nur die Unterbefehle VARIABLES, DEPENDENT sowie (mindestens) ein Unterkommando zur Definition der Regressionsgleichung *("Method Command")*. In unserem Beispiel ist es ENTER.

Im Gegensatz zu früheren Versionen von SPSS gibt es keine ergänzenden OPTIONS- und STATISTICS-Anweisungen mehr; die entsprechenden Steueranweisungen müssen durch Unterkommandos (nach einem Schrägstrich) eingefügt werden. Daneben gibt es sehr viele andere Unterkommandos für spezielle Analyseprobleme. Deshalb hat REGRESSION ein vergleichsweise komplexes Format. Die jeweiligen Voreinstellungen reduzieren den Arbeitsaufwand zur Erstellung der notwendigen Programmanweisungen allerdings erheblich.

Die Anordnung der Unterbefehle ist nicht beliebig. SPSS-X unterscheidet sechs Gruppen von Unterkommandos, die in einer bestimmten Reihenfolge erscheinen müssen, wenn sie nicht entfallen, was bei einigen Gruppen möglich ist. Die Anordnung der einzelnen Kommandos innerhalb einer Gruppe ist beliebig.

1. "VARIABLES Subcommand Modifiers" (wahlfrei):
   Diese Unterkommandos stehen an erster Stelle und betreffen
   die Eingabe oder Definition der für die Analyse benötigten
   Variablen oder Fälle, Fehlwerte oder die angeforderten des-
   kriptiven Maßzahlen.
2. VARIABLES-Unterbefehl (obligatorisch):
   Hiermit werden die in der Regressionsanalyse untersuchten
   abhängigen oder unabhängigen Variablen aufgelistet.
3. "Equation Control Modifiers" (wahlfrei):
   Diese Unterkommandos definieren die Regressionsgleichung,
   z.B. die Kriterien des Ein- oder Ausschlusses von Variablen oder die Verschiebung des Koordinatenursprungs.
4. DEPENDENT-Unterbefehl (obligatorisch):
   Hier werden die abhängigen Variablen angegeben.
5. Selection-"Method Subcommands" (obligatorisch):
   Diese Unterbefehle bestimmen, wie die übrigen, unabhängigen
   Variablen ausgewählt und in die Regressionsgleichung einzu-
   fügen sind.
6. Analyse der Residuen (obligatorisch):
   Unterkommandos zur Analyse und graphischen Darstellung der
   Residuen.

Diese Unterkommandos können auf einer REGRESSION-Anweisung
mehrmals verwendet werden. Entscheidend ist, daß sie in der
genannten Reihenfolge erscheinen.

Bei vielen Unterkommandos dieser Prozedur können wir die Voreinstellung *aktiv* oder *passiv* bestimmen. Im ersten Fall geben
wir das Kennwort "DEFAULTS" an. Dies führt dazu, daß alle übrigen, kursiv gedruckten Parameter dieses Unterbefehls in Kraft
treten; "DEFAULTS" ist somit ein Sammelbegriff für diese Parameter. Werden weitere Parameter spezifiziert, gelten sie zusätzlich.

Im zweiten Fall verzichten wir auf eine Angabe von Kennwörtern
für diesen Unterbefehl, so daß zunächst auch alle übrigen, kursiv gedruckten Parameter dieses Unterbefehls in Kraft treten.
Die Nennung einzelner Parameter (außer "DEFAULTS") führt jedoch zur Aufhebung der passiven Voreinstellungen für das jeweilige Unterkommando und dazu, daß nur die explizit genannten
Parameter in Kraft bleiben. Auf diese Weise können wir u.a. gezielt einzelne (kursiv gedruckte) Default-Parameter auswählen
und andere unterdrücken. Etwas Analoges haben wir schon bei
der STATISTICS-Anweisung der Prozedur CONDESCRIPTIVE (vgl.
S. 214) kennengelernt.
Das allgemeine Format der REGRESSION-Anweisung ist wie folgt:

REGRESSION

VARIABLES SUBCOMMAND MODIFIERS

```
[ / READ      = <DEFAULTS> <MEAN>  <STDDEV> < CORR> ]
                < N >       <VARIANCE> < COV > <INDEX>


[ / WRITE     = <DEFAULTS> <MEAN>  <STDDEV> < CORR> ]
                < N > <VARIANCE>  <COV> <INDEX> <NONE>


[ / WIDTH     = < 132 > < n >                        ]


[ / SELECT    = < varname, relation, wert > < (ALL)>]


[ / MISSING = < LISTWISE             > < PAIRWISE >   ]
              < MEANSUBSTITUTION > < INCLUDE   >


[ / DESCRIPTIVE =        < DEFAULTS >                 ]
                  < MEAN > < STDDEV > < CORR >
                  < VARIANCE > < CORR > < SIG > < BADCORR >
                  < COV >     < XPROD > < N >    < NONE >
```
- -

VARIABLEN-SPEZIFIKATION

```
/ VARIABLES  = < varlist >  < ( COLLECT ) > < ( PREVIOUS )>
```
- -

VARIABLES SUBCOMMAND MODIFIERS

```
[ / CRITERIA   =          < DEFAULTS >                       ]
                    < (wert ) >            < (wert ) >
                < PIN < (0.05 ) > > > <POUT < ( 0.1 ) > >

                    < (wert ) >            < (wert ) >
                < FIN < ( 3.84 ) > > > <FOUT < ( 2.71 ) > >

                      < 2v  )>                  <(wert)>
                < MAXSTEPS <( n )>>< TOLERANCE <(0.01)> >


[ / STATISTICS =        < DEFAULTS >                         ]
                  <R> <ANOVA> <COEFF> <OUTS>
                  <LINE> <HISTORY> <END> <ALL> <CHA>
                  <BCOV> <  XTX  > <COND> <ZPP> <CI>
                  < SES > <  TOL  > <LABEL>< F >


[ / <NOORIGIN> <ORIGIN>                                      ]
```
- -

DEPENDENT-Unterbefehl

/ DEPENDENT = zielliste

- -

Selection Method Subcommands

```
/ < FORWARD    [ = prädliste ] >
/ < BACKWARD   [ = prädliste ] >
/ < STEPWISE   [ = prädliste ] >
/ < ENTER      [ = prädliste ] >
/ < REMOVE       = prädliste   >        [ < ... > ]
/ < TEST         =  (design) (design) ... >
```

- -

Analyse der Residuen

```
[ / RESIDUALS    =                   < DEFAULTS >                          ]
                     < SIZE          < (LARGE ) > < ( SMALL ) > >
                     < HISTOGRAM     < (ZRESID) > < (tempvar) > >
                     < NORMPROB      < (ZRESID) > < (tempvar) > >
                     < OUTLIERS      < (ZRESID) > < (tempvar) > >
                     < DURBIN >
                     < ID            < $CASENUM > < (varname) > >
                     < POOLED >      < . . . . >

[ / CASEWISE     =                   < DEFAULTS >                          ]
                     < OUTLIERS    < ( 3 ) > < ( wert ) > >
                     < PLOT        < (ZRESID) > < (tempvar) > >
                   < < DEPENDENT  PRED RESID > < varliste > >
                     < ALL >

[ / SCATTERPILOT =
                     < SIZE        < (SMALL) > < (LARGE ) > > ]
                     < (varname) (varname) >

[ / PARTIALPLOT  = < (varname) (varname)>                      ]
                     <SIZE  (plotsize)>

[ / SAVE         = < tempvar ( name ) > < . . . >              ]
```

    tempvar: PRED, ADJPRED, ZPRED, SEPRED, RESID, ZRESID,
             DRESID, SRESID, SDRESID, MAHAL, COOK

- -

1. "VARIABLES Subcommand Modifiers" (wahlfrei)

/ READ = kennwörter:

- Dieses Kommando dient dem Einlesen von Korrelationsmatrizen und ermöglicht somit Sekundäranalysen, wenn
  keine Rohdaten sondern nur Korrelationskoeffizienten
  verfügbar sind oder wenn man an einem Variablen-
  satz viele Modelle testen will, ohne (aus arbeits-
  ökonomischen Gründen) bei jedem Lauf immer wieder
  die gleichen Korrelationskoeffizienten zu berechnen.
- Zusätzlich ist eine FILE HANDLE- und eine INPUT
  MATRIX-Anweisung notwendig.
- Je nach Datenlage sind zur Beschreibung der Matrix
  die Kennwörter DEFAULTS, MEAN, STDDEV, CORR,VARIANCE,
  COV, N und INDEX verfügbar.
- Für Details siehe UG: 33.23 und 17.11 .

/ WRITE = kennwörter:

- Dieses Kommando schreibt Korrelationsmatrizen heraus,
  die man mit /READ später wieder einlesen kann.
- Zusätzlich ist eine FILE HANDLE- und eine PROCEDURE-
  OUTPUT-Anweisung notwendig.
- Die Kennwörter DEFAULTS, MEAN, STDDEV, VARIANCE,CORR,
  COV, N und NONE bestimmen, welche Daten die Ausgabe-
  Matrix enthält.
- Für Details siehe UG: 33.23 und 17.7-17.1o.

/ WIDTH = <132> < n >:

- Zeilenbreite der Ausgabedatei; gilt für die gesamte
  REGRESSION-Prozedur; n muß mindestens 6o betragen.

/ SELECT = < varname relation wert > < ALL > :

- Zur Berechnung der Regressionsgleichung werden nur
  solche Fälle herangezogen, für die die angegebene ·
  Relation wahr ist. Bei dem genannten Merkmal darf es
  sich nicht um eine temporäre Variable handeln.
- Zur Spezifikation der Auswahlbedingung sind die Relationsoperatoren EQ, NE, LT, LE, BT und BE verfügbar.
- Anders als nach einem SELECT IF wird nach /SELECT
  die Restmenge der Fälle auch zur Berechnung von Residuen und Schätzwerten herangezogen.
- Das SELECT-Unterkommando gilt für die ganze Prozedur
  oder bis zur Eingabe eines zweiten /SELECT-Unterbe-
  fehls.   / SELECT = ALL
  hebt die Wirkung eines vorangegangenen /SELECT-Unter-
  kommandos für die weitere Analyse auf.
- Nach jedem /SELECT-Unterbefehl ist eine neue VARIA-
  BLES-Anweisung notwendig.

/ <u>MISSING</u> = <*LISTWISE*> <kennwort>:

Dieses Unterkommando ist nur notwendig, wenn <u>kein</u>
listenweiser Ausschluß von Fehlwerten gewünscht wird.
Andernfalls kann dieses Kommando entfallen.
LISTWISE (Voreinstellung): Listenweiser Ausschluß
aller Fälle mit irgendwelchen Fehlwerten bei
den für die Regressionsanalyse verwendeten
Variablen.
PAIRWISE: Paarweiser Ausschluß von Fehlwerten; nur die
Fälle werden ausgeschlossen, die bei der Berechnung der einfachen Korrelationskoeffizienten für ein Variablenpaar nicht jeweils
zwei gültige Beobachtungswerte besitzen.
MEANSUBSTITUTION: Fälle mit Fehlwerten bei den untersuchten Merkmalen erhalten ersatzweise das
entsprechende arithmetische Mittel der Stichprobe.
INCLUDE: Einschluß aller vom Benutzer definierten Fehlwerte.

/ <u>DESCRIPTIVE</u> = <*NONE*> <<u>kennwörter</u>>:

Dieses Unterkommando ist nur notwendig, wenn man für
die untersuchten Variablen deskriptive statistische
Maßzahlen wünscht. In diesem Fall gelten folgende
Kennwörter:
NONE: Es werden keine Maßzahlen ausgegeben.
DEFAULTS: Ausgabe von Mittelwerten, Standardabweichun-
gen und Korrelationskoeffizienten; dieses
Kennwort ist gleichbedeutend mit der Spezifi-
kation MEAN STDDEV und CORR.
MEAN: arithmetisches Mittel.
STDDEV: Standardabweichung.
VARIANCE:Varianz.
CORR: Korrelationsmatrix.
SIG: einseitiges Signifikanz-Niveau der Korrela-
tionskoeffizienten.
BADCORR: Ausgabe der Korrelationsmatrix, wenn manche
Korrelationen nicht zu berechnen sind (z.B.
mangels Streuung bei einer Variablen.
COV: Ausgabe einer Kovarianzmatrix.
XPROD: Summe der Abweichungsprodukte vom jeweiligen
arithmetischen Mittel zweier Variablen
("Kovariationen").
N: Zahl der zur Berechnung der Korrelations-
koeffizienten herangezogenen Fälle (wichtig
beim paarweisen Ausschluß von Fehlwerten).

2. "VARIABLES Subcommand" (obligatorisch)

/ VARIABLES = < varliste > < (COLLECT) > < ('PREVIOUS) >
>	Dieses Unterkommando muß vor dem DEPENDENT-Befehl
	stehen und die Namen aller auf späteren Unterbefeh-
	len dieser Prozedur genannten Variablen enthalten.
	Zur Spezifikation der Variablen gibt es die folgen-
	den drei Möglichkeiten.

>	varliste: Angabe der Variablen-Namen wie üblich (ohne
	Klammern).
>	(COLLECT): Die Angabe dieses (in Klammern gesetzten)
	Kennwortes bewirkt, daß die Variablenliste an Hand
	der auf den /DEPENDENT-, (Auswahl-)"Method"- und
	"Analysis of Residuals"-Unterkommandos genannten
	(oder implizierten) Variablen zusammengestellt wird.
>	(PREVIOUS): Bei diesem (ebenfalls in Klammern gesetz-
	ten) Kennwort soll die Variablenliste der unmittel-
	bar vorangegangenen Regressionsanalyse erneut ver-
	wendet werden.

3. "Equation Control Modifiers" (wahlfrei)

/ CRITERIA = kennwort:
>	Mit diesem Unterbefehl lassen sich die statistischen
	Kriterien festlegen, nach denen (unabhängige) Varia-
	blen in die Regressionsgleichung aufgenommen oder
	aus ihr entfernt werden (siehe "Method-Subcommands").
	Bedeutsam sind hierfür

>	1. die Toleranz: Anteil der durch die *anderen* Prä-
	diktoren in der Regressionsgleichung nicht-er-
	klärten Varianz;

>	2. die Minimaltoleranz: Kleinste Toleranz, die eine
	Variable hätte, wenn sie in die Regressionsglei-
	chung aufgenommen würde.

>	Je nach "Method-Subcommand" werden beim Aufbau der
	Regressionsgleichung weitere statistische Tests
	durchgeführt:

>	a. Bei FORWARD oder STEPWISE: "PIN"
	Minimales Signifikanzniveau des F-Wertes für die
	Aufnahme einer Variablen in die Regressionsglei-
	chung.

>	b. Bei BACKWARD oder STEPWISE: "POUT"
	Maximales Signifikanzniveau des F-Wertes für die
	Entfernung einer Variablen aus der Regressions-
	gleichung.

Die einzelnen Kennwörter dieses Unterbefehls sind:

DEFAULTS: PIN = o.o5; POUT = o.1; TOLERANCE = o.o1
Hat man diese Voreinstellung geändert, kann
man sie wieder in Kraft setzen durch den Be-
fehl:
/ CRITERIA = DEFAULTS
TOLERANCE (wert): Voreinstellung o.o1
PIN (wert): Voreinstellung o.o5 (p-Wert)
Statt eine Wahrscheinlichkeit anzugeben, kann
man dieses Kriterium auch durch Spezifikation
eines entsprechenden F-Wertes nach dem Kenn-
wort "FIN" (siehe untern) modifizieren.
POUT (wert): Voreinstellung o.1 (p-Wert)
Dieses Kriterium ist durch Angabe eines entsprechenden F-Wertes auf den "FOUT"-Parameter
(siehe unten) zu modifizieren.
FIN (wert): Voreinstellung 3.84 (F-Wert)
Siehe dazu auch das Kennwort PIN.
FOUT (wert): Voreinstellung 2.71 (F-Wert)
Siehe dazu auch das Kennwort POUT.
MAXSTEPS (n): Maximale Anzahl von Schritten für
die Aufnahme oder Entfernung einer Variablen
aus der Regressionsgleichung;
bei STEPWISE: 2v = doppelt soviele Schritte
wie Prädikatoren
bei FORWARD und BACKWARD: v = so viele Schritte wie Prädikatoren, welche die PIN- oder
POUT-, bzw. FIN- oder FOUT- Kriterien erfüllen.

/ STATISTICS = kennwort:

Mit diesem Unterbefehl bestimmt der Benutzer, wie
und welche statistischen Kennziffern bzw. Tabellen
in der Druckausgabe erscheinen. Fehlt dieses Unterkommando, gilt der Parameter DEFAULTS.
DEFAULTS: Gleichbedeutend mit der Angabe der Kennwörter
R, ANOVA, COEFF und OUTS.
LINE: Ausgabe einer Druckzeile pro Analyseschritt
mit den wichtigsten statistischen Kennziffern; die vollständige Dokumentation erfolgt
erst am Ende eines jeden "Methoden"-Blocks.
HISTORY: Zusammenfassende Schlußübersicht mit den bei
jedem Analyse-Schritt berechneten Maßzahlen.
END: Ausgabe einer Druckzeile pro Analyse-Schritt
(bei STEPWISE, FORWARD oder BACKWARD) oder
pro Block (bei ENTER und REMOVE); die vollständige Dokumentation erfolgt am Ende einer
Modell-Analyse.
ALL: Ausgabe aller zusammenfassenden Maßzahlen
außer LABEL, F, LINE und END.
R: Multiples R, R^2 , angepaßtes R und Standardabweichung der Residuen.

ANOVA: Varianzanalyse-Tafel.
CHA: Veränderung von R^2 von Schritt zu Schritt mit
             Angabe des F-Wertes für die Veränderung von
             R^2 und des Signifikanzniveaus von F.
BCOV: Varianz-Kovarianzmatrix für die unstandardi-
             sierten Regressionskoeffizienten b .
XTX: Ausgabe der "sweep matrix".
COND: Unter- und Obergrenzen des Konditions-Indexes
             der "sweep matrix".
COEFF: Unstandardisierter Regressions-Koeffizient
             (b), Standardfehler von b, standardisierter
             Regressions-Koeffizient (beta), t-Wert für b,
             zweiseitiges Signifikanzniveau von t für jede
             Variable in der Gleichung.
OUTS: Koeffizienten und andere statistische Kenn-
             ziffern für Variablen, die noch nicht in der
             Regressionsgleichung sind, deren Brauchbar-
             keit und potentieller Beitrag jedoch unter-
             sucht wird.
ZPP: Ausgabe der (einfachen) Korrelations-Koeffi-
             zienten jedes Prädiktors in der Gleichung mit
             der Zielvariablen, der semi-partiellen Korre-
             lation ("part corr.") und der partiellen
             Korrelation jedes Prädiktors (wobei der Ein-
             fluß der übrigen unabhängigen Variablen "her-
             aus-partialisiert" wird.
CI: 95-prozentiger Konfidenzintervall für b.
SES: näherungsweiser Standardfehler von beta.
TOL: Toleranz und Minimaltoleranz.
LABEL: Variablen-Etiketten.
F: Ausgabe von F-Werten (statt entsprechender
             t-Werte).

/ _<NOORIGIN>_ _<ORIGIN>_:

Das Kennwort ORIGIN bestimmt, daß die Regressions-
gerade durch den Ursprung der Koordinaten gehen soll.
Dieser Befehl bleibt für die ganze REGRESSION-Prozedur
in Kraft, es sei denn, er wird durch "/NOORIGIN" wieder
aufgehoben.

4. "DEPENDENT Subcommand"   (obligatorisch)

/ DEPENDENT = zielliste:

- Angabe eines oder mehrerer Variablen-Namen; für jede
  abhängige ("Ziel"-)Variable werden die gleichen unabhängigen Variablen und die gleichen (Auswahl-)"method
  subcommands" benutzt.
- Wenn eine der genannten abhängigen Variablen für eine
  andere auch als unabhängige Variable ("Prädiktor")
  fungieren soll, ist ein zweiter DEPENDENT-Unterbefehl
  zu verwenden. Ein neues VARIABLES-Kommando ist nicht
  notwendig.
- Multiple DEPENDENT-Unterbefehle sind zweckmäßig, wenn
  die Wirkung verschiedener "Equation Control Modifiers"
  oder "Method Subcommands" an einem einzigen Variablen-
  satz geprüft werden soll.

5. (Auswahl-) "Method Subcommands"   (obligatorisch)

Zum Aufbau oder zur Veränderung des Prädiktoreinsatzes
ist zumindest eine der folgenden Auswahlmethoden auszuwählen:

/ FORWARD [= prädliste] :
   Die Prädiktoren werden einzeln und in der Reihenfolge
   ihrer Erklärungsstärke (die an Hand statistischer Kriterien wie F-Wert, "PIN","TOLERANCE" bestimmt wird) in
   die Gleichung eingefügt.
/ BACKWARD [= prädliste] :
   Die Prädiktoren werden zunächst alle in die Regressionsgleichung eingefügt und dann einzeln aus ihr entfernt, und zwar in der Reihenfolge ihres, an Hand
   statistischer Kriterien (F-Wert, "POUT", "TOLERANCE")
   ermittelten Erklärungsgrades; damit werden die schwäch-
   sten Prädiktoren zuerst eliminiert.
/ STEPWISE [= prädliste] :
   Iteratives Verfahren zur Ermittlung der ein- oder aus-
   zuschließender Variablen an Hand der bereits genannten
   statistischen Kriterien.
/ ENTER [= prädliste] :
   Blockweise Aufnahme nur der auf der "prädliste" genannten Variablen in die Regressionsgleichung, sofern
   sie das TOLERANCE- Kriterium erfüllen. Ohne Spezifikation einer "prädliste" sind alle unabhängigen Variablen Kandidaten für die Aufnahme in die Regressionsgleichung; sie werden aber nur eingefügt, wenn sie das
   TOLERANCE- Kriterium erfüllen.

<u>/ REMOVE = prädliste</u> :
  Zwangsweise Eliminierung der aufgeführten Variablen
  en bloc; deshalb ist die Erstellung einer "prädliste"
  notwendig.
<u>/ TEST = (design)</u> :
  Hier werden zunächst alle unabhängigen Variablen in
  die Regressionsgleichung eingefügt. Danach können bestimmte Prädiktoren oder Prädiktorengruppen aus der
  Gleichung entfernt werden, indem man unter "design" in
  Klammern die Variablen auflistet, die in der Regressionsgleichung *bleiben* sollen. Der Ausdruck zeigt dann
  u.a. die Veränderung von R^2 und das Signifikanzniveau
  des resultierenden Modells. Weiterer Vorteil: ein kom-
  pakter Ausdruck.

6. <u>"Analysis of Residuals"</u>   (wahlfrei)

  Zur Analyse der Residuen können die folgenden Unterkommandos in beliebiger Zahl und Reihenfolge verwendet werden, sofern sie sich unmittelbar an das betreffende "method subcommand" anschließen.

  Zusätzlich kann REGRESSION zwölf prozedur-interne,
  temporäre Variablen berechnen, die ebenfalls für weitere Analysen herausgeschrieben oder in das Aktiv-
  File aufgenommen werden können. Dies sind:

  PRED   vorhergesagte Y-Werte (unstandardisiert)
  RESID   unstandardisierte Residuen
  DRESID   "bereinigte" Residuen, d.h. die Residuen von
             "Ausreißern" werden nicht berücksichtigt
  ADJPRED   angepaßte Vorhersagewerte, d.h. "Ausreißer"
             sind nicht berücksichtigt
  ZPRED   standardisierte Vorhersagewerte
  ZRESID   standardisierte Residuen
  SRESID   t-Werte für die Residuen
  SDRESID   t-Werte für die bereinigten Residuen
  SEPRED   Standardfehler der Vorhersagewerte
  MAHAL   Mahalanobis-Distanzen
  COOK   Cook-Distanzen
  LEVER   "Hebel"-Werte

  Die einzelnen Unterkommandos für die Analyse der Residuen sind:

<u>/ RESIDUALS = kennwörter < (spez) ></u>:
      DEFAULTS: gleichbedeutend mit der Angabe der Kennwör-
          ter SIZE (LARGE), DURBIN, NORMPROBE (ZRESID),
          HISTOGRAM (ZRESID) und OUTLIERS (ZRESID).
      SIZE (spez): Größe der Plots. Die Voreinstellung ist
          (*LARGE*) und beinhaltet eine Breite von mindestens

12o Druckpositionen pro Zeile (siehe /WIDTH) und mindestens 55 Zeilen pro Seite. Bei SMALL werden kleine Plots erstellt.

HISTOGRAM (varliste): Histogramm(e) der o.a. temporären Variablen außer SEPRED, MAHAL, COOK und LEVER; Voreinstellung ist ZRESID.

NORMPROB (varliste): standardisierte Werte der temporären Variablen werden gegen die entsprechenden Prozentwerte einer Normalverteilung geplottet; Voreinstellung ist ZRESID; außerdem sind PRED, RESID, ZPRED, DRESID, ADJPRED, SRESID und SORESID verfügbar.

OUTLIERS (varliste): Ausgabe der zehn schlimmsten Ausreißer bei den spezifizierten Variablen. Voreinstellung ist ZRESID; außerdem sind RESID, SRESID, SDRESID, DRESID, MAHAL und COOK verfügbar.

DURBIN: Durbin-Watson Test auf Autokorrelation der Residuen.

ID (varname): Angabe einer Variablen zur Identifikation der Ausreißer oder der durch /CASEWISE untersuchten Fälle. Fehlt (varname) wird $CASENUM (vgl. Abschnitt 9.5) eingesetzt.

POOLED: Bei Verwendung des Unterkommandos /SELECT werden für die ausgewählten und die nicht ausgewählten Fälle separate Statistiken berechnet und Plots gezeichnet. Das Kommando POOLED veranlaßt eine Aufhebung dieser Trennung für die Analyse der Residuen.

/ CASEWISE =

Dieser Unterbefehl fordert Statistiken und Plots zur Analyse der Residuen einzelner Fälle an; gleichzeitig können für sie die Werte der Ziel-, der Identifikations- und der o.a. temporären Variablen ausgedruckt werden. Folgende Parameter stehen zur Verfügung:

DEFAULTS: Gleichbedeutend mit der Angabe der Kennwörter OUTLIERS(3), PLOT(ZRESID), PRED und RESID.

ALL: Es werden alle Fälle geplottet.

OUTLIERS (wert): Die Graphik enthält nur die Fälle, die einen gleichgroßen oder größeren Wert haben, als in ("wert") angegeben. Bei ZRESID ist die Voreinstellung 3.o .

PLOT (varname): Graphik für die temporären Variablen der ausgewählten Fälle. Voreinstellung: ZRESID. Weiterhin möglich sind RESID, DRESID (sie werden jedoch standardisiert) sowie SRESID und SDRESID.

varliste: Ausgabe der Werte einiger temporärer Variablen; Voreinstellung: DEPENDENT, PRED und RESID.

/ SCATTERPLOT =

Mit diesem Unterbefehl bekommt man Streudiagramme zwischen den in der Regressionsgleichung enthaltenen Variablen und den temporären Variablen; unmittelbar vor das Kennwort der temporären Variablen muß jedoch ein Asterisk gesetzt werden (z.B. *PRED), SEPRED, MAHAL, COOK und LEVER sind nicht verfügbar.
Alle temporären Variablen werden standardisiert, d.h.
*PRED = *ZPRED.

SIZE <(SMALL)> <(LARGE)>: Größe der Plots. Für LARGE wird relativ viel Rechenzeit benötigt.
([*]varname, [*]varname): Angabe der Variablen, für die ein Streudiagramm zu erstellen ist. Die zuerst genannte Variable wird auf der vertikalen Achse abgetragen.

/ PARTIALPLOT =

Dieser Unterbefehl erstellt Partial-Plots der Residuen: dies sind Streudiagramme zwischen den Residuen der abhängigen Variablen Y (ZRESID) und den Residuen einer unabhängigen Variablen X . Letztere erhält man, indem man die übrigen unabhängigen Variablen als Prädiktoren für X verwendet.
< ALL > < varname,varname > :
Mit dieser Voreinstellung oder ohne Variablenangabe wird für alle Prädiktoren in der Gleichung ein Partial-Plot erstellt. Eine Auswahl ist durch Spezifikation der gewünschten unabhängigen Variablen möglich.
SIZE <(SMALL)> <(LARGE)> : Größe der Plots; die Variablen werden standardisiert; das Format der Plots ist dasselbe wie bei /SCATTERPLOT; die Residuen der abhängigen Variablen werden entlang der vertikalen Achse abgetragen.

/ SAVE = tempvar (name) ...

Mit diesem Unterbefehl können die temporären Variablen in das Aktiv-File aufgenommen und somit auch mit anderen Prozeduren analysiert werden (z.B. mit SCATTERGRAM). Nach dem Kennwort für die gewünschte, temporäre Variable ist in Klammern ein neuer, den üblichen Konventionen folgender Name anzugeben.

11.1o Rangkorrelation für Ordinal-Skalen: NONPAR CORR

In der Regel werden Sozialforscher zur Bestimmung der Korrelation zwischen nicht-metrischen Skalen die durch die Prozedur CROSSTABS berechneten *Assoziationsmaße* verwenden, da ihre
Daten meist nur wenige Merkmalsausprägungen und damit -- zumindest bei großen Fallzahlen -- viele Verknüpfungen ("ties")
aufweisen. Das heißt, viele Fälle werden nicht nur bei einem
Merkmal die gleiche Ausprägung haben, sondern bei mehreren.
In einer Kreuztabelle sind dies die Fälle in einer Zelle.

Von *Rangkorrelationen* spricht man, wenn die untersuchten
Merkmale sehr viele Ausprägungen haben und die Verteilung
breit gestreut ist; in diesem Fall gibt es relativ wenige
Verknüpfungen, wie z.B. bei Skalen zur Messung von Berufsprestige.

NONPAR CORR berechnet den Rangkorrelationskoeffizienten Rho
und Kendalls tau-b (letzterer kann auch mit CROSSTABS berechnet werden), sowie deren Irrtumswahrscheinlichkeit. Ergänzend gibt es eine OPTIONS-, jedoch keine STATISTICS-Anweisung. Kann ein Koeffizient nicht berechnet werden, wird ein
"." ausgedruckt.

Beispiel:

```
        NONPAR CORR   PRESTINT WITH PRESTPAR, PRESTVAT /
                      PRESTINT PREST≠B PREST≠C

        OPTIONS  6,7
```

Mit diesen Anweisungen korrelieren wir zuerst die (Berufs)
-PRESTigewerte zwischen den INTerviewten und ihren Ehe-
PARtnern und dann zwischen den Befragten und ihren VAe-
Tern.
Angenommen, wir haben das Berufsprestige der Befragten zu-
sätzlich mit den Skalen PREST≠B und PREST≠C gemessen. In
diesem Fall liegt es nahe, die drei Prestige-Skalen unter-
einander zu korrelieren: PRESTINT mit PREST≠B, PRESTINT
mit PREST≠C und PREST≠B mit PREST≠C.
OPTION 6 verlangt die Berechnung von Rho und tau-b. Da zur
Berechnung dieser Koeffizienten viel Speicherplatz und

Rechenzeit notwendig ist, haben wir auch OPTION 7 gewählt;
sie sieht eine Stichprobenziehung vor, wenn der verfügbare
Speicherplatz nicht ausreichen sollte.

Das Format von NONPAR CORR ist das gleiche wie das von SCAT-
TERGRAM oder PEARSON CORR:

<u>allgemeines Format:</u>

    NONPAR CORR varliste [with varliste] [/ varliste...]
    OPTIONS   ≠liste

<u>varliste[WITH varliste]</u> :

  - Spezifikation der Variablen wie üblich, auch mit dem
    Kennwort TO. Die Angabe der gewünschten Korrelationen
    kann mit oder ohne das Kennwort WITH erfolgen.
  - Ohne WITH wird jede Variable mit jeder anderen Variablen
    dieser Liste korreliert. Dies ist notwendig, wenn die
    Ergebnisse herausgeschrieben werden sollen, um mit einer
    anderen Prozedur analysiert zu werden.
  - Mit dem Kennwort WITH wird jede Variable vor dem WITH
    nur mit jeder anderen Variablen hinter dem WITH korre-
    liert, d.h. die Variablen vor dem WITH werden ebenso-
    wenig miteinander korreliert wie die Variablen hinter
    dem WITH.
  - Nach einem Schrägstrich können weitere Korrelationslisten
    spezifiziert werden.

<u>OPTIONS ≠liste:</u>

    <u>Fehlwerte</u> (Voreinstellung):
    paarweiser Ausschluß; Fälle mit Fehlwerten bei einem zu
    korrelierenden Variablen-Paar bleiben unberücksichtigt.
    Dies führt zu einer maximalen Nutzung der verfügbaren Da-
    ten, aber auch dazu, daß die einzelnen Koeffizienten oft
    mit unterschiedlichen Fallzahlen berechnet werden. Alter-
    nativ dazu gibt es die Optionen 1 und 2.

  1 <u>Einschluß der vom Benutzer (nicht vom System !) defi-
     nierten Fehlwerte</u> bei der Berechnung der statistischen
     Maßzahlen.
  2 <u>Listenweiser Ausschluß</u> aller Fälle, die nicht bei allen
     auf einer Liste genannten Variablen gültige Werte be-
     sitzen; die nach einem Schrägstrich spezifizierte Liste
     wird in dieser Hinsicht als von der ersten Liste unab-
     hängig betrachtet.
  3 Zweiseitiger <u>Signifikanztest</u> für jeden Koeffizienten.
     Voreinstellung: einseitiger Signifikanztest.
  4 <u>Maschinenlesbare Ausgabe:</u> Hierfür sind zusätzlich eine

FILE HANDLE- und eine PROCEDURE OUTPUT-Anweisung notwendig. Für Details siehe UG 17.7.-17.1o und 36.9 .
5 Nur Kendalls tau-b.
6 Kendalls tau-b und Spearmans rho.
7 Zufallsstichprobe aus den verfügbaren Untersuchungseinheiten, wenn der verfügbare Speicherplatz nicht ausreicht.
8 Komprimierte Druckausgabe: keine Ausgabe der Fallzahlen
und des Signifikanzniveaus. Signifikante Koeffizienten
werden nur durch ein " * " (o.o1) oder durch ein " ** "
(o.oo1) gekennzeichnet.
9 Ausgabe der Koeffizienten (einschließlich der Fallzahlen
und Irrtumswahrscheinlichkeiten) nicht in Matrix-Form,
sondern reihenweise und ohne die redundanten Werte.

11.11 Signifikanztests Unterschiede zwischen nicht-metrischen Variablen: NPAR TESTS

Um zu prüfen, ob zwischen nominal oder ordinalskalierten Merkmalen ein Zusammenhang besteht, kann man (z.B. mit CROSSTABS) nicht-parametrische Assoziationskoeffizienten berechnen, man kann aber auch Signifikanztests durchführen. Das Unterprogramm NPAR TESTS bietet dafür eine Vielzahl von Möglichkeiten an. Für die Wahl eines geeigneten Tests ist dabei nicht nur von entscheidender Bedeutung, welches *Skalen-Niveau* die untersuchten Merkmale "haben" (bzw. wie man es einschätzt), sondern auch, wie die *Stichprobenziehung* erfolgte bzw. wie die Daten organisiert sind. Hierbei ist besonders wichtig, ob die Untersuchungseinheiten aus *einer* oder *mehreren* Stichproben bestehen (oder entsprechend differenziert werden können). Sind es mehrere, ist zu klären, ob die Stichproben voneinander unabhängig sind oder nicht.

Unabhängige Stichproben ("independent samples") liegen vor, wenn nach demselben Verfahren jeweils verschiedene Untersuchungseinheiten ausgewählt und befragt werden oder wenn eine Stichprobe nach einem willkürlich oder strategisch gewählten Merkmal in Unterstichproben zerlegt wird. Im Gegensatz dazu hat man es mit einer *abhängigen Stichprobe* ("dependent" bzw. "related sample") zu tun, wenn man ein Merkmal bei derselben Stichprobe zu verschiedenen Zeitpunkten mißt bzw. erhebt und diese Werte vergleicht.

Tests auf der Grundlage <u>einer</u> Stichprobe untersuchen ein Merkmal; Tests für k <u>unabhängige</u> Stichproben vergleichen die Werte einer Variablen in nach k Ausprägungen einer anderen Variable aufgegliederten Unter-Stichproben; Tests für k <u>abhängige</u> Stichproben vergleichen k "ähnliche" Variablen. Für nähere Ausführungen zu diesen Tests siehe Lienert (1973) und Siegel (1976).
Entsprechend diesen Kriterien stehen folgende Tests zur Auswahl:

Tabelle 11.2 Signifikanztests für nicht-metrische
              Variablen

Daten Organisation	Nominalskala	Ordinalskala
1 Stichprobe	Chi-Quadrat-Test Runs-Test Binomial-Test	Kolmogorov- Smirnov-Test

2 abhängige
  Stichproben
	McNemar-Test	Vorzeichen-Test
		Wilcoxon-Test
		Kendalls Konkor-
		   danz-Koeff. W

k abhängige
  Stichproben
	Kochrans Q-Test	Friedmans Varianz-
		   analyse für Rang-
		   daten
		Kendalls Konkor-
		   danz-Koeff. W

2 unabhängige
  Stichproben
	Fischers exakter
	   Test (*)
	Chi-Quadrat-Test (*)
		Median-Test
		Mann-Whitney U-Test
		Kolmogorov-
		   Smirnov-Test
		Wald-Wolfowitz-Test
		Moses-Test

k unabhängige
  Stichproben
	Chi-Quadrat-Test (*)	Median-Test
		Kruskal-Wallis
		   H-Test

(*) nur durch die Prozedur CROSSTABS erhältlich

Ergänzend dazu gibt es OPTIONS- und STATISTICS-Anweisungen:

OPTIONS

1 Einschluß der vom Benutzer definierten Fehlwerte.
2 Listenweiser Ausschluß aller Fälle, die nicht bei allen
   auf einer Liste genannten Variablen gültige Werte aufweisen. Jedes Unterkommando wird separat betrachtet.
3 (Siehe McNemar-Test).
4 Zufallsstichprobe aus den verfügbaren Untersuchungseinheiten, wenn der verfügbare Speicherplatz nicht ausreicht. Für den RUNS- bzw. Sequenztest wird diese
   Option ignoriert, weil dies zu einer Verfälschung der
   Ergebnisse führen müßte.

STATISTICS

1 <u>Univariate Maßzahlen</u>: arithmetisches Mittel, Minimum, Maximum, Standardabweichung, Zahl der Fälle mit gültigen Werten.
2 <u>Quartilswerte</u> und die jeweiligen Fallzahlen.

Das allgemeine Format der NPAR TEST-Anweisung ist:

```
NPAR TESTS

   (Eine Stichprobe)

   [ / CHISQUARE = varliste  [(lo,hi)]                    ]
              [ / EXPECTED = <EQUAL>   <f1,f2 ... fn >]

                     < UNIFORM [ , lo, hi ] >
   [ / K-S       ( < NORMAL  [ , m, sd ] > ) = varliste ]
                     < POISSON [ , m       ] >

                     < MEAN      >
   [ / RUNS      ( < MEDIAN    > ) = varliste             ]
                     < MODE      >
                     < trennwert >

   [ / BINOMIAL  [ ( p ) ] = varliste (<wert1, wert2>)]
                                       (< trennwert >)
- - - - - - - - - - - - - - - - - - - - - - - - - - - - - -


   (Abhängige Stichproben)

   [/ MCNEMAR   =  varliste   [ WITH  varliste ]        ]
   [/ SIGN      =  varliste   [ WITH  varliste ]        ]
   [/ WILCOXON  =  varliste   [ WITH  varliste ]        ]
   [/ COCHRAN   =  varliste                             ]
   [/ FRIEDMAN  =  varliste                             ]
   [/ KENDALL   =  varliste                             ]

- - - - - - - - - - - - - - - - - - - - - - - - - - - - - -


   (Unabhängige Stichproben)

   [/ MEDIAN  [(wert)] = varliste BY var   (wert1,wert2)]
   [/ M-W             = varliste BY var   (wert1,wert2)]
   [/ K-S             = varliste BY var   (wert1,wert2)]
   [/ W-W             = varliste BY var   (wert1,wert2)]
   [/ MOSES   [( n )] = varliste BY var   (wert1,wert2)]
   [/ K-W             = varliste BY var   ( min, max  )]

- - - - - - - - - - - - - - - - - - - - - - - - - - - - - -
```

1. Tests für eine Stichprobe

/ CHISQUARE = :

   Chi-Quadrat Anpassungs ("goodness of fit")-Test zur Prüfung, ob sich die beobachteten und erwarteten Häufigkeiten signifikant unterscheiden.

   varliste [(lo,hi)]
      Angabe der Variablen wie üblich, auch mit dem Kenn-
      wort TO. Mit der Spezifikation "(lo,hi)" werden nur
      Kategorien in diesem Wertbereich getestet; ohne sie
      werden alle Werte berücksichtigt. Dezimalstellen (so-
      weit vorhanden) werden gekappt.
   [/ EXPECTED = <EQUAL> <f1,f2, ... fi ... fn>]
      ohne diese Spezifikation wird angenommen, daß die er-
      warteten Häufigkeiten gleich sind. Die Werte f1, f2
      usw. stehen für absolute Häufigkeiten. Bei k auf-
      einanderfolgenden Kategorien mit gleichen Erwartungs-
      werten kann mit k * fi abgekürzt werden.
   Beispiel:
      NPAR TESTS   CHISQUARE = VARA (1,6)
                   / EXPECTED = 13, 14, 3*17, 16

/ K-S :

   Kolmogorov-Smirnov Anpassungstest für eine Stichprobe;
   prüft, ob die Verteilung der Daten derjenigen bestimmter,
   theoretischer Häufigkeitsverteilungen entspricht und ist
   daher auch für metrische Variablen besonders interessant.

   (UNIFORM [, lo, hi   ])
      Prüfung, ob näherungsweise eine Gleichverteilung vor-
      liegt; wird "lo" und "hi" nicht spezifiziert, werden
      die beobachteten Extremwerte eingesetzt.
   (NORMAL [, m, sd]) = varliste
      Prüfung, ob näherungsweise eine Normalverteilung vor-
      liegt; werden m (= arithmetisches Mittel) und sd
      (= Standardabweichung) nicht spezifiziert, setzt
      SPSS-X die entsprechenden empirischen Werte ein.
   (POISSON [, m])
      Prüfung, ob näherungsweise eine Poissonverteilung vor-
      liegt, ohne Angabe von m (= arithmetisches Mittel)
      wird der beobachtete Mittelwert eingesetzt. Bei gro-
      ßem m legt SPSS-X die Normalverteilungsapproxima-
      tion zugrunde.
   Beispiel:
      NPAR TESTS   K-S (NORMAL) = EINKOMMEN

/ RUNS :

   Sequenz- bzw. Iterationstest zur Prüfung, ob die zwischen
   den Beobachtungseinheiten anzutreffende Folge dichotomer

(oder dichotomisierter) Variablen als Zufallsreihe anzusehen ist oder ob bestimmte Muster auftreten.

(< MEAN > < MEDIAN > < MODE > < trennwert >)
    Dichotomisierung der Variablen an Hand des arithme-
    tischen Mittels, des Medians(Zentralwert), des Modus
    (dichtester, häufigster Wert) oder einem anderen
    Trennwert. Werte unter dem angegebenen Kriterium bil-
    den eine Kategorie, gleichgroße oder größere Werte
    bilden die andere.
varliste
    Angabe der Variablen wie üblich.
Beispiel:

            NPAR TESTS RUNS (1) = SEX
                    / RUNS (MEDIAN) = PRESTIGE

/ BINOMIAL :

    Test zur Prüfung, ob die (in einer relativ kleinen Stich-
    probe) beobachtete Häufigkeit von bestimmten Merkmalsaus-
    prägungen ("Zahl der Erfolge") unter Annahme einer be-
    stimmten Wahrscheinlichkeit für einen "Erfolg" oder "Miß-
    erfolg" mit den theoretischen Erwartungen des Modells
    einer Binomialverteilung vereinbar ist.

[(p)]
    Voreinstellung: $p = 0.5$; zweiseitiger Signifikanz-
    test. Wird ein anderer p-Wert spezifiziert, erfolgt
    ein einseitiger Signifikanztest.
= varliste (< trennwert > < wert1, wert2 >)
    Angabe der Variablen wie üblich; die Dichotomisierung
    der Variablen kann durch Spezifikation eines Trenn-
    wertes ("trennwert") erfolgen, wobei Werte darunter
    eine Kategorie bilden, gleichgroße oder größere Werte
    die andere. Eine zweite Möglichkeit ist, zwei Werte
    anzugeben, also "(wert1,wert2)"; in diesem Fall wer-
    den nur diese Kategorien für den Binomialtest benutzt.
Beispiel:

        NPAR TESTS BINOMIAL (.16667) = WUERFEL (6)
                  / BINOMIAL   = WUERFEL (1,6)

2. Tests für abhängige Stichproben

/ MCNEMAR = :

Test für Veränderungen des Anteils dichotomer Merkmalsausprägungen bei zwei Stichproben; interessant z.B. bei Pretest-Posttest Untersuchungen. Variablen mit mehr als zwei Ausprägungen müssen zuvor dichotomisiert werden. Für die Fälle mit Veränderungen wird Chi-Quadrat berechnet.

varliste [WITH varliste]
   Spezifikation der Variablen wie üblich; Minimum sind
   zwei Variablen, deren Anteilswerte verglichen werden.
   Die Spezifikation kann mit oder ohne das Kennwort
   WITH erfolgen. Ohne WITH wird jede Variable mit jeder
   anderen Variablen dieser Liste verglichen; mit WITH
   wird jede Variable davor mit jeder anderen dahinter
   verglichen, d.h. die Variablen vor dem WITH werden
   ebensowenig miteinander verglichen wie die Variablen
   hinter dem WITH.
OPTIONS 3
   Spezielle Paarung der Variablen vor und nach dem
   WITH; die Listen müssen gleich lang sein.
Beispiel:

   NPAR TESTS MCNEMAR TEST1 TESTA WITH TEST2 TESTB
   OPTIONS 3
   Hier werden die Variablen TEST1 und TEST2
   sowie TESTA und TESTB miteinander verglichen.

/ SIGN = :

Vorzeichen-Test zur Prüfung, ob sich die Richtung der Unterschiede zwischen zwei Merkmalen (i.e., das Vorzeichen der Differenzen) bei zwei Rangskalen ausgleicht. Fälle mit gleichen Werten werden ignoriert. Je nach Zahl der Änderungen wird ein Binomial- oder z-Test durchgeführt.

varliste [WITH varliste]
   Spezifikation je eines Variablenpaars mit oder ohne
   WITH.
Beispiel:
                NPAR TESTS SIGN = TEST1 TEST2

/ WILCOXON = :

Dieser Test ist mit dem SIGN-Test vergleichbar, nur wird bei den paarweisen Vergleichen auch die Größe der Differenzen zwischen den beiden Rangskalen beachtet.

varliste [WITH varliste]
   Spezifikation der Variablen wie oben.

<u>Beispiel:</u>

        NPAR TESTS   WILCOXON = TEST1 TEST2

<u>/ COCHRAN</u> = :

Dies ist eine Erweiterung des McNemar-Tests für k Stichproben; getestet wird, ob sich zwischen (abhängigen)
Stichproben im Durchschnitt gewisse Differenzen bzw. Veränderungen bei den Anteilswerten dichotomer Variablen
zeigen. Haben die Variablen mehr als zwei Ausprägungen,
müssen sie zuvor dichotomisiert werden. Cochrans Q ist
annähernd verteilt wie Chi-Quadrat.

varliste
      Angabe der Variablen wie üblich, auch mit der TO-
      Konvention.
<u>Beispiel:</u>
        NPAR TESTS   COCHRAN = TEST1 TEST2 TEST3

<u>/ FRIEDMAN</u> = :

Dieser Test prüft für mehrere abhängige Stichproben, ob
die Rangfolgen bestimmter Skalen die gleiche zentrale
Tendenz ("mean rank") aufweisen. Berechnet wird eine Test-
Kennziffer, die annähernd wie Chi-Quadrat verteilt ist.

varliste
      Spezifikation der Variablen wie üblich, auch mit der
      TO-Konvention.
<u>Beispiel:</u>
        NPAR TESTS   FRIEDMAN = TEST1 TEST2 TEST3

<u>/ KENDALL</u> = :

Dieser Test bringt bei jeder Untersuchungseinheit die
Werte der interessierenden Variablen bzw. der beurteilten
Objekte ("Items") in eine Rangordnung und prüft, ob zwischen den verschiedenen Untersuchungseinheiten eine Übereinstimmung hinsichtlich der Rangordnungen feststellbar
ist. Schließlich werden die Testkennziffern W und Chi-
Quadrat berechnet, die Freiheitsgrade und das Signifikanz-
Niveau; ein niedriges Signifikanz-Niveau bedeutet ein
hohes Maß an Übereinstimmung.

varliste
      Angabe der Variablen wie üblich, auch mit der TO-
      Konvention.
<u>Beispiel:</u>
        NPAR TESTS   KENDALL = OBJEKT1 TO OBJEKT1o

3. Tests für unabhängige Stichproben

/ MEDIAN [(wert)] = :

Dieser Test prüft auf der Grundlage von Chi-Quadrat, ob
zwei (oder mehr) Unterstichproben möglicherweise derselben Grundgesamtheit mit einem bestimmten Median-Wert
entstammen. Dabei interessieren vor allem Fälle, die in
der einen Unterstichprobe über dem Median, in der anderen
aber darunter liegen.
Statt des beobachteten Medians kann mit Hilfe von "(wert)"
ein hypothetischer Median-Wert angegeben werden.

varliste BY var (wert1, wert2)
Spezifikation der Variablen wie üblich, auch mit der
TO-Konvention. Die Variable nach BY dient als Krite-
rium für die Aufteilung der Fälle in Unterstichproben.

a. Bei zwei Unterstichproben gibt es zwei Möglich-
keiten der Aufteilung:
- entweder: wert2 = wert 1 + 1
Beispiel:
NPAR TESTS   MEDIAN = V1 TO V5 BY X1 (2,3)
- oder: wert1 > wert2
Beispiel:
NPAR TESTS   MEDIAN = V1 TO V5 BY X2 (3,1)

b. Bei mehr Unterstichproben (oder wenn die Kontrollvariable mehr als zwei Ausprägungen hat) gilt:

wert1 < wert2
Beispiel:
NPAR TESTS   MEDIAN = V1 TO V5 BY X3 (1,3)

Je nach Spezifikation erkennt NONPAR TESTS, ob der
Zwei- oder Mehrstichproben-Fall vorliegt.

/ M-W = :

Der Mann-Whitney Test ist aussagekräftiger bzw. "mäch-
tiger" als der Median-Test, wenn zwei Rangordnungen vorliegen. Hier werden nicht nur die in Bezug auf den Median
"inkonsistenten" Anordnungen untersucht; bei beiden Merkmalen wird auch der relative Rang eines Falles ermittelt.
Auf dieser Grundlage wird die Maßzahl U berechnet; sie
drückt aus, wie oft der Rang eines Falles aus der ersten
Unterstichprobe höher ist als der in der zweiten. Wenn
die Unterstichproben derselben Grundgesamtheit entstammen,
sollten sich die Abweichungen ausgleichen, so daß die
Maßzahl U klein sein wird.
Bei Stichproben über n=3o wird U in einen z-Wert transformiert. Zusätzlich wird Wilcoxons W (für abhängige
Stichproben) berechnet.
Eine Generalisierung für Situationen mit mehr als zwei un-
abhängigen Stichproben ist der Kruskal-Wallis Test.

varliste BY var   (wert1,wert2)
    Angabe der Variablen wie üblich, auch mit der TO-
    Konvention. Die Variable nach BY dient als Krite-
    rium für die Aufteilung der Fälle in Unterstichproben.
<u>Beispiel:</u>
        NPAR TESTS M-W = VAR1 TO VAR5 BY SEX (1,2)

<u>/ K-S = :</u>

    Der Kolmogorov-Smirnov Test für zwei unabhängige Stich-
    proben berechnet für beide die beobachtete, kumulative
    Häufigkeitsverteilung und bestimmt dann die maximalen
    positiven, negativen und absoluten Unterschiede. An-
    schließend wird die Kolmogorov-Smirnovsche Testgröße Z
    (nicht zu verwechseln mit dem z-Test !) mit zweiseitigem
    Signifikanz-Niveau berechnet.

    varliste BY var   (wert1,wert2)
        Angabe der Variablen wie üblich, auch mit der TO-
        Konvention. Die Variable nach BY dient als Kriterium
        für die Aufteilung der Fälle in Unterstichproben.
    <u>Beispiel:</u>
        NPAR TESTS K-S = VARA BY RELIGION (2,4)

<u>/ W-W = :</u>

    Der Wald-Wolfowitz Sequenz-Test ordnet die Meßwerte zwei-
    er Unterstichproben ihrer Größe nach an und prüft an Hand
    einer Sequenzanalyse, ob sie derselben Grundgesamtheit
    entstammen könnten. In diesem Fall müßten die Elemente
    der Unterstichproben relativ zufällig über die gesamte
    Rangskala verteilt sein; die zu einer Gruppe gehörenden
    Fälle dürften z.B. nicht in der oberen Hälfte der Rang-
    skala konzentriert sein. Bei Verknüpfungen ("ties") wird
    die maximal und minimal mögliche Sequenzzahl angegeben.
    Für größere Stichproben (n>3o) verwendet SPSS-X die Nor-
    malverteilungs-Approximation zur Ermittlung des Signifi-
    kanz-Niveaus.

    varliste BY var   (wert1,wert2)
        Spezifikation der Variablen wie üblich, auch mit der
        TO-Konvention. Die Variable nach BY dient als Krite-
        rium für die Aufteilung der Fälle in Unterstichpro-
        ben.
    <u>Beispiel:</u>
        NPAR TESTS W-W = VARA BY SEX (1,2)

<u>/ MOSES [(n)] = :</u>

    Der Moses-Test für extreme Reaktionen ordnet die Meßwerte
    zweier Unterstichproben ihrer Größe nach an und ermittelt,
    wie viele Fälle sich auf dem ersten bzw. letzten Rang der
    jeweiligen Untergruppe befindet. Dann wird hinsichtlich

dieser Spannweite die statistische Signifikanz der Abweichung einer "Versuchsgruppe" von einer "Kontrollgruppe"
ermittelt.
Für Verknüpfungen erfolgt keine Anpassung. Ausreißer an
jedem Ende der Skala sind durch Spezifikation des "(n)"-
Parameters eliminierbar.

varliste BY var   (wert1,wert2)
     Angabe der Variablen wie üblich, auch mit der TO-
     Konvention. Die Variable nach BY ist Kriterium für
     die Aufteilung der Fälle in Unterstichproben; "wert1"
     ist die Versuchsgruppe und "wert2" die Kontrollgruppe.
Beispiel:
          NPAR TESTS MOSES (2) = VARA BY SEX (2,1)

/ K-W = :

     Der Kruskal-Wallis H-Test (Rangvarianzanalyse) ist eine
     Generalisierung des Mann-Whitney U-Tests für mehr als
     zwei voneinander unabhängige Stichproben. Zunächst werden
     die Werte aller Unterstichproben in eine gemeinsame Rang-
     folge gebracht; für jede Gruppe wird dann die Summe der
     Rangnummern ermittelt und die Testgröße H berechnet.
     Diese ist annähernd verteilt wie Chi-Quadrat.

varliste BY var (min,max)
     Angabe der Variablen wie üblich, auch mit der TO-
     Konvention. Die Variable nach BY ist Kriterium für
     die Aufteilung der Fälle in Unterstichproben. Jeder
     Wert zwischen "min" und "max" ergibt eine Untergrup-
     pe.
Beispiel:
          NPAR TESTS K-W = VARA BY GRUPPE (1,5)

11.12 Mittelwertvergleiche zwischen zwei Verteilungen: T-Test

Die Prozeduren T-Test und ONEWAY eignen sich vor allem zur Anlayse einer intervallskalierten, abhängigen und einer nominalskalierten, unabhängigen Variablen.

Bei T-Test werden die Mittelwerte von zwei Gruppen (bzw. *unabhängigen* Stichproben) oder die von zwei Variablen-Paaren (bzw. *abhängigen* Stichproben) verglichen und zu den erwarteten Stichprobenschwankungen bzw. dem Zufallsfehler in Beziehung gesetzt. Daraus läßt sich die Testgröße "Student's t" ableiten. Diese gestattet Aussagen darüber, ob die beobachtete Differenz beider Stichprobenmittel noch mit der Annahme vereinbar ist, daß sie einer gemeinsamen Grundgesamtheit entstammen.

Unabhängige Stichproben ("independent samples") liegen vor, wenn nach demselben Verfahren verschiedene Untersuchungseinheiten ausgewählt und befragt werden oder wenn eine Stichprobe nach einem willkürlich oder strategisch gewählten Merkmal in Unterstichproben aufgeteilt wird. Im Gegensatz dazu hat man es mit einer *abhängigen Stichprobe* ("dependent" bzw. "related sample") zu tun, wenn ein Merkmal bei derselben Stichprobe zu verschiedenen Zeitpunkten gemessen bzw. erhoben wird.

Beispiel 1:

```
        T-TEST GROUPS = SEX (1,2)  SAMPLE (5)
        / VARIABLES = EINKOMEN ALTER
```

Mit diesem Kommando testen wir, ob es bei unseren Untersuchungseinheiten Einkommens- oder Altersunterschiede zwischen Männern und Frauen gibt oder zwischen den Stichproben vor bzw. seit dem Zeitpunkt 5.

<u>Beispiel 2:</u>

T-TEST PAIRS = ALTEINK NEUEINK

Hier prüfen wir, ob zwischen dem alten und dem neuen Einkommen der Teilnehmer eines Ausbildungsprogramms ein
statistisch signifikanter Unterschied besteht.

Berechnet wird die Testgröße t mit der entsprechenden Fehlerwahrscheinlichkeit. Außerdem führt SPSS-X einen F-Test zur
Prüfung der Homogenität der Varianzen durch.

Für <u>unabhängige Stichproben</u> ist das allgemeine Format von
T-Test wie folgt:

$$\text{T-TEST GROUPS = varname } [\; (< \overset{1,2}{\text{trennwert}} >)\;]/ \text{ VARIABLES=varliste}$$
$$<\text{wert1,wert2}>$$

OPTIONS ≠liste

<u>GROUPS = varname [(<1,2> < trennwert > <wert1,wert2>)]</u>
Zuerst Angabe der (nomialskalierten) unabhängigen Variablen. Hat diese nur die Kodes "1" und "2" kann der Klammerausdruck mit den Trennwerten entfallen. Andernfalls
ist eine Dichotomisierung bzw. die Angabe des Trennwertes
notwendig.
Bei Angabe <u>eines</u> ganzzahligen Trennwertes bilden alle
Werte unter der angegebenen Größe eine Kategorie, gleich-
große oder größere Werte die andere. Spezifiziert man
dagegen "wert1" <u>und</u> "wert2", so wird nur für diese beiden
Gruppen der t-Test durchgeführt, alle übrigen Kategorien
der unabhängigen Variablen bleiben "außen vor".

<u>/VARIABLES = varliste:</u>
Spezifikation der Variablen wie üblich, auch mit dem
Kennwort TO.

Für <u>abhängige Stichproben</u> ist das allgemeine Format von T-
Test dagegen:

T-TEST PAIRS = varliste [WITH varliste]
[/ varliste ,...]

OPTIONS ≠liste

<u>PAIRS = varliste [WITH varliste]</u> :
- Angabe der Variablen wie üblich, auch mit dem Kennwort TO.
Die Angabe der gewünschten Tests kann mit oder ohne das
Kennwort WITH erfolgen.

- Ohne WITH werden die Mittelwerte jeder Variablen mit
  denen jeder anderen Variablen dieser Liste getestet.
- Mit dem Kennwort WITH werden die Mittelwerte jeder Variablen vor dem WITH nur mit denen der Variablen hinter dem
  WITH verglichen; zwischen den Variablen vor dem WITH werden ebensowenig Mittelwertvergleiche durchgeführt, wie
  zwischen den Variablen hinter WITH.
- Nach einem Schrägstrich können weitere Variablenlisten
  spezifiziert werden.

Prinzipiell ist es auch möglich, t-Tests für abhängige und
unabhängige Stichproben auf einem T-TEST Kommando anzufordern.
In diesem Fall kann der PAIRS-Unterbefehl jedoch erst an dritter Stelle, d.h. nach dem GROUPS- und dem /VARIABLES- Unterkommando eingegeben werden.

Beispiel 3:

```
T-TEST GROUPS = SEX (1,2)  SAMPLE (5)
  / VARIABLES = EINKOMEN ALTER
  / PAIRS     = ALTEINK NEUEINK
```

Auf jedem T-Test-Kommando können die Unterbefehle GROUPS,
VARIABLES und PAIRS nur einmal verwendet werden.

Ergänzend gibt es eine OPTIONS-Anweisung. Eine STATISTICS-
Anweisung gibt es hier jedoch nicht.

OPTIONS:

Fehlwerte (Voreinstellung):
Paarweiser Ausschluß, d.h. Fälle mit Fehlwerten bei je
einem Variablen-Paar bleiben unberücksichtigt. Dies führt
zu einer maximalen Nutzung der verfügbaren Daten, aber
auch dazu, daß die einzelnen Tests auf unterschiedlichen
Fallzahlen basieren.
1 Einschluß der vom Benutzer (nicht vom System !) definierten Fehlwerte bei der Berechnung der statistischen
   Testgrößen.
2 "Listenweiser" Ausschluß aller Fälle, die nicht bei
   allen, auf einer Liste genannten Variablen gültige
   Werte besitzen.
3 Unterdrückung der Variablen-Etiketten.
4 Beschränkung der Druckausgabe auf 8o Zeichen pro Zeile.
5 Spezielle Paarung der Variablen bei PAIRS. Bei Benutzung des Kennwortes WITH wird ein Test zwischen der
   ersten Variablen vor dem WITH und der ersten nach dem
   WITH durchgeführt, dann einer zwischen der zweiten
   vor und der zweiten nach dem WITH usw.

11.13 Mittelwertvergleiche zwischen vielen Gruppen: Einfaktorielle Varianzanalysen mit ONEWAY

Die Prozeduren T-Test und ONEWAY eignen sich vor allem zur Analyse einer intervallskalierten, abhängigen und einer nominalskalierten unabhängigen Variablen. Mit T-TEST können nur Mittelwerte von zwei Gruppen bzw. zwei Variablen-Paaren miteinander verglichen werden. ONEWAY ermöglicht dagegen Vergleiche zwischen vielen Gruppen, darunter auch "einfache" bzw. einfaktorielle Varianzanalysen. Letztere lassen sich zwar auch mit den Prozeduren ANOVA und MANOVA durchführen, doch stehen bei ONEWAY einige zusätzliche Tests zur Verfügung, die es bei ANOVA oder MANOVA nicht gibt. Dies sind:

-- (polynomische Trend-Tests über die Kategorien einer ordinalskalierten unabhängigen Variablen,
-- Tests auf a priori spezifizierte Mittelwertunterschiede (*"Kontraste"*) einzelner Kategorien oder Kategoriengruppen und
-- "aposteriorische" Mittelwertvergleiche (*"range tests"*).

Ergänzend dazu gibt es OPTIONS- und STATISTICS-Anweisungen. Außer Rohdaten können als Eingabedaten auch Kategorienhäufigkeiten, Mittelwerte und Standardabweichungen verwendet werden.

Beispiel 1:   einfache Varianzanalyse

        ONEWAY   EINKOMEN BY BILDUNG (1,6)

    Mit diesem Kommando testen wir, ob zwischen sechs Gruppen mit unterschiedlicher Schul- bzw. Berufsbildung signifikante Einkommensunterschiede bestehen.

Beispiel 2:   polynomische Trends

        ONEWAY   EINKOMEN BY BILDUNG (1,6)
              / POLYNOMIAL = 2

    Hier prüfen wir, ob die Einkommensunterschiede zwischen den sechs Ausbildungsgruppen quadratisch zunehmen.

Beispiel 3:   apriorische Kontraste

```
ONEWAY    EINKOMEN BY BILDUNG (1,6)
        / CONTRAST = -1 0 0 0 .5 .5
```

In diesem Fall untersuchen wir, ob die Einkommensunterschiede zwischen der ersten Ausbildungsgruppe und der
fünften und sechsten (zusammengenommen) statistisch
signifikant sind.

Beispiel 4:   aposteriorische "range"-Tests

```
ONEWAY    EINKOMEN BY BILDUNG (1,6)
        / SCHEFFE (.o1)
```

Hier werden die Durchschnittseinkommen der sechs Aus-
bildungsgruppen zuerst ihrer Größe nach angeordnet;
danach führt SPSS-X mehrfache Tests durch, um zu ermitteln, ab welcher Gruppe die Einkommensunterschiede bei
einer Fehlerwahrscheinlichkeit von o.o1 statistisch
signifikant sind.

Das allgemeine Format der ONEWAY-Anweisung ist wie
folgt:

```
ONEWAY   varliste  BY  varname  (min, max)
    [ / POLYNOMIAL =  n                                    ]
    [ / CONTRAST   =  koeff.liste                          ]
                      < LSD           >
                      < DUNCAN        >
                      < SNK           >   < .o5 >
    [ / RANGES      = < TUKEYB        >[( <alpha> ) ]]
                      < TUKEY         >
                      < LSDMOD        >
                      < SCHEFFE       >
                      < range werte   >

OPTIONS       ≠liste
STATISTICS    ≠liste
```


varliste BY varname (min,max):

   Angabe der Variablen wie üblich, auch mit dem Kennwort
   TO. Die Variable nach dem BY dient als Kriterium für
   die Aufteilung der Fälle in Untergruppen. Mit "(min,
   max)" werden die zu testenden Gruppen (maximal 5o) spezifiziert. Unbesetzte Kategorien werden ignoriert und
   Dezimalstellen (soweit vorhanden) gekappt.

/ POLYNOMIAL = n :

    Aufteilung der Quadratsummen zwischen den Gruppen in
lineare, quadratische, kubische usw. Trendkomponenten.
"n" bezeichnet das höchste, zu verwendende Polynom; "n"
muß ganzzahlig sein und kleiner als die Zahl der Gruppen;
"n" kann maximal den Wert 5 annehmen.
Pro ONEWAY-Kommando ist nur *ein* POLYNOMIAL-Unterbefehl
möglich.

/ CONTRAST = koeff.liste:

    Angabe eines Zahlenvektors zur Spezifikation der zu ver-
gleichenden Kategorien oder Kategorien-Gruppen, für die
t-Tests durchzuführen sind. Die Summe der Koeffizienten
soll Null ergeben.

    Zur Vereinfachung ist auch die Wiederholungsschreibweise
n * k zulässig wie in:

```
              / CONTRAST  = -1   3 * o    2 *.5
     statt:   / CONTRAST  = -1   o o o    .5 .5
```

    Pro ONEWAY-Kommando sind bis zu zehn CONTRAST-Unterbefeh-
le gestattet. Jeder darf aber nur einen Koeffizienten-
Vektor enthalten.

/ RANGES = test [(< .o5 > < alpha >)]:

    Dieses Unterkommando stellt eine ganze Reihe von Tests
für mehrfache Mittelwertvergleiche zur Verfügung.
Jedes ONEWAY-Kommando darf bis zu zehn RANGES-Unterbe-
fehle enthalten; sie müssen aber unmittelbar aufeinander
folgen, d.h. es dürfen keine POLYNOMIAL- oder CONTRAST-
Unterbefehle dazwischen sein.

```
LSD:         "least significant difference"
             Voreinstellung: alpha <= o.o5; jedes andere
             "alpha"zwischen o und 1 ist ebenfalls möglich.
DUNCAN:      "Duncan's multiple range test"
             Voreinstellung: alpha <= o.o5; außerdem zuläs-
             sig sind o.o1 und o.1 .
SNK:         "Student-Newman-Keuls"
             Voreinstellung: alpha <= o.o5; andere alpha-
             Werte sind unzulässig.
TUKEYB:      "Tukey's alternate procedure"
             Voreinstellung: alpha <= o.o5; andere alpha-
             Werte sind unzulässig.
TUKEY:       "honestly significant difference"
             Voreinstellung: alpha <= o.o5; andere alpha-
             Werte sind unzulässig.
```

LSDMOD: "modified LSD"
                  Voreinstellung: alpha <= o.o5;
                  auch die Angabe anderer "alpha"-Werte
                  zwischen o und 1 ist gestattet.
SCHEFFE: "Scheffe-Test"
                  Voreinstellung: alpha <= o.o5;
                  auch die Angabe anderer "alpha"-Werte zwi-
                  schen o und 1 ist gestattet.
range werte: Statt eines der o.a. Testverfahren können
                  auch spezielle Range-Werte eingegeben wer-
                  den (siehe UG: 27.7); in diesem Fall er-
                  übrigt sich die Angabe eines Signifikanz-
                  Niveaus.

<u>OPTIONS   #liste</u>:

<u>Fehlwerte</u> (Voreinstellung):
Paarweiser Ausschluß, d.h. Fälle mit Fehlwerten bei der
abhängigen oder unabhängigen Variablen bleiben unberücksichtigt.
Ausgeschlossen sind auch alle Fälle mit Werten außerhalb des durch "(min, max)" spezifizierten Wertbereichs.
Alternativ dazu gibt es die Optionen 1 und 2.

1   Einschluß der vom Benutzer definierten Fehlwerte.
2   Listenweiser Ausschluß aller Fälle mit einem oder
     mehr Fehlwerten bei den genannten Variablen.
3   Unterdrückt alle Variablen-Etiketten.
4   <u>Maschinenlesbare Ausgabe</u>: Ausgabe von Vektoren für
     die Häufigkeiten, Mittelwerte und Standardabweichun-
     gen der einzelnen Gruppen. Hierfür ist zusätzlich
     eine FILE HANDLE- und eine PROCEDURE OUTPUT-Anwei-
     sung erforderlich. Für Details siehe UG: 17.7-17.1o
     und 27.13 .
5   (Nicht existent).
6   Benutzung der ersten acht Zeichen der Werte-Etiketten
     der unabhängigen Variablen als Etikett für die ein-
     zelnen Gruppen.
7   <u>Maschinenlesbare Eingabe</u>: Eingabe von Vektoren für
     die Häufigkeiten, Mittelwerte und Standardabwei-
     chungen der einzelnen Gruppen. Die eingegebene Matrix
     entspricht der mit OPTION 4 erstellten Matrix. Für
     Details siehe UG: 17.7.-17.1o und 27.14.
8   <u>Maschinenlesbare Eingabe</u>: Eingabe von Vektoren für
     die Häufigkeiten, Mittelwerte und Standardabweichun-
     gen der einzelnen Gruppen sowie die Freiheitsgrade
     der gepoolten Varianz. Für Details siehe UG: 17.7.-
     17.1o und 27.14 .
9   (Nicht existent).
1o   <u>Harmonisches Mittel</u> aus den Fallzahlen der Untergrup-
     pen zur Bestimmung der Fallzahl für alle Gruppen für
     die aposteriori-Vergleiche.

<u>STATISTICS</u>   ‡liste:

1   <u>Univariate Maßzahlen</u> für die einzelnen Gruppen: arithmetisches Mittel, Standardabweichung, Standardfehler, Minimum, Maximum und 95-prozentiges Konfidenzintervall der abhängigen Variablen für jede Gruppe.
2   <u>"fixed effects- und random effects- model"</u>: Ausgabe der Standardabweichung, des Standardfehlers und des 95-prozentigen Konfidenzintervalls; für das "random effects"-Modell wird auch der Schätzwert der Varianz zwischen den Komponenten berechnet.
3   Drei Tests für die <u>Varianz-Homogenität</u>: Cochrans C, Bartlett-Box F und Hartleys F-max.

KAPITEL 12

ANWENDUNGSPROBLEME

Nur sehr selten befinden sich Sozialwissenschaftler in der
glücklichen Lage, daß ihnen vollständig aufbereitete Daten
"analysefertig" serviert werden, daß keine Qualitätskontrollen oder Korrekturen mehr notwendig und keine Indizes zu konstruieren sind. Nur wenn man in ein fast abgeschlossenes
Forschungsprojekt einsteigt, haben andere diese Kärrnerarbeit
vielleicht schon geleistet.

In der Regel muß der Forscher viele dieser Arbeiten selbst
erledigen, auch wenn eine Sekundär-Analyse geplant ist und
man z.B. Daten vom Zentralarchiv, Köln, untersuchen will.
Solche Dateien sind – wie der ALLBUS – zwar größtenteils be-
reinigt, dies heißt aber nicht, daß sie fehlerfrei sind. Praktisch muß sich der Forscher also vor jeder Datenanalyse durch
geeignete Kontrollen der Qualität seiner Daten versichern und
zumindest einige Indizes konstruieren.

Bei einigen Prozeduren kann man durch Angabe von "min"- und
"max"-Werten Fälle mit illegitimen Werten von der Analyse ausschließen; dies kann die Datenkontrolle und -säuberung aber
nicht ersetzen: erstens ist dieses Verfahren langfristig umständlich; zweitens entziehen sich viele Fehler dieser Art
von Kontrollen; drittens verzichtet man damit unnötig auf im
Prinzip verfügbare Daten. Die Korrektur von Fehlern ist technisch einfach; man muß sich nur die Mühe machen, nach ihnen
zu suchen.

Das Leistungsangebot von SPSS-X reicht für die Datenaufbereitung im großen und ganzen aus, auch wenn manche Lösungsmög-
lichkeiten vielleicht nicht besonders elegant sind. Welche
Arbeiten im einzelnen anfallen, ist natürlich von Studie zu

Studie verschieden. Deshalb beschränke ich mich im folgenden
auf einige typische Anwendungsprobleme. Ich hoffe aber, daß
die vorgestellten Lösungsansätze auch Anregungen für alternative Vorgehensweisen geben werden.

12.1 Fehlersuche und Fehlerkorrektur

Die Suche nach Fehlern und ihre Korrektur darf nicht erst beginnen, wenn die Daten im Computer gespeichert sind. Am
besten bemüht man sich von Anfang an, durch entsprechende Vorkehrungen bei
- der Entwicklung der Erhebungsinstrumente
  (z.B. durch Pretests)
- der Ausbildung der Interviewer, Beobachter oder
  Kodierer
- der Auswahl der Untersuchungseinheiten und nicht
  zuletzt bei
- der Feldarbeit (z.B. durch die Kontrolle des
  Rücklaufs

Fehler zu vermeiden (siehe Allerbeck und Hoag, 1985; Fiedler,
1978; Moser und Kalton, 1971; Karmasin und Karmasin, 1977).
Gleichwohl beginnen wir hier erst an dem Punkt, wo Daten in
maschinenlesbarer Form vorliegen.

Dies heißt nicht, daß alle Daten verfügbar sein müssen; im
Gegenteil: es genügen schon relativ wenige Fälle zur Entwicklung und Prüfung der Programme, die im Stadium der Datenaufbereitung zum Einsatz kommen sollen. Dies sollte man ausnüt-
zen. Zum einen läßt sich dadurch die für ein Projekt insgesamt benötigte Zeit verkürzen und damit das Risiko, daß der
Termin für den Abschlußbericht nicht eingehalten werden kann,
zum anderen kann man bei frühzeitig entdeckten Fehlern vielleicht noch korrektive Maßnahmen ergreifen. Schließlich ist
es auch organisatorisch günstiger, wenn die notwendigen Kontrollen und Korrekturen zeitlich gestreckt werden, damit die
Arbeitsbelastung gleichmäßiger verteilt ist.

12.1.1 Fall- und Kartennummern

Wenn die Daten auf Lochkarten übertragen wurden, empfiehlt
sich zunächst eine manuelle Prüfung, ob für jede Untersuchungseinheit ein vollständiger Kartensatz vorliegt und ob
die Reihenfolge der Karten stimmt. Dies ist ratsam, da Lochkarten relativ leicht durcheinander geraten, andererseits
aber auch leicht zu ordnen sind. Um ganz sicher zu sein, daß
keine Fehler übersehen wurden oder beim Einlesen der Lochkarten entstanden sind, sollte man später trotzdem ein kleines
Programm zur Kontrolle der Fall- und Kartennummern einsetzen.
Dies ist jedoch immer notwendig, wenn die Daten direkt eingegeben werden (z.B. über ein Bildschirmgerät).

Diese Prüfung ist äußerst wichtig. Denn wenn "Karten" bzw.
logische Sätze *("records")* vertauscht sind oder noch schlimmer: wenn auch nur eine einzige Karte fehlt oder versehentlich gedoppelt wurde, wird der Computer wahrscheinlich bei
sehr vielen Fällen statt der intendierten Variablen von einer
anderen Karte irgend etwas lesen, was sich "zufällig" dort
befindet. Es liegt auf der Hand, daß unter solchen Umständen
kaum sinnvolle Ergebnisse zu erzielen sind.

Aus diesem Grund ist es nicht notwendig, daß das zur Kontrolle der Fall- und Karten-Identifikationsnummern eingesetzte Prüfprogramm noch andere Variablen einliest. Wenn eine
Karte fehlt, gedoppelt oder vertauscht wurde, würde SPSS-X
nur viele Formatfehler entdecken, die gar keine sind und un-
nötige Warnungen ausdrucken. Die Formatprüfung erfolgt daher
besser in einem zweiten Schritt, wenn wir wissen, daß die
Karten vollständig und in der richtigen Reihenfolge sind.

Alle Karten sollten folglich Fall- und Karten-Identifikationsnummern haben. Ihre formale Richtigkeit läßt sich dann z.B.
wie folgt prüfen:

```
DATA LIST  FILE = NEUDATEI  RECORDS=3
    /1  IDKARTE1 5-1o KARTE1 12-13
    /2  IDKARTE2 5-1o KARTE2 12-13
    /3  IDKARTE1 5-1o KARTE3 12-13
SELECT IF  ( NOT(ANY  IDKARTE1, IDKARTE2, IDKARTE3)) OR
       (KARTE1 NE 1 OR KARTE2 NE 2 OR KARTE3 NE 3)1)
LIST
```

Werden keine Fälle ausgedruckt, stimmen die Fall-Identifika-
tionsnummern überein, der Kartensatz ist vollständig und in
der richtigen Reihenfolge.

Was aber, wenn nicht alle Identifikations- und Kartennummern
in Ordnung sind? Hier gibt es mehrere Korrekturmöglichkeiten:

1. Wenn sich die Daten auf Lochkarten befinden, nehmen wir
   die Korrekturen am besten direkt im Kartensatz vor,
   lesen die Daten erneut ein und speichern sie. Anschließend führen wir die gleiche Kontrolle noch einmal durch.

2. Wer mit interaktiver Datenverarbeitung vertraut ist und
   deshalb lieber an einem Bildschirm arbeitet, macht die
   Korrekturen am besten mit Hilfe eines "Editor"-Programms
   (vor allem, wenn man diesen Editor schon bei der Dateneingabe benutzt hat). Auf diese Weise werden die gespeicherten Daten "direkt" bzw. "interaktiv" korrigiert. Wie
   dies konkret abläuft, hängt von dem jeweiligen Rechner
   und den von ihm unterstützten Editorprogrammen ab; diese
   sind nicht Teil von SPSS-X, aber leicht zu erlernen.

3. Natürlich kann man zur Lösung solcher Probleme auch
   SPSS-X einsetzen, obwohl dies etwas umständlicher ist.
   Hierbei verwendet man am besten die Kommandos:

```
FILE TYPE = GROUPED

RECORD TYPE
```

   in Verbindung mit DATA LIST-Anweisungen. Damit lassen
   sich "komplexe", d.h. nicht-rechteckige[2] Datenstrukturen definieren, welche dem Umstand Rechnung tragen, daß

---

1) Ein äquivalenter Befehl lautet:
   SELECT IF (IDKARTE1 NE IDKARTE2 OR IDKARTE1 NE IDKARTE3)
        OR (KARTE1 NE 1 OR KARTE2 NE 2 OR KARTE3 NE 3)
2) Vgl. Kapitel 5 bzw. UG: 11.1-11.2 und 11.1o-11.2o.

die zu einem Fall gehörenden "Karten" beisammen,[1] sonst
aber ungeordnet sind (wobei manche fehlen und andere
mehrfach vorhanden sein können, ohne notwendigerweise
identisch zu sein).

In diesem Fall muß man alle Daten außer KARTENNR und
INTERVNR als alphanumerische *Spalten*-Variablen einlesen, damit SPSS bei der anschließend notwendigen Um-
formung der Datei in eine rechteckige Datenmatrix alle
Kodes überträgt und Format-Fehler nicht zu Fehlermeldungen führen und dazu, daß die Kodes beanstandeter
Fälle oder Variablen einfach eliminiert werden.

<u>Beispiel</u>:

```
FILE HANDLE   ODDDATA /...
FILE TYPE =   GROUPED   FILE    = ODDDATA
                        RECORD  = KARTENNR 6-8
                        CASE    = INTERVNR 1-5
RECORD TYPE 1
DATA LIST    VARo9 TO VAR8o      9-8o (A)
RECORD TYPE 2
DATA LIST    VAR89 TO VAT16o     9-8o (A)
RECORD TYPE 3
DATA LIST    VAR169 TO VAR24o    2o-79 (A)
END FILE TYPE
SAVE OUTFILE = SQREDATA
```

SPSS-X liest die jeweiligen Karten- und Interview-
Nummern ein (diese Variablen müssen sich <u>nicht</u> bei jeder "Karte" in den gleichen Spalten befin<u>den</u>) und erstellt ein "rechteckiges" Aktiv-File: Bei doppelten
Karten wird die jeweils letzte Karte in die Datei aufgenommen; für fehlende "records" wird, bildlich gesprochen, eine "Ersatzkarte" eingeschoben; sie enthält außer
den Identifikations-Nummern nur System-Fehlwerte für

---

1) Sollte nicht einmal dies gewährleistet sein, ist die entsprechende Anordnung durch SORT CASES (s. Abschnitt 8.1)
   herzustellen. Dabei ist allerdings zu beachten, daß bei
   Loch-Fehlern in der Interview-Nr. zusammengehörige Fälle
   auseinandergerissen und u.U. mit den Karten eines anderen
   Falles vermischt werden. Dies ist <u>ein</u> möglicher Grund für
   "gedoppelte" Karten: Deshalb haben wir oben zuerst eine
   Prüfung der "Konsistenz" der IDKARTEn vorgeschlagen; deshalb ist in jedem Fall sorgfältig zu prüfen, ob SPSS-X die
   richtigen Karten in das Datenfile aufnimmt.

die fehlenden Beobachtungen.1)

Zusätzlich werden bei doppelten oder fehlenden "Karten"
Warnungen ausgedruckt, so daß der Forscher leicht prü-
fen kann, ob SPSS-X die richtigen Karten in die Datei
aufgenommen hat. Wenn nicht, muß man in einem weiteren
Schritt die notwendigen Korrekturen vornehmen (z.B. mit
Hilfe von IF-Anweisungen).

Am Ende wird die Datei als Roh-Datenfile gespeichert,
damit man die Daten anschließend wieder in dem vom Kodebuch vorgesehenen Format lesen kann.

Auch wenn die Prüfung und Korrektur der Fall- und Kartennummern trivial anmutet; sie ist wichtig. Erst danach sind weitere Maßnahmen zur Säuberung der Daten überhaupt sinnvoll.

---

1) Fehlen ganze Fälle, kann man ihre Daten später mit dem
   Kommando ADD FILES an das Ende eines System-Files hängen;
   zusätzliche Variablen (für alle Untersuchungseinheiten)
   lassen sich mit der Anweisung MATCH FILES in die Datei integrieren (siehe UG: 15).

12.1.2 Format-Prüfung

Bei der Dateneingabe kommt es mitunter vor, daß die Daten um
eine Spalte nach rechts oder links "verrutschen", sei es, daß
der Kartenlocher nicht richtig funktioniert, daß versehentlich eine Frage zweimal (oder gar nicht) abgelocht oder eine
Leerspalte eingeschoben wird. Ein Fehler kann somit zu vielen
Folgefehlern führen; deshalb konzentriert man sich darauf als
nächstes. Normalerweise sollte eine Verschiebung ganzer Spal-
tenblöcke beim Prüflochen (siehe Abschnitt 3.3) entdeckt werden; Kodierfehler können dies jedoch leicht verhindern.

Es empfiehlt sich somit, den Datensatz nach Prüfung (und Korrektur) der Fall- und Kartennummern an Hand der Kartennummern
zu sortieren und auszudrucken, so daß zuerst alle Karten mit
der Nummer 1 aufgelistet werden, dann die mit der Nummer 2
usw. Dadurch springen Abweichungen vom Format sofort ins
Auge:

1. Wo Leerspalten vorgesehen sind, dürfen keine Zeichen
   stehen. Dies kann natürlich nur entdeckt werden, wenn
   man alle Leerfelder einliest, d.h. auf der DATA LIST-
   Karte definiert (z.B. als Hilfs-Variablen).

2. Wo Zeichen vorgesehen sind, dürfen keine Leerzeichen
   ("blanks") oder System-Fehlwerte (".") erscheinen.[1]

Hier geht es weniger darum, gewisse Spalten zu räumen oder
mit Kodes zu füllen: es geht vielmehr um die Frage, *ob ein
ganzer Datenblock verschoben ist*, was viele Fehler nach sich
ziehen kann. Dies wäre *eine* mögliche Erklärung für Leer- oder
Sonderzeichen in numerischen Datenfeldern. SPSS-X reagiert

---

1) Diese Umkehrung von 1. gilt nicht immer. Nach einem Filter
   müssen manche Personen bestimmte Fragen überspringen und
   folglich in den entsprechenden Spalten Leerzeichen oder
   System-Fehlwerte aufweisen. In solchen Fällen muß man mit
   Hilfe von Konsistenzprüfungen (vgl. Abschnitt 12.1.3) feststellen, ob Leerspalten bzw. System-Fehlwerte zulässig sind.

auf solche Ungereimtheiten zwar mit Warnungen und ersetzt
illegitime Zeichen mit dem System-Fehlwert; dies ist aber nur
eine Notlösung und entbindet den Forscher nicht von der
Pflicht, diesen Hinweisen nachzugehen und nach Möglichkeit
die richtigen Kodes einzusetzen.

Es genügt also nicht unbedingt, nur die gemeldeten Fehler zu
beseitigen; man muß zugleich prüfen, ob sich hier vielleicht
nur die Spitze des Eisbergs zeigt und die wirkliche Fehler-
ursache möglicherweise woanders liegt. Manche Fehler würde
man zwar auch bei der Suche nach "wilden" Lochungen entdecken,
alle aber kaum.

Die notwendigen Korrekturen können dann — nach Inspektion der
Original-Fragebögen — wieder mit Hilfe eines Editors oder
mit einzelnen IF-Kommandos gemacht werden.

12.1.3 "Wilde" Lochungen

Darunter versteht man im allgemeinen Lochungen, die im Kodebuch nicht definiert sind. Meist treten sie auf als numerische Werte außerhalb des gültigen Zahlenbereichs (dazu gehören in diesem Fall auch die vom Nutzer definierten Fehlwerte), manchmal aber auch als nicht-numerische Zeichen, wo
nur numerische Werte zulässig sind.[1] Verursacht werden sie
in der Regel durch Loch- bzw. Kodierfehler, die sich leicht
an Hand der Original-Erhebungsbögen korrigieren lassen.

Bei diskreten Merkmalen mit relativ wenigen Ausprägungen wird
man sich zuerst einfache Häufigkeitsverteilungen ausdrucken,
um festzustellen, ob solche "Ausreißer" überhaupt vorkommen.
Wenn ja, muß man mit Hilfe von SELECT IF-Anweisungen gezielt
nach ihnen fahnden. Dies ist zwar mühsam, aber unvermeidlich.
Für die in Abb. 3.1, 3.2, 3.3 abgebildeten Fragen könnte die
Suche nach "wilden" Lochungen[2] wie folgt aussehen:

Beispiel:

```
COUNT    ≠WILD = FRAUROL1 TO FRAUROL6 (o,5 THRU 7)
                 ARBLOS (3 THRU 8, SYSMIS)
                 PARTEI (11 THRU 96)
SELECT IF        ≠WILD GT O
LIST     ≠WILD   INTNR  FRAUROL1 TO FRAUROL6 ARBLOS PARTEI
```

Was fehlt, sind analoge Kontrollen für die berufliche Tätig-
keit oder Branchenzugehörigkeit von Betrieben. Diese sind sehr

---

1) Wenn man der hier vorgeschlagenen Vorgehensweise folgt,
   werden solche Fehler meist im Stadium der Format-Prüfung
   (vgl. Abschnitt 12.1.2) entdeckt.
2) In diesem Arbeitsschritt kann man auch nach zu Unrecht vorhandenen System-Fehlwerten suchen, indem man das Kennwort
   SYSMIS in die entsprechende Werteliste des COUNT-Befehls
   aufnimmt. Dies ist allerdings nur sinnvoll, wenn eine gewisse Chance besteht, System-Fehlwerte durch gültige Beobachtungswerte zu ersetzen. Andernfalls ist es leichter,
   System-Fehlwerte mit RECODE-Befehlen pauschal in die vom
   Forscher vorgesehenen Fehlwerte zu verwandeln.

aufwendig, weil hier viele legitime Wertbereiche existieren,
mit vielen unzulässigen Kodes dazwischen. Im Prinzip lassen
sich diese Variablen jedoch in gleicher Weise prüfen.

Das obige Beispiel zeigt zugleich, daß diese Prüfung mitunter
wenig ergiebig ist, wenn — wie z.B. bei den Fragen nach der
Dauer der Arbeitslosigkeit in den letzten 1o Jahren oder nach
der Zahl der Beschäftigten — alle Werte zumindest formal le-
gitim sind. Gleiches gilt auch,bis auf wenige Ausnahmen, für
alphanumerische Variablen.

In keinem Fall werden bei dieser Prüfung Loch- oder Kodierfehler entdeckt, die im legitimen Wertbereich liegen. Wenn
bei Parteipräferenz 4 statt 2 gelocht wurde, bleibt dies
meist unbemerkt.

Für die aufgelisteten Fälle bzw. Variablen sind anschließend
die richtigen Kodes zu ermitteln und mit Hilfe eines Editors
oder etwa folgender IF-Anweisungen in den Datensatz einzu-
fügen und als System-File zu speichern. Etwaige Hilfs-Variablen werden dabei automatisch gelöscht.

Beispiel:

```
        DO IF   (INTNR EQ 17)
        RECODE  FRAUROL2 (6=2) / PARTEI  (4=2)
        END IF
        DO IF   (INTNR EQ 32o)
        RECODE  ARBLOS (SYSMIS=1o)
             "
           "

        END IF
        SAVE OUTFILE
```

12.1.4 <u>Konsistenzprüfung</u>

Die bisherigen Datenkontrollen sind im Prinzip univariat, d.h.
einzelne Merkmale werden ohne Zuhilfenahme von Informationen
über andere Variablen geprüft. Damit sollte man es jedoch
nicht bewenden lassen. Je nach Fragebogen oder Datenquellen
sind zumindest einige der folgenden Prüfungen notwendig:

a. Es ist sicherzustellen, daß bei wichtigen <u>Filtern</u> die
   Befragten die richtigen "Module" beantwortet haben.
   Liegt z.B. der Stimmbezirk des Befragten in West-Berlin
   (siehe Abb.3.3), ist Frage 36b zu beantworten; Frage 36a
   muß einen Fehlwert haben. Ist jemand "verwitwet", dürften die Fragen für Verheiratete nicht beantwortet sein.

   Grund für solche inkonsistenten Antworten kann ein Fehler des Interviewers oder — bei schriftlichen Interviews — des Befragten sein. Normalerweise sollten diese
   schon während der Feldarbeit entdeckt und korrigiert
   werden. Wenn dies geschehen ist, können solche Diskrepanzen durch Kodier- oder Lochfehler zustandekommen.
   Deshalb sind zu ihrer Korrektur auch hier zunächst wieder die Original-Erhebungsinstrumente einzusehen.

b. Wurde aus mehreren Datensätzen (z.B. bei Panels, Interviews mehrerer Haushaltsmitglieder oder bei einer Verknüpfung von Interview- und Verwaltungsdaten) ein inte-
   griertes Datenfile erstellt,[1] sollten alle <u>mehrfach
   vorhandenen Variablen</u> (z.B. demographische) auf Konsistenz geprüft werden.

   Die Analyse "redundanter" Informationen und vor allem
   die u.U. notwendigen Korrekturen sind zwar zeitaufwen-
   dig, sie dienen jedoch nicht ausschließlich der Eliminierung von Fehlern; solche Analysen geben auch wert-
   volle Hinweise über die Qualität der unterschiedlichen
   Datenquellen bzw. die Einhaltung bestimmter Vorschrif-
   ten durch die Interviewer.[2] Deshalb sind solche Analysen selbst dann gerechtfertigt, wenn es nicht möglich
   sein sollte, die festgestellten Diskrepanzen eindeutig
   zu klären.

---

1) Dies kann mit Hilfe der Kommandos ADD FILES und MATCH
   FILES geschehen (siehe UG: 15).
2) Zwar werden demographische Variablen als besonders "hart",
   d.h. objektiv und relativ exakt meßbar angesehen, doch es
   zeigt sich immer wieder, daß auch sie erstaunlich fehler-
   anfällig sind (vgl. Allerbeck und Hoag, 1985).

Wenn keine vertretbare Entscheidungsregel gefunden wird und es unzweifelhaft ist, daß es sich um dieselbe Untersuchungseinheit handelt, bleibt nichts anderes übrig, als die widersprüchlichen Kodes durch Fehlwerte zu ersetzen. Auf jeden Fall sind Vorgehensweisen und Entscheidungen zu dokumentieren und zu begründen.

c. Eine dritte Aufgabe ist die Suche nach <u>logischen Widersprüchen</u>. In welchem Umfang dies möglich ist, hängt zunächst von der Art der erhobenen Daten ab. So müssen Zeitangaben konsistent sein: die zweite Heirat kann nicht vor der ersten erfolgen, die Scheidung nicht vor der Hochzeit. Bei Fragen zur Haushaltszusammensetzung kann die eigene Ehefrau nicht ledig sein, und wenn man mit ihr in einem Haushalt lebt, darf die Frage nach dem (eigenen) Familienstand nicht mit 2, 3, 4 oder 5 (vgl. Abb. 3.4) kodiert sein. Ist die Gattin arbeitslos, kann bzw. darf sie nicht zugleich Lohn- bzw. Gehaltsempfänger sein usw.

Lassen sich die Unstimmigkeiten nicht klären, sind bei den betroffenen Fällen wieder Fehlwerte einzusetzen. Wie dies im einzelnen erfolgen kann, wurde bereits in Abschnitt 12.1.3 illustriert.

12.1.5 <u>Plausibilitätsprüfung</u>

Schließlich kann man nach ungewöhnlichen Antworten oder Antwortmustern Ausschau halten. Dies setzt allerdings gewisse Kenntnisse über soziale oder sozialpsychologische Zusammenhänge voraus. Es geht hier nicht darum, ob zwei (oder mehrere) Aussagen im Prinzip gleichzeitig wahr sein *können*, sondern darum, ob sie es wirklich *sind*. Die Grenzen zwischen inkonsistenten und ungewöhnlichen Antworten oder Antwortmustern sind fließend. Betrachten wir die Angabe, daß in einem Haushalt keine Kinder leben und daß der Haushaltsvorstand Kindergeld bezieht. Ist dies inkonsistent bzw. unglaubwürdig oder ungewöhnlich (bzw. illegal), aber wahr? Gleiches gilt für die politische Selbst-Einschätzung als "links" und die Aussage zur "Sonntagsfrage", die NPD wählen zu wollen.

Sicherlich können solche Angaben wahre Sachverhalte widerspiegeln oder psychologisch "stimmig" bzw. wahltaktisch motiviert sein. Muß oder darf man deshalb solche Antworten fraglos hinnehmen? Wenn nicht, wie ist zu verfahren, wenn kein Loch- oder Kodierfehler vorliegt und Rückfragen bei der Auskunftsperson nicht mehr möglich sind?

Solche Plausibilitätsprüfungen führen bei Einstellungsfragen schnell in ein Dilemma: einerseits kann man nicht willkürlich Daten entfernen, nur weil sie nicht in das Denkmuster des Forschers passen; andererseits sind Meßfehler nach Möglichkeit zu beseitigen, da sie den Nachweis von Wirkungen erschweren. Man kann von keinem Menschen erwarten, daß er sich "hundertprozentig" konsistent verhält; schon gar nicht, wenn nicht alle Entscheidungsumstände bekannt sind. Andererseits sind an manchen Aussagen Zweifel durchaus angebracht; bestimmte "response errors" sind wohldokumentiert (siehe Moser und Kalton, 1971: 378-4o9) und immer wieder zu beobachten.

Wurde z.B. eine Einstellungsskala verwendet mit ausbalancierten bzw. gedrehten Items zur Neutralisierung von "Akquieszenz" (vgl. Bortz, 1984: 163), wird man zwangsläufig sowohl bei notorischen "Ja"- (oder "Nein"-) Sagern widersprüchliche Angaben finden. Immer wieder zeigt sich in schriftlichen Befragungen vor allem bei langen (und langweiligen) Fragebatterien im Matrix-Format, daß rein schematisch angekreuzt wird, daß z.B. immer derselbe Kode verwendet wird (z.B. eine 1, eine 2 oder eine andere Zahl) oder ein bestimmtes Antwortmuster (z.B. 1,2,3,4,5, 1,2,3,4,5 usw.) auftritt.

Dies sollte zwar schon im Feld entdeckt werden, damit, wenn schon keine Rückfragen mehr möglich sind, vielleicht noch Maßnahmen zur Vermeidung solcher Probleme ergriffen werden können. Andernfalls muß man eine andere Lösung finden. Wie bei Konsistenz-Prüfungen wird man zunächst versuchen, ungewöhnliche Antworten durch Inspektion der Erhebungsprotokolle zu "erklären"; wenn aber kein Loch- oder Kodierfehler vorliegt, bleibt nur noch die Möglichkeit, die übrigen Daten für die Bereinigung der mutmaßlichen Fehler heranzuziehen und auf dieser Grundlage zu entscheiden, ob fragwürdige Werte unverändert bleiben oder durch Fehl- bzw. Schätzwerte (siehe Abschnitt 12.3) zu ersetzen sind.

Die einfachste Möglichkeit ist, für jede Untersuchungseinheit die Gesamtzahl ungewöhnlicher oder unglaubwürdiger Antworten zu ermitteln. Dies kann relativ leicht mit Hilfe einer Zählvariablen erfolgen.

<u>Beispiel:</u>

```
IF   (LRSKALA EQ 1 AND PARTEI EQ 4)        DUBIOS=DUBIOS + 1
IF   ((FRAUROL3 LE 2 AND FRAUROL5 LE 2) OR
     (FRAUROL3 GT 3 AND FRAUROL5 GT 3)) DUBIOS=DUBIOS + 2
SELECT IF (DUBIOS GE 1)
LIST   ID  DUBIOS  LRSKALA  PARTEI  FRAUROL3 FRAUROL5
```

Eine solche Prüfliste läßt sich unschwer erweitern. Die einzelnen IF-Anweisungen können auch unterschiedlich streng formuliert werden: wir könnten z.B. auch die etwas weniger "linken" NPD-Sympathisanten markieren und in die Zählvariable aufnehmen.

Analoges haben wir bei den beiden FRAUROL-Items getan. Durch das zweite IF-Kommando werden ferner notorische Ja- oder Nein-Sager erfaßt; zwischen ihnen wird aber nicht unterschieden. Wenn der FRAUROL-Test besonders wichtig erscheint, kann man ihn — wie oben — durch die Addition von "2" statt "1" doppelt gewichten.

Taucht ein vom Nutzer definierter Fehlwert auf (z.B. "8"), gilt die entsprechende logische Relation als falsch, d.h. DUBIOS wird <u>nicht</u> um 1 erhöht (es sei denn, die andere Re- lation ist <u>wahr</u>), sondern behält den Wert, den diese Va- riable bis dahin hatte.

Die Erhebungsinstrumente der herausgeschriebenen Fälle können dann kontrolliert werden. Wenn keine Lochfehler vorliegen, kann man für dubiose Werte eine Toleranzgrenze festlegen und bei ihrer Überschreitung die beanstandeten Merkmalsaus- prägungen in einem zweiten Lauf durch <u>Fehlwerte ersetzen</u>, also z.B. wenn die Zählvariable gleich 2 oder größer ist. Bei "DUBIOS LE 1" bleiben die Rohwerte unverändert. Wie immer man sich entscheidet: die Vorgehensweise ist genau zu doku- mentieren.

"Response sets" lassen sich auch auf folgende Weise ermit- teln:

```
IF   (FRAUROL1 EQ FRAUROL2 AND FRAUROL1 EQ FRAUROL3 AND
      FRAUROL1 EQ FRAUROL4 AND FRAUROL1 EQ FRAUROL5 AND
      FRAUROL1 EQ FRAUROL6) DUBIOS = DUBIOS + 1
```

oder durch:

```
        COUNT      GLEICH1 = FRAUROL1 TO FRAUROL6 (1)
        COUNT      GLEICH2 = FRAUROL1 TO FRAUROL6 (2)
        COUNT      GLEICH3 = FRAUROL1 TO FRAUROL6 (3)
        COUNT      GLEICH4 = FRAUROL1 TO FRAUROL6 (4)
        COUNT      GLEICH5 = FRAUROL1 TO FRAUROL6 (5)
        COUNT      GLEICH6 = FRAUROL1 TO FRAUROL6 (6)
        SELECT IF (GLEICH1 GE 5 OR GLEICH2 GE 5 OR GLEICH3 GE 5
               OR GLEICH4 GE 5 OR GLEICH5 GE 5 OR GLEICH6 GE 5)
        LIST   ID  FRAUROL1 TO FRAUROL6
```

"Response sets" können etwas eleganter auch durch Berechnung der Standardabweichung für die zu einer Fragebatterie gehörenden Items aufgespürt werden.

Beispiel:

```
COMPUTE        FROLSD  = ( SD.4 (FRAUROL1 TO FRAUROL6) )
SELECT IF    (FROLSD LE o.5)
LIST           ID FROLSD  FRAUROL1 TO FRAUROL6
```

Ist die Standardabweichung (die hier nur bei vier oder mehr gültigen Werten berechnet wird) nahe Null, sind die entsprechenden Items möglicherweise ebenfalls nicht ernsthaft ausgefüllt worden.

Antwortmuster lassen sich in ähnlicher Manier feststellen.

Beispiel:

```
IF   ((A=B-1 AND A=C-2 AND A=D-3 AND A=E-4 AND A=F-5) OR
      (A=B+1 AND A=C+2 AND A=D+3 AND A=E+4 AND A=F+5) )
      MUSTER = MUSTER + 1
IF   ((U=V-1 AND U=W-2 AND U=X-3 AND U=Y-4 AND U=Z-5) OR
      (U=V+1 AND U=W+2 AND U=X+3 AND U=Y+4 AND U=Z+5) )
      MUSTER = MUSTER + 1
SELECT IF  (MUSTER EQ 2)
LIST    ID   MUSTER A TO F U TO Z
```

Aus der Tatsache, daß der Forscher entscheiden muß, ob er bestimmte Angaben in die Datenanalyse einbezieht oder nicht, folgt streng genommen noch nicht, daß fragwürdige Daten gelöscht oder geändert werden müssen. Es ist ebenfalls denkbar, durch:

```
COMPUTE   neuvar = altvar
```

neue Variablen zu erstellen und die Korrekturen an diesen durchzuführen. Dadurch erhöht sich zwar der Speicherplatzbedarf, doch kann man so jederzeit wieder auf die Originaldaten zurückgreifen. Für methodologische Untersuchungen sollte man sich diese Möglichkeit auf jeden Fall offenhalten.

Schließlich kann man Kontrollvariablen wie DUBIOS oder MUSTER auch als Variablen speichern. Dies ermöglicht es, bei der Analyse mit unterschiedlichen Qualitäts-Standards zu operieren und bestimmte Fälle von der Analyse auszuschließen, ohne bei den fraglichen Antworten überhaupt Änderungen vorzunehmen bzw. Fehlwerte einzusetzen. Am besten faßt man diese Kontrollvariablen noch zu einem allgemeinen Qualitäts-Index zusammen (siehe Abschnitt 12.2).

12.1.6   Nichtentdeckte Fehler

Diese bisher diskutierten Illustrations-Beispiele zeigen, daß die Möglichkeiten der Daten-Kontrolle äußerst vielfältig sind und daß sie andererseits erhebliche Ressourcen aufzehren können. Praktisch bedeutet dies, daß bezüglich Datenprüfung und -korrektur nicht alles im Prinzip Machbare getan werden kann oder muß. Zum einen sinkt der Grenznutzen dieser Verfahren, weil oft immer wieder die gleichen Problemfälle registriert werden; zum anderen ist damit vielen Fehlern nicht auf die Spur zu kommen, selbst wenn man keine Mühe und Kosten scheut.

Zumindest sind jedoch die zentralen Variablen einer Untersuchung zu kontrollieren, und zwar bevor man mit der Konstruktion von Indizes oder gar der Fein-Analyse beginnt.

Daß ein Datensatz nie ganz fehlerfrei ist, kompromittiert weder das einzelne Forschungsvorhaben noch die Sozialforschung im allgemeinen. Andernfalls dürfte man auch naturwissenschaftlichen Forschungsergebnissen keinen Glauben mehr schenken; auch diese Disziplinen messen nicht fehlerfrei. Entscheidender ist jedoch, daß viele Fehler als Ergebnis eines Zufallsprozesses erklärbar sind. Dies heißt, daß sie sich "langfristig" ausgleichen und deshalb bestimmte Ergebnisse weniger

stark verzerren, als der Laie denken mag. Die Situation ist
vergleichbar mit dem Stichprobenfehler bei einer Zufallsaus-
wahl.

Andererseits sind selbst Zufallsfehler nicht einfach mit Ach-
selzucken hinzunehmen: sie erzeugen "noise", d.h. auch diese
Störungen machen es schwerer, das "signal", also echte Unterschiede oder Beziehungen zu entdecken. Davon sind Punktschät-
zungen bzw. Mittelwerte aber vielleicht weniger betroffen als
Korrelationskoeffizienten (vgl. Walker und Lev, 1953: 299-3oo;
Bohrnstedt, 197o: 84-85.

Leider treten außer Zufallsfehlern oft zusätzlich systematische Fehler auf, die sich langfristig nicht ausgleichen. Die
Suche nach solchen Fehlern hat deshalb eindeutig Priorität,
obwohl mit der Eliminierung problematischer Fälle die Auswahl-
verzerrungen einer Stichprobe zunehmen können. Es bleibt nur
zu hoffen, daß diese weniger gravierend sind.

12.2 Die Konstruktion von Typologien, Indizes und Skalen

In diesem Abschnitt wenden wir uns der Frage zu, wie man
mehrere Einzelfragen zum Zweck der Datenreduktion zusammenfassen kann. Dabei konzentrieren wir uns im wesentlichen auf
die technischen Aspekte der Verwendung von SPSS-Kommandos[1],
ohne auf inhaltliche oder meßtheoretische Probleme, die verschiedenen Methoden zur Entwicklung und Prüfung von Skalen[2]
oder die Möglichkeit der Analyse von Modellen mit multiplen
Indikatoren oder latenten Variablen[3] einzugehen.

In den Sozialwissenschaften versteht man üblicherweise unter
einer *Typologie* eine "qualitative" Messung; Typologien haben
nominales Meßniveau. Der Gebrauch der Begriffe *Index* und *Skala*
ist weniger einheitlich. Meist werden sie synonym gebraucht;
manchmal soll der Begriff Skala jedoch nur einen *einzelnen Indikator* bezeichnen, Index dagegen eine Kombination *mehrerer
Indikatoren*; mitunter wird der Begriff Index für *Ordinal-*
"Skalen" und Skala für *Intervall-* bzw. *metrische* "Skalen" reserviert. In der Literatur finden sich aber auch noch andere
Bedeutungen für diese Begriffe.

In diesem Buch wurden die Begriffe Index und Skala bisher
synonym verwendet. In diesem Abschnitt weiche ich von dieser
terminologischen Praxis ab und verwende die Begriffe Typologie, Index und Skala als Bezeichnung für Meßinstrumente bzw.
Messungen auf nominalem, ordinalem bzw. metrischem Meßniveau,
und zwar unabhängig davon, auf wie vielen Einzelbeobachtungen
sie basieren.

---

1) Für eine systematische Darstellung der Möglichkeiten,
   Items zu kombinieren, siehe Galtung, 1967: 24o-3o8.
2) Siehe dazu u.a. Scheuch und Zehnpfennig, 1974; Bortz, 1984;
   Roth, 1984; Wegener, 1984.
3) Siehe dazu Sullivan 1982; Bentler, 198o; Saris und Stronk-
   horst, 1984.

12.2.1 Typologien

Im einfachsten Fall lassen sich Datenmodifikations-Befehle
wie RECODE, COMPUTE, IF oder COUNT zur Konstruktion von Typologien verwenden. Wir wollen dies am Beispiel der sechs Items
zur Rolle der Frau illustrieren und dichotomisieren deshalb
die Antworten in "progressiv" (1) und "konservativ" (o). Im
allgemeinden versucht man dabei, jede der sechs *Verteilungen*
in gleich große Gruppen aufzuteilen; *unwichtig* ist, ob sich
jede der so geschaffenen Größenklassen aus gleich vielen Antwortkategorien zusammensetzt.

Dazu müssen einige Items "gedreht" werden, weil bei ihnen ein
niedriger Kode einer "progressiven" Antwort entspricht und
bei anderen ein hoher. Insgesamt sind 2^6 bzw. 64 Antwortmuster ("Reaktions*typen*") denkbar. Anders ausgedrückt: diese
Nominal-"skala" — wir wollen sie FROLTYP nennen — hat 64 Merkmalsausprägungen. Diese darf man beliebig verschlüsseln; wir
wählen dafür sechsstellige Dualzahlen, wobei die erste Stelle
von links die Reaktion zu FRAUROL1 angibt, die zweite die zu
FRAUROL2 usw. Dies wird durch folgende SPSS-Kommandos erreicht:

```
RECODE     FRAUROL1, FRAUROL5   (1,2=1)  (3,4=o)
           / FRAUROL2 TO FRAUROL4, FRAUROL6 (1,2=o) (3,4=1)
COMPUTE    FROLTYP = FRAUROL1*1ooooo + FRAUROL2*1oooo +
       FRAUROL3*1ooo + FRAUROL4*1oo + FRAUROL5*1o + FRAUROL6
```

Entdeckt SPSS bei den Variablen FRAUROL1 bis FRAUROL6 in einer
Untersuchungseinheit auch nur einen Fehlwert, erhält die Variable FROLTYP bei diesem Fall den System-Fehlwert. Die Reaktionstypen sind im einzelnen:

Kodes	Reaktionstyp	
oooooo :	konservativ bei den Items 1,2,3,4,5,6	
oooool :	konservativ bei 1,2,3,4,5	progressiv bei 6
ooo1o :	konservativ bei 1,2,3,4,6	progressiv bei 5
ooo1oo :	konservativ bei 1,2,3,5,6	progressiv bei 4
oo1ooo :	konservativ bei 1,2,4,5,6	progressiv bei 3
o1oooo :	konservativ bei 1,3,4,5,6	progressiv bei 2
1ooooo :	konservativ bei 2,3,4,5,6	progressiv bei 1
oooo11 :	konservativ bei 1,2,3,4	progressiv bei 5,6
	usw.	
111111 :	progressiv bei den Items 1,2,3,4,5,6	

Die Anordnung dieser 64 Reaktionstypen ist "im Prinzip" willkürlich. Daran ändert sich auch nichts, wenn wir die sechsstelligen Dualzahlen durch Dezimalzahlen von 1 bis 64 oder durch andere Zeichen ersetzen.

Der Vorteil dieser Typenbildung ist, daß keine Annahmen über die Zulässigkeit bestimmter mathematischer Operationen notwendig sind. Dem steht als Nachteil gegenüber, daß die Dichotomisierung mit einem Informationsverlust verbunden ist, der nur vermieden wird, wenn man prinzipiell 4^6 oder 4o96 Reaktionstypen zu analysieren bereit ist.

Zum Glück werden nicht alle Reaktionstypen gleich häufig auftreten und manche vermutlich (oder hoffentlich) gar nicht (z.B. die "inkonsistenten" Typen). Dennoch werden wohl mehr Typen auftreten, als man praktisch analysieren kann.[1] Dies zwingt

1) Dabei ist einerseits dem Umstand Rechnung zu tragen, daß mit der Zunahme der Typen auch die relative Häufigkeit ihres Auftretens abnimmt und zum anderen, daß zumindest im vorliegenden Fall die sechs "Dimensionen" nicht als voneinander unabhängig anzusehen sind.

in der Regel zu weiteren Vereinfachungen.[1] Man wird also versuchen, die Vielzahl der vorhandenen Ausprägungen auf eine überschaubare Menge zu reduzieren.[2]

---

1) Sollte tatsächlich eine Konzentration auf einige, wenige Typen zu beobachten sein, liegt u.U. eine "Guttman-Skala" (vgl. Heidenreich, 1984: 442-447) vor; dies würde bedeuten, daß die Typologie unidimensional und somit als Ordinalskala interpretierbar ist.

2) Deshalb haben wir von vornherein darauf verzichtet, die Fehlwerte mit in die Typologie aufzunehmen, was im Prinzip möglich gewesen wäre. Die Zahl der denkbaren Reaktionstypen erhöht sich dann jedoch auf 729!

12.2.2 Indizes

Eine Möglichkeit dazu ist die Konstruktion eines Index. Wenn
die sechs Items dichotomisiert sind (oder bleiben) und als
gültige Indikatoren für gewisse Vorstellungen hinsichtlich
der sozial erwünschten Rolle von Ehefrauen und Müttern angesehen werden, können wir die Zahl der "progressiven" Antworten einfach addieren.[1] Wir erhalten dann statt 64 Reaktionstypen eine Ordinalskala mit nur sieben Ausprägungen. Diese
Variable, wir wollen sie FROLINDX nennen, kann aus FROLTYP
abgeleitet werden.

Beispiel:

```
COMPUTE    FROLINDX = FROLTYP
RECODE     FROLINDX (000001, 000010, 000100  ..... = 1)
                    (000011, 000101, 000110  ..... = 2)

                          usw.

           ................ = 5)  (111111 = 6)
```

Einfacher ist die Neuberechnung:

```
RECODE     FRAUROL1, FRAUROL5  (1,2=1) (3,4=0)
           / FRAUROL2 TO FRAUROL4, FRAUROL6 (1,2=0) (3,4=1)
COMPUTE    FROLINDX = SUM.6 (FRAUROL1 TO FRAUROL6)
```

Der so berechnete Index kann die Werte 0 bis 6 annehmen.
Der Wert 6 besagt inhaltlich, daß ein Befragter sechsmal
in der oberen Hälfte der Verteilung, bzw. unter den relativ "progressiven" Personen befand. Analog sind auch die
anderen Werte interpretierbar. Entdeckt SPSS-X bei den
Variablen FRAUROL1 bis FRAUROL6 in einer Untersuchungseinheit einen Fehlwert, erhält sie für die Variable FROLINDX
gleichfalls den System-Fehlwert.

---

1) Die ursprünglichen Merkmalsausprägungen der Variablen
   FRAUROL1 bis FRAUROL6 dürfen, so paradox dies erscheinen
   mag, nicht verwendet werden, *wenn man sie als "reine"
   Ordinalskala betrachtet*. In diesem Fall hat man es lediglich mit Rang-Anordnungen zu tun; ihre Addition ist meßtheoretisch nicht zulässig.

Auf keinen Fall sollte man den Parameter n hinter SUM
weglassen. Dieser bestimmt, wieviele gültige Werte zur
Ausführung der statistischen Funktion vorhanden sein müssen (vgl. Abschnitt 9.3.4). Ohne diese Angabe wird die
Funktion auch dann ausgeführt, wenn nur ein einziger gültiger Wert vorhanden ist. Die Zielvariable besteht dann
nur aus dem Wert dieser Variablen. Sie erhält einen System-
fehlwert nur, wenn alle Items Fehlwerte haben. Entsprechend
ist der Wert 4 bei vier gültigen Items anders zu interpretieren als bei sechs.

Die Konstruktion eines Index hat nicht nur den Vorteil, die
Zahl der Reaktionstypen zu reduzieren und somit die Analyse-
arbeit zu erleichtern, sie gestattet zugleich Untersuchungen,
die sonst praktisch undurchführbar wären.[1] Der Nachteil dieser Vorgehensweise ist jedoch, daß besonders bei vielen Items
bzw. bei schwierigen Fragen, die oft mit "weiß nicht" beantwortet werden, sehr viele Untersuchungseinheiten einen Fehlwert bekommen und damit für die meisten Analysen nicht mehr
zur Verfügung stehen.

Um die Zahl der Ausfälle und die dadurch u.U. auftretenden
Verzerrungen gering zu halten, können wir nun einzelne Fehl-
werte auf der Grundlage der übrigen Antworten schätzen. In-
haltliche Voraussetzung ist, daß die sechs Items äquivalente
Indikatoren für die sozial erwünschte Rolle von Ehefrauen und
Müttern sind. Unter dieser Annahme könnte man als Schätzwert
für fehlende Antworten den Durchschnitt[2] der beantworteten
Fragen zu Grunde legen.

---

1) Nun sind "kompakte" und verläßlichere Analysen durchführ-
   bar. Man erspart sich nicht nur viele Untersuchungen der
   Beziehungen zwischen einzelnen Items (die letztlich auch
   in eine zusammenfassende Interpretation einmünden müssen);
   die Ergebnisse sind zugleich stabiler und zuverlässiger
   (siehe Bohrnstedt, 1970 ; Galtung, 1967: 260).
2) Dies ist meßtheoretisch zulässig, weil wir es mit Dichotomien zu tun haben. Für andere Methoden der Schätzung von
   Fehlwerten siehe Abschnitt 12.3.

<u>Beispiel</u>:

```
RECODE     FRAUROL1, FRAUROL5 (1,2=1)  (3,4=0)
           / FRAUROL2 TO FRAUROL4, FRAUROL6 (1,2=0) (3,4=1)
COMPUTE    FROLINDX = RND (MEAN.4 (FRAUROL1 TO FRAUROL6)*6)
```

Nach der üblichen Umkodierung berechnen wir zunächst einen
Durchschnitt aus mindestens vier gültigen Werten; diesen
multiplizieren wir mit der Gesamtzahl der Items und runden
diese Summe ab oder auf.

Ideal ist auch dieses Verfahren nicht, da es noch immer mit
einem erheblichen Informationsverlust verbunden ist: vier Antwortvorgaben sind zur Bildung annähernd gleich stark besetzter
Dichotomien zwar nützlich, die insgesamt verfügbare Information geht in diesen Index jedoch nicht ein. Dieser Nachteil
ist umso gravierender, je mehr Antwortvorgaben zur Verfügung
stehen; bei weitgefächerten Ranganordnungen ist er kaum noch
zu verantworten.

Andere Möglichkeiten, mehrere ordinalskalierte Items zu einem
Index zu verknüpfen, führen zu den gleichen Schwierigkeiten,
wie die Versuche mit Hilfe eines "Medaillen-Spiegels" den Erfolg einzelner Länder z.B. bei olympischen Spielen zu messen.
Sicher ist ein Land mit insgesamt zwei Goldmedaillen erfolgreicher als ein Land mit nur einer (Gold-, Silber- oder Bron-
ce-)Medaille. Ist es aber auch erfolgreicher als ein Land mit
2 oder mehr Silber- und/oder Bronce-Medaillen? Hier kann man
sicher unterschiedlicher Meinung sein. Entsprechend problematisch gestaltet sich die Zusammenfassung der FRAUROL-Items,
wenn wir alle vier Merkmalsausprägungen benutzen wollen <u>und</u>
sie lediglich als Ranganordnung betrachten.

Unter solchen Umständen sind viele Forscher bereit, auch Rang-
anordnungen als Intervall-Skalen zu behandeln, obwohl man
diesen üblicherweise nur ordinales Skalen-Niveau attestiert.
Immerhin gestattet diese Annahme eine bessere Ausschöpfung
der verfügbaren Information. Die Aussagekraft dieser Ergebnisse (auch im Vergleich zu den Analysen mit Ordinal-Skalen)

mag von Situation zu Situation verschieden sein (s. O'Brien,
1983), sie kann die Vorgehensweise, ordinalskalierte Items
als Intervallskalen zu *interpretieren* jedoch rechtfertigen.
Auf welcher Seite dieser meßtheoretischen Kontroverse (vgl.
Allerbeck, 1978; Borgatta und Bohrnstedt, 1981) man auch
stehen mag: Verbotsschilder helfen keinesfalls weiter.

12.2.3 Skalen

Gehen wir also einmal davon aus, daß die vier Merkmalsausprägungen von FRAUROL1 bis FRAUROL6 intervallskaliert sind. Unter
dieser Annahme verändert sich unser Programm zur Zusammenfassung der Items FRAUROL1 bis FRAUROL6 wie folgt:

```
RECODE    FRAUROL1, FRAUROL5  (1=4)  (2=3)  (3=2)  (4=1)
COMPUTE   FROSKALA = SUM.6 (FRAUROL1 TO FRAUROL6)
```

Wollen wir bis zu zwei Fehlwerte auf der Grundlage der übrigen sechs Items schätzen, verwenden wir die Anweisungen:

```
RECODE    FRAUROL1, FRAUROL5 (1=4) (2=3) (3=2) (4=1)
COMPUTE   FROSKALA = RND (MEAN.4 (FRAUROL1 TO FRAUROL6)*6)
```

In den Sozialwissenschaften werden viele Einzel-Indikatoren
in dieser Weise zusammengefaßt: als einfache, additive Linearkombination.[1] Diese Vorgehensweise impliziert

- daß alle Indikatoren in gleicher Weise geeignet sind,
  ein bestimmtes Merkmal zu erfassen, und

- daß sie das gleiche Gewicht erhalten sollen.

---

1) Für eine ausführlichere Darstellung dieses Verfahrens siehe
   Galtung, 1967: 25o-274.

Die erste Annahme kann durch Voruntersuchungen und u.a. mit
Hilfe der Analyseprozedur RELIABILITY (siehe UG: 39) geprüft
werden. Die zweite basiert auf dem *Prinzip vom unzureichenden
Grunde:* wenn keine plausiblen Gründe für eine unterschiedliche Gewichtung der Items gegeben werden können, sind sie
gleich zu gewichten.

In der Praxis haben die in eine additive Linearkombination
eingehenden Items nicht immer den gleichen Wertebereich. Wenn
man sie trotzdem einfach addiert, erhalten Items mit mehr
Merkmalsausprägungen ein stärkeres Gewicht. Deshalb benötigt
man manchmal Gewichte, um alle Items *gleichgewichtig* in die
Gesamtskala aufzunehmen.

Betrachten wir zur Illustration ein einfaches Beispiel. Angenommen, wir wollen aus den Angaben über Einkommen, Ausbildung
und Berufsprestige eine Skala für sozio-ökonomischen Status
(SES) bilden. Die gruppierten Einkommensdaten haben ganzzahlige Werte von 1 bis 1o, für Bildung gibt es die Kategorien 1 bis 5 und bei Berufsprestige Werte von 1 bis 7.

   Addiert man diese Items z.B. mit dem Befehl:

```
COMPUTE  SES = SUM.3 (EINKOMEN, BILDUNG, BERPREST)
```

wird EINKOMEN – ceteris paribus – ein etwa doppelt so großes
Gewicht erhalten als BILDUNG; es ist, als hätte man eines von
zwei Items mit gleichem Wertbereich mit dem Faktor 2 multipliziert. SES könnte dann Werte zwischen 3 und 22 annehmen.

Streng genommen kommt es natürlich nicht auf die Zahl der im
Kodebuch vermerkten, theoretisch möglichen Werte an, sondern
auf die tatsächlich vorkommenden Werte bzw. auf ihre Verteilung. Es ist ohne Belang, wenn im Kodebuch oder Fragebogen
noch 5 weitere Bildungskategorien genannt sind, solange diese
Werte im Datensatz nicht vorkommen.

Eine Möglichkeit, diese Items so zu gewichten, daß sie mit
gleichem Gewicht in die Skala eingehen, ist, sie durch die
Zahl ihrer Kategorien zu dividieren.

Beispiel 1:

COMPUTE SES = SUM.3 (EINKOMEN/1o, BILDUNG/5, BERPREST/7)

Die möglichen Werte liegen dann zwischen (1/1o + 1/5 + 1/7)
= 31/7o bzw. o.44 und 3.oo`. Auch diese können, damit man
mit ganzen Zahlen arbeiten kann, z.B. durch:

COMPUTE SES = RND (SES * 1o)

weiter transformiert werden. In diesem Fall liegt der mögliche Wertebreich zwischen 4 und 3o.

Wollen wir Rundungsfehler ganz vermeiden und trotzdem mit
ganzen Zahlen arbeiten, können wir für die drei Items auch
einen gemeinsamen Nenner suchen und sie mit den Gewichten 7,
14 und 1o erweitern. Wir erhalten dann

Beispiel 2:

COMPUTE SES = SUM.3 (EINKOMEN*7, BILDUNG*14, BERPREST*1o)

Die möglichen Werte liegen dann zwischen 31 und 21o. Beide
Methoden führen jedoch noch nicht zu exakt gleichgroßen
Wertbereichen:

Variable	alter Wertbereich	Beispiel 1 Min.	Max.	Beispiel 2 Min.	Max.
EINKOMEN	1 - 1o	1/1o	1	7	7o
BILDUNG	1 - 5	1/5	1	14	7o
BERPREST	1 - 7	1/7	1	1o	7o

Diese Unterschiede wären noch größer, wenn die drei Items
nicht nur unterschiedliche Wertbereiche, sondern auch unterschiedliche Minima hätten. Wenn also BILDUNG Werte von 5 bis
9 hat und BERPREST Werte von 4 bis 1o, muß man durch Subtraktion mit einer entsprechenden Konstanten eine gemeinsame
Basis suchen. Am besten nimmt man die Basis Null und sucht

dann nach einer gemeinsamen Obergrenze wie in

Beispiel 3:

    COMPUTE SES = SUM.3 ((EINKOMEN-1)*4, (BILDUNG-5)*9,
                         (BERPREST-4)*6)

und erhalten:

		Beispiel 3	
VARIABLE	Wertbereich	Min.	Max.
EINKOMEN	1 - 1o	o	36
BILDUNG	5 - 9	o	36
BERPREST	4 - 1o	o	36

Diese Methode einer additiven Linearkombination ist interessant, wenn

   - die Zahl der Items nicht allzu groß ist,
   - die Merkmale nur relativ wenige, diskrete Kategorien
       aufweisen und
   - die Häufigkeitsverteilungen der Items in etwa gleich
       sind.

Ansonsten — und insbesondere bei kontinuierlichen Variablen — ist es einfacher, für die Items eine z-Transformation (z.B. mit Hilfe von CONDESCRIPTIVE, vgl. Abschnitt 11.2) vorzunehmen und diese Werte dann in einem zweiten Arbeitsschritt zu einer Skala zusammenzufassen.

Die Gewichtung von Items zu dem Zweck, ihnen in der Gesamtskala ein unterschiedliches Gewicht zu geben, geht analog vor sich. Das Problem ist nur, geeignete Gewichtungskriterien zu finden. Manchmal werden Gewichte willkürlich, manchmal auf der Grundlage theoretischer Überlegungen gewählt. Man kann Gewichte allerdings auch mit Hilfe statistischer Methoden gewinnen. Das dafür wohl am häufigsten eingesetzte Verfahren ist die Faktorenanalyse (siehe UG: 35). Mit ihr lassen sich sogenannte "factor scores" berechnen, die als Gewichte für die einzelnen Items verwendet werden.

Ist eine "Kriteriums-" bzw. abhängige Variable verfügbar, deren Werte man "vorhersagen" will, kann man auch die Regressionsanalyse (vgl. Abschnitt 11.9 oder UG: 33) oder die Diskriminanzanalyse (siehe UG: 34) einsetzen, um geeignete Gewichte für die einzelnen "Prädiktoren" zu ermitteln. Dies würde man z.B. tun, wenn man den Grad der "predictive validity" eines neuen Meßinstruments bestimmen möchte. Auf diese Techniken können wir im Rahmen dieser Einführung jedoch nicht näher eingehen.

12.2.4 Test-Läufe

Kein SPSS-Lauf darf schon deshalb für "fehlerfrei" gelten,weil
keine Syntax-Fehler oder Warnungen mehr angezeigt werden. Damit spielen wir nicht auf Fehler in den Daten an, sondern auf
Programmierfehler bzw. auf "logische Fehler" bei Datenmodifikations-Kommandos. Gravierende Syntax-Fehler führen in der
Regel dazu, daß das Programm "aussteigt"; wir erhalten dann
keine Ergebnisse bis der "Stein des Anstoßes" beseitigt ist.
Logische Fehler sind hinterhältiger, weil sie unentdeckt bleiben können und in der Regel systematische Verzerrungen her-
vorrufen.

Deshalb ist bei Datenmodifikations-Kommandos generell zu prüfen, ob die Anweisungen so ausgeführt wurden, wie es beabsichtigt war. Schon ein Tippfehler kann verheerende Folgen
haben. Was ist z.B. an den folgenden Kommandos zur Konstruktion der Variablen FROSKALA falsch bzw. problematisch?

Beispiel 1:

```
RECODE  FRAUROL2, FRAUROL5  (1=4) (2=3) (3=2) (4=1)
COMPUTE FROSKALA = SUM (FRAUROL1 TO FRAUROL6)
```

    Statt FRAUROL1 wurde FRAUROL2 gedreht, und hinter SUM
    fehlt der Parameter .n (siehe 12.2.2).

Um Datentransformationen zu testen, benötigt man natürlich
nicht den ganzen Datensatz; im Gegenteil: dies wäre ineffizient. Da man bei 3ooo Fällen ohnehin nicht durchgängig prüfen wird (oder muß), ob die obigen Kommandos bei jedem Fall
richtig ausgeführt werden, kann man

- Test-Daten zur Prüfung der einzelnen Transformationen
  konstruieren oder

- 5o-1oo echte Fälle durchsehen, welche die meisten Kode-
  Varianten enthalten dürften.

Das heißt, man kann (und soll) mit diesen Arbeiten — wie mit
der Datensäuberung — schon im Stadium der Datenerhebung beginnen, damit das Forschungsprojekt nicht unnötig in die Länge
gezogen wird. Auf diese Weise kann man sukzessiv Programme
entwickeln, welche zumindest einige der benötigten Indizes
oder Skalen in einem Zug erstellen und speichern.[1]

Die Test-Daten könnten für das obige Beispiel wie folgt aussehen:

```
          FRAUROL1 - FRAUROL6

      1   3   1   4   2   2      ( normale gültige Werte )
      2   4   3   1   2   4      ( normale gültige Werte )
      3   2   1   4   9   2      ( ein Fehlwert )
      4   1   9   2   3   3      ( ein Fehlwert )
      3   2   3   3       1      ( ein gültiger Wert und
                                   ein System-Fehlwert )
```

Wenn wir uns anschließend die Ergebnisse mit:

```
          LIST      FROSKALA FRAUROL1 TO FRAUROL6
```

ausdrucken lassen, müssen wir natürlich "im Kopf" haben, welche Rohwerte eingegeben wurden, denn die ausgedruckten Werte
für FRAUROL1 und FRAUROL5 wurden ja umkodiert. Ansonsten läßt
sich leicht nachrechnen, ob die Daten wie gewünscht transformiert und addiert wurden.

Dennoch ist dieses Verfahren nicht optimal, auch wenn man von
den obengenannten Programmierfehlern absieht. Meistens wird
man sich die eingegebenen Rohdaten nicht merken. Das bedeutet,
man muß sie nachschlagen und damit Zeitverlust. Wichtiger ist,
daß man die mit dem obigen Programm generierte Variable FRO-

____

1) Dies gilt natürlich nur für Indizes oder Skalen, die a priori konstruiert werden. Wenn zuvor detaillierte Voruntersu-
   suchungen notwendig sind, ist man auf eine mehr oder minder
   repräsentative Unter-Stichprobe angewiesen.

SKALA nicht einfach mit dem SAVE-Befehl in das System-File
integrieren sollte. Sonst würden in unserer Datei nämlich
auch FRAUROL1 und FRAUROL5 in ihrer veränderten Form gespeichert und unser Kodebuch müßte ebenfalls geändert werden.
Dies ist natürlich sehr umständlich; vergißt man dies, ist
die Grundlage für Fehler und Mißverständnisse gelegt.

Aus diesem Grund sollten die Programme zur Konstruktion von
Typologien, Indizes und Skalen etwas anders geschrieben werden, als wir es bisher getan haben, und zwar korrigiert und
mit Hilfs-Variablen.[1]

Beispiel:

```
NUMERIC    ≠FROL1 TO ≠FROL6
DO REPEAT  ≠FR = ≠FROL1 TO ≠FROL6
           FR =  FRAUROL1 TO FRAUROL6
COMPUTE    ≠FR =  FR
END REPEAT
RECODE     ≠FROL2 ≠FROL5 (1=4) (2=3) (3=2) (4=1)
COMPUTE    FROSKALA = SUM.6 (≠FROL1 TO ≠FROL6)
PRINT /    FROSKALA  ≠FROL1 TO ≠FROL6
                     FRAUROL1 TO FRAUROL6
EXECUTE
```

Wir kopieren FRAUROL1 bis FRAUROL6 und speichern sie unter
den Namen der Hilfs-Variablen ≠FROL1 bis ≠FROL6. Danach
werden ≠FROL2 und ≠FROL5 umkodiert und es wird die neue
Variable FROSKALA aus den Hilfs-Variablen berechnet.

Anschließend drucken wir die Werte aller Variablen aus.
Dies muß mit PRINT geschehen, da PRINT nicht als "Prozedur"
angesehen wird und deshalb – im Gegensatz zu LIST – auch
Hilfs-Variablen ausdrucken kann. Voraussetzung ist jedoch,
daß in dem gleichen Lauf eine "echte" Prozedur oder das
Kommando EXECUTE aufgerufen wird. Nun kann man auch beden-
kenlos ein SAVE eingeben.

---

1) Eine weitere Möglichkeit, konstruierte Variablen in die
   Datei aufzunehmen, liefert das Kommando MATCH FILES (vgl.
   UG: 15).

Dieses Verfahren ist zwar umständlicher, aber dafür sicherer.
Gerade wenn man unter Zeitdruck arbeitet, ist die Verlockung
groß, Abkürzungen zu nehmen und Sicherheitsvorkehrungen außer
acht zu lassen. Schließlich ist alles "offensichtlich" in
Ordnung, schließlich hat man "Routine". Dabei vergißt man, daß
die Folgen katastrophal sein können, wenn man solche Programmierfehler zu spät entdeckt und einen Großteil der Arbeit
noch einmal machen muß oder noch schlimmer, wenn man sie überhaupt nicht bemerkt und die Untersuchungsergebnisse und Inter-
pretationen falsch sind.

Gewarnt sei davor, solche Tests und Kontrollen als bloße
Rechenarbeit anzusehen. Dies zu tun liegt nahe, wenn man die
verschiedenen Items und Skalenwerte fein säuberlich nebenein-
ander ausgedruckt sieht. Man darf jedoch nie das Inhaltliche
aus dem Auge verlieren. Sonst würde man kaum bemerken, daß im
obigen Beispiel auf Grund eines Tippfehlers oder einer anderen Unachtsamkeit statt FRAUROL1, FRAUROL2 gedreht wurde.

Findet sich auch nur *eine* Diskrepanz, muß dieses Problem
untersucht und gelöst werden, denn das Programm berechnet in
diesem Fall den Index oder die Skala offensichtlich nicht so,
wie es beabsichtigt war. Das Programm ist anschließend zu
korrigieren und erneut zu testen.

Der letzte Schritt der Kontrolle besteht in der Analyse der
Verteilung der generierten Variablen. Damit wird sichergestellt, daß alle Werte im legitimen Bereich liegen.

Prinzipiell bleibt besonders bei komplexen Programmen auch
nach sorgfältigem Testen die Möglichkeit bestehen, daß nicht
alle Fehler ("bugs") entdeckt wurden. Immerhin müßte man mit
den beschriebenen Methoden zumindest groben Fehlern auf die
Spur kommen. Umsicht und Skepsis sind gleichwohl auch weiterhin angezeigt.

12.3 Die Behandlung fehlender Beobachtungswerte

Im Stadium der Datenanalyse bietet SPSS zwei Verfahren zur Behandlung von Fehlwerten an: den *paarweisen* und den *listenweisen* Ausschluß von Fällen mit Fehlwerten. Beide Methoden haben jedoch den Nachteil, daß sie zu systematischen Verzerrungen der Stichprobe führen oder solche verstärken können. Werden die Ausfälle auf diese Weise sehr hoch, ist möglicherweise die ganze Untersuchung gefährdet.

Um dies zu vermeiden, ist es oft ratsam, in der Phase der Datenaufbereitung den Versuch zu machen, Fehlwerte zu schätzen. Dazu gibt es verschiedene Verfahren. Welches sich dafür am besten eignet, hängt natürlich von den konkreten Umständen und den betroffenen Variablen ab. In keinem Fall ist jedoch auszuschließen, daß das gewählte Schätzverfahren Gegenstand der Kritik wird.

Eine Methode haben wir bereits im Abschnitt 12.2.2 im Zusammenhang mit der Konstruktion von Indizes und Skalen kennengelernt: die Schätzung von Fehlwerten auf der Grundlage der Antworten zu "vergleichbaren" Items. Praktisch nimmt man den Mittelwert der verfügbaren Items als Schätzwert für die Fehlwerte.

Beispiel:

```
IF  (ZEIT2 EQ 99) ZEIT2 = ( ZEIT1 + ZEIT3 ) / 2
```

Diese Interpolation erfolgt unter der Annahme, daß der fehlende Meßzeitpunkt ZEIT2 exakt zwischen den beiden Meßzeitpunkten ZEIT1 und ZEIT3 liegt. Wenn nicht, muß eine proportionale Aufteilung der jeweiligen Veränderungen erfolgen.

Liegt der fehlende Meßwert zeitlich *am Ende* einer Meßreihe, kann man eine lineare *Extrapolation* vornehmen.

<u>Beispiel:</u>

```
IF   (ZEIT3 EQ 99) ZEIT3 = ZEIT2 - ZEIT1 + ZEIT2
```

Auch hier unterstellen wir eine Äquidistanz der Meßzeitpunkte und eine lineare Veränderung des Untersuchungsmerk-
mals.

Prinzipiell können auch mehr als zwei Meßzeitpunkte für solche Schätzungen herangezogen werden. Dies ist besonders bei
großen saisonalen Schwankungen oder Zufallsabweichungen ratsam.

Die bisher genannten Methoden stützen sich ausschließlich auf
die Daten der *einzelnen* Untersuchungseinheiten. Wenn diese
aber keine Anhaltspunkte zur Schätzung von Fehlwerten bieten,
muß man einen anderen Weg einschlagen. Unter solchen Umständen können die Werte der übrigen Untersuchungseinheiten als
Schätzgrundlage dienen. Im einfachsten Fall ersetzt man die
Fehlwerte durch das arithmetische Mittel (oder eine andere
Maßzahl zur Kennzeichnung der Lage einer Verteilung) aller
Beobachtungswerte für dieses Merkmal in der Erwartung, daß
der wahre Wert einer Untersuchungseinheit in den meisten Fällen nicht sehr weit von diesem Wert liegen dürfte.

Dazu eignet sich die Prozedur AGGREGATE (siehe UG: 14); man
kann sich die geeigneten Maßzahlen aber auch durch FREQUEN-
CIES (vgl. Abschnitt 11.1) oder CONDESCRIPTIVE (vgl. Abschnitt
11.2.) ausdrucken lassen und den entsprechenden Wert in einem
zweiten Schritt eingeben, z.B. durch:

```
IF   (VARX EQ SYSMISS OR VARX EQ 999) VARX = 3.oo71
```

Dieses Verfahren läßt sich verfeinern, wenn die Variable, für
die Fehlwerte geschätzt werden, mit anderen Variablen korreliert ist. Wenn z.B. die Kinderzahl bei manchen Haushalten
fehlt, wird man zur Schätzung nicht den Durchschnitt aller
befragten Haushalte verwenden; man wird zumindest den Ehestand

des Haushaltsvorstandes berücksichtigen, sein oder ihr Alter, Geschlecht und andere relevante Merkmale. Konkret bedeutet dies, daß man z.B. mit BREAKDOWN (siehe Abschnitt 11.5) für verschiedene Untergruppen Mittelwerte berechnet und diese mit Hilfe von IF-Kommandos eingibt. Natürlich kann man auch dafür die Prozedur AGGREGATE verwenden.

Auf die gleiche Weise läßt sich auch Information aus statistischen Jahrbüchern in eine Datei einfügen, Information, die für alle befragten Haushalte fehlt: "strukturelle" Daten oder kommunale Merkmale wie Arbeitslosigkeit, Ausländeranteil, Wahlbeteiligung, pro-Kopf Einkommen, Selbstmordraten etc.

Von hier ist es nur noch ein Schritt zu "hot deck"-Schätzverfahren. Dabei wird für jeden Fall mit einem Fehlwert bei der Variablen X ein (hinsichtlich der Merkmale A, B, C etc.) "ähnlicher" Fall nach dem Zufallsprinzip ausgewählt; die Untersuchungseinheit mit einem Fehlwert für X erhält dann den entsprechenden Wert des ausgewählten Falles. Für weitere Verfahren zur Schätzung von Fehlwerten siehe Payne (1977), Kim und Curry (1977) und Chiu und Sedransk (1986).

Es ist unmittelbar einsichtig, daß das "Herumdoktern" im Datensatz nicht unproblematisch ist, weil die Grenze zwischen tatsächlichen Beobachtungen und "bloßen Mutmaßungen" verwischt wird und zudem bei einer Variablen verschiedene Schätzverfahren zum Einsatz kommen können. Bei zentralen Variablen und besonders bei sehr teuren Datensätzen oder solchen, die noch über viele Jahre hinweg benötigt werden (z.B. bei Zeitreihen), wird man sich zumindest die *Möglichkeit* erhalten wollen, methodologische Untersuchungen hinsichtlich der Wirkung verschiedener Schätzverfahren anzustellen.

Zu diesem Zweck kann man im Prinzip jeder Variablen eine zweite beiordnen, ein *status byte*, das für jede Untersuchungseinheit Information zur "Genese" der jeweiligen Merkmalsausprä-

gung dieser Variablen liefert, über das verwendete Schätzverfahren, die Glaubwürdigkeit der Information oder die bisher
unternommenen Verifizierungsversuche. Wir werden in Abschnitt
12.4 darauf noch ausführlicher zu sprechen kommen.

12.4 Die Dokumentation

In der Wissenschaft ist es generell notwendig, die Vorgehensweise zu dokumentieren und die getroffenen Entscheidungen zu
begründen. Die Verfügbarkeit des Computers hat in dieser Hinsicht die Anforderungen noch verschärft: zum einen kann man
nun im Stadium der Datenaufbereitung und -analyse viele Dinge
tun, die früher praktisch undurchführbar waren; zum anderen
kann man nun die Dokumentation dem Nutzen leichter zugänglich
machen, indem man sie in *maschinenlesbarer Form* speichert.

Unabhängig davon, ob man von all diesen Möglichkeiten Gebrauch
macht, müssen <u>zumindest</u> die folgenden Dinge erhalten bleiben,
und zwar "until five years after you are absolutely sure that
they have already been useless for ten years"(Simon,1969:313).

1. die Erhebungsunterlagen;

2. die Original-Erhebungsinstrumente;

3. die maschinenlesbaren Datenfiles — welche, hängt vom
   Stadium des Forschungsprojektes ab;

   - die Datei vor der letzten Datenmodifikation; wird
     eine neue Datei erstellt, darf die alte weder über-
     schrieben noch gelöscht werden;

   - die unmittelbar vorhergehenden Files;

   - noch ältere Dateien, jeweils vor bzw. nach kri-
     tischen Modifikationen;

   - die erste, maschinenlesbare Datei;

4. die für die Datenmodifikationen verwendeten Programme
   einschließlich der Ausführungsprotokolle.

Zu den <u>Erhebungsunterlagen</u> gehören alle Schriftstücke, die
sich mit der Planung und Durchführung der Datenerhebung be-
fassen (Pretests und Pretestergebnisse, Stichprobenziehung,
Ausfälle, das auf den neuesten Stand gebrachte Kodebuch, die
Anweisungen an Interviewer und Kodierer, Angaben über die in
dieser Phase durchgeführten Kontrollen sowie der Ergebnisse).

Es empfiehlt sich also, die jeweils getroffenen Entscheidungen laufend und <u>schriftlich</u> festzuhalten und damit nicht bis zum Abschluß des Projektes zu warten. Andernfalls besteht die Gefahr, daß manches vergessen wird oder — z.B. bei Personalwechsel — ganz verlorengeht.

Wie lange die <u>Original-Erhebungsinstrumente</u> aufzuheben sind, hängt davon ab, welche Informationen sie enthalten. Wurden die Daten "restlos" auf ein maschinenlesbares "Medium" übertragen, sind die Erhebungsinstrumente mindestens bis zum Abschluß der Datenbereinigung aufzuheben. Dies kann sehr lange sein, denn im Laufe eines Forschungsprojektes wird man immer wieder auf Fehler stoßen, die eine Inspektion der Original-Erhebungsinstrumente notwendig machen. In der Praxis hebt man die Instrumente so lange auf, wie es irgend geht. Wie lange, hängt u.a. ab von ihrem Gesamtvolumen, von der Konkurrenz um Speicherplatz, von ihrer Wichtigkeit oder von Auflagen des Datenschutzes. So müssen Deckblätter mit personenbezogenen Daten in der Regel viel früher beseitigt werden, als die Fragebogen.

Problematischer ist es, wenn die Original-Instrumente Daten enthalten, die noch nicht auf einen "maschinenlesbaren Datenträger" oder ein anderes "Medium" übertragen wurden. Oft handelt es sich um Antworten auf offene oder halb-offene Fragen, deren Kodierung zunächst zurückgestellt wurde. Hier muß entschieden werden, ob man diese Daten noch analysieren oder wenigstens der Nachwelt erhalten will oder nicht. Ersteres zwingt dazu, sie bis zu ihrer Kodierung auf Karteikarten "zwischenzulagern" oder diese "Texte" (mit Identifikations- und Fragenummern, aber sonst unbesehen) in den Computer einzugeben; letzteres zwingt zu dem Eingeständnis, daß für die Erhebung dieser Daten Ressourcen verschwendet wurden. Die "Endlagerung" der Daten im Computer (bzw. in maschinenlesbarer Form) ist zweifellos vorzuziehen, weil sie später ohne größeren Zusatzaufwand z.B. als Textvariablen ("long-strings") in ein SPSS-System-File integrierbar sind.

Die Kosten der Speicherung von <u>Dateien</u> in maschinenlesbarer
Form sind dagegen vergleichsweise gering, vor allem, wenn dafür Magnetbänder verwendet werden. Das heißt, daß man relativ
viele alte Versionen einer Datei ohne große Kosten speichern
kann und ihre Löschung keinen großen Nutzen bringt. Löscht
man alte Dateien unbedacht, kann der Schaden beträchtlich
sein: wenn sich irgendwann und unbemerkt ein gravierender
Fehler eingeschlichen hat, ist man u.U. gezwungen, einen Großteil der Datenkorrekturen noch einmal durchzuführen oder manche Indizes erneut zu berechnen. Deshalb sind *back-ups* unver-
zichtbar.

Die <u>Protokolle der Programmausführung</u> können zwar ebenfalls
gespeichert werden, in der Praxis hebt man aber meist nur die
Ausdrucke auf. Für Dokumentationszwecke sind primär die Pro-
tokolle der Programme interessant, welche zur Modifikation
der Daten eingesetzt wurden. Diese ergänzen das Kodebuch insofern, als daraus hervorgeht:

- welche Fälle und Variablen im Zuge der Datensäuberung
  verändert wurden und

- wie die im Kodebuch neu eingetragenen Variablen ermittelt bzw. berechnet wurden; gemeint sind damit:

  - Typologien, Indizes oder Skalen, die sich aus mehreren
    Einzel-Items zusammensetzen;

  - Gewichtungsvariablen;

  - Indikatoren für die Qualität der Daten einer Unter-
    suchungseinheit (siehe die Verwendung z.B. von DUBIOS
    oder MUSTER in Abschnitt 12.1.5);

  - Indikatoren über den Ursprung einzelner Beobachtungs-
    werte oder ihre Glaubwürdigkeit in der Form von Status
    Bytes.

<u>Status Bytes</u>. Damit bezeichnet man Variablen, die in die Datei
eingefügt werden, um für jede Untersuchungseinheit gewisse
Zusatz-Informationen über den jeweiligen Wert einer bestimmten
Variablen verfügbar zu machen. Diese Information kann, je nach

Bedarf, unterschiedlich verschlüsselt werden, z.B. mit folgenden Kodes:

    01   bisher unbeanstandete Information
    02   verdächtig oder unglaubwürdig
    03   inkonsistent mit anderer Information
    04   Angabe unleserlich
    05   der angegebene Wert erscheint fragwürdig,
            stimmt aber mit dem Wert im Erhebungs-
            instrument überein
    06   der angegebene Wert sollte an Hand des
            Erhebungs-Instrumentes verifiziert werden;
            es war jedoch nicht auffindbar
    07   Zusatz-Information befindet sich in einer
            separaten Datei (z.B. bei halb-offenen
            Fragen)
    08   Schätzung auf der Grundlage von Information
            desselben Falles
    09   Schätzung auf der Grundlage von Information
            der Stichprobe
    10   Schätzung auf der Grundlage externer Dateien
    11   Schätzung auf der Grundlage von ...
    12   anderer Fehlwert

                        usw.

Solche Variablen machen den Prozess der Datenaufbereitung
transparenter und verhindern, daß sich ein (Sekundär)-Forscher
erst durch einen großen Papierberg hindurcharbeiten muß (wo-
möglich noch an einem fernen Ort), um Aufschluß über das Zustandekommen bestimmter Werte zu erhalten.

Nicht jedes "Dokument" und nicht jeder Computer-Ausdruck ist
gut dokumentiert. Was für den Nutzer heute und morgen noch
reicht, weil der Zweck des Programms noch gut in Erinnerung
ist, stellt sich nach mehreren Wochen vielleicht als unzurei-
chend heraus und ist für Dritte noch schwieriger zu verstehen.

Dies ist unnötig, denn SPSS-X bietet viele Möglichkeiten, diesem Problem ohne große Umstände und Kosten abzuhelfen. Dazu
eignen sich vor allem die Befehle DOCUMENT und COMMENT, aber
auch /* ... */, VARIABLE LABELS, VALUE LABELS, FILE LABELS,
TITLE und SUBTITLE (siehe die Abschnitte 5.4, 5.5, 6.1, 6.2,
7.3 und 7.4). Sie sollten genutzt werden.

- Um Besonderheiten eines einzelnen Laufs festzuhalten, verwendet man COMMENT, /* ... */, TITLE und/oder SUBTILE:
  diese Information wird nur in dem jeweiligen, aktuellen
  Lauf ausgedruckt und nur, wenn die entsprechenden Kommandos
  eingegeben wurden. Diese Dokumentations-Variante hat den
  Zweck, das eingegebene Programm "lesbar" zu machen. Diese
  Information taucht lediglich im Vorspann bzw. in den ersten
  Zeilen jeder Druckseite auf, nicht aber in den durch statistische Prozeduren produzierten Aufstellungen, Tabellen
  oder Graphiken.

- Etiketten für einzelne Variablen werden überwiegend mit den
  Kommandos VARIABLE LABLES und VALUE LABELS eingegeben.
  Diese Information erscheint nicht nur im Programm-Vorspann,
  sondern auch in den durch statistische Prozeduren erzeugten Aufstellungen, Tabellen oder Graphiken. Sie kann auch
  – im Gegensatz zu den obengenannten Dokumentationsmöglichkeiten – mit Hilfe von SAVE im System-File gespeichert und
  bei jedem Aufruf dieser Variablen in späteren Läufen aktiviert werden; analog kann man das ganze Daten-File mit
  einem FILE LABEL-Kommando etikettieren.

  Damit sind wir in der Lage, das Lexikon eines System-Files
  zu einer allzeit verfügbaren Kurzversion des Kodebuchs auszubauen, welche nicht nur für den nützlich ist, der sie
  erstellt hat, sondern auch für diejenigen, die mit dieser
  Datei später ebenfalls arbeiten oder die Ausdrucke lesen
  und verstehen wollen.

- Zusätzlich bietet SPSS-X noch die Möglichkeit, mit dem
  DOCUMENT-Befehl allgemeine Information über die Daten in
  das System-File aufzunehmen. Diese Information kann später
  mit Hilfe von DISPLAY ausgedruckt werden. Insofern ist
  DOCUMENT eine wichtige Ergänzung der Kommandos VARIABLE
  LABELS und VALUE LABELS.

  Besonders ratsam ist die Einfügung einer zusammenfassenden
  Beschreibung der verwendeten Erhebungsverfahren (und
  -probleme), der Säuberungs- und Schätzmethoden sowie eine
  Anleitung zum richtigen Gebrauch der Datei. Spätere Benutzer müssen wissen, vor allem wenn sie die Ergebnisse
  des Primärforschers replizieren wollen, welche Filtervariablen (z.B. DUBIOS, MUSTER etc.) gegebenenfalls zu verwenden sind und ob bzw. wann eine Gewichtung vorgenommen
  werden muß.

Mit einer solchen Dokumentation sind wichtige Voraussetzungen
für effiziente und korrekte Datenanalysen erfüllt und jeder
Nutzer einer Datei ist in der Lage, die Leser seiner Forschungsberichte ebenfalls hinreichend über die untersuchten
Daten zu informieren. Er braucht zwar nicht auf alle Aspekte

der Datensäuberung einzugehen, zumindest muß er jedoch etwas über die Stichprobenziehung, die verwendeten Schätzverfahren und die operationalen Definitionen der theoretischen Konzepte sagen, d.h. über die konstruierten Typologien, Indizes oder Skalen.

12.5 Schlußbemerkung

Auch wenn fast jeder empirische Sozialforscher mit den in diesem Kapitel behandelten Anwendungsproblemen konfrontiert wird, so sind es doch nicht die einzigen. Je nach Datenlage wird der eine mehrere Files integrieren, komplexe Datenstrukturen, Matrizen oder alphanumerische Daten bearbeiten müssen; ein anderer muß seine Daten vielleicht von einem Rechenzentrum zu einem anderen transportieren und sich deshalb mit den jeweils verschiedenen Betriebssystemen bzw. Steuersprachen herumschlagen; ein dritter wird vielleicht zusätzlich mit anderen (oder eigenen) Programmen arbeiten wollen. Auf all dies ebenfalls einzugehen, würde den Rahmen dieses Buches sprengen, das sich bewußt als eine Einführung versteht und deshalb viele Dinge nicht behandelt hat, welche für die meisten Benutzer und vor allem für Anfänger kaum relevant sein dürften. Der weitere Weg zum "Profi" ist jedoch vorgezeichnet.

Andererseits sollten die in diesem Kapitel behandelten Anwendungsprobleme deutlich gemacht haben, daß der Einsatz von SPSS-X keineswegs nur technische Fragen aufwirft. Ein vernünftiger Umgang mit elektronischer Datenverarbeitung setzt voraus, daß der Nutzer sowohl die Gefahren und Probleme seiner Daten kennt als auch das Ziel. Er muß wissen, welche Beobachtungen für seine Forschungsfragen inhaltlich wichtig sind, wie sie zu erheben und am Ende zu analysieren sind, auch wenn diese Aspekte hier weitgehend ausgeklammert wurden. Das von SPSS-X und anderen Programm-Paketen zur Verfügung gestellte Instrumentarium hat nur den Status eines Hilfsmittels, welches die Forschungsarbeit (enorm) erleichtert und somit auch fördert, wenn man damit richtig umgehen kann.

LITERATUR

Allerbeck, Klaus, "Meßniveau und Analyseverfahren: das Problem
    'strittiger' Intervallskalen." Zeitschrift für Soziologie
    7, 1978: 199-214.

Allerbeck, Klaus und Wendy Hoag, Zur Methodik von Umfragen.
    Frankfurt: Goethe Universität, 1985.

Babbie, Earl, The Practice of Social Research. Belmont, Ca.:
    Wadsworth, 1979.

Backstrom, Charles H. und Gerald D. Hursh, Survey Research.
    Chicago: Northwestern University Press, 1963.

Belson, William A., The Design and Understanding of Survey
    Questions. Aldershot: Gower, 1981.

Benninghaus, Hans, Deskriptive Statistik. Stuttgart:
    B.G. Teubner, 1974.

Bentler, P. M., "Multivariate Analysis with Latent Variables:
    Causal Modelling", Annual Review of Sociology 31, 1980:
    419-448.

Böltken, F., Auswahlverfahren. Stuttgart: B.G.Teubner, 1976.

Bohrnstedt, George W., "Reliability and Validity Assessment in
    Attitude Measurement." in: G.F. Summers (Hg.), Attitude
    Measurement. Chicago: Rand McNally & Co., 1970: 80-99.

Bollen, Kenneth A. und Kenney H. Barb, "Pearson's r and
    Coarsely Categorized Measures," American Sociological
    Review 46. 1981: 232-239.

Bollinger, Günter, Alfred Herrmann und Volker Möntmann
    BMDP: Statistikprogramme für die Bio-, Human- und Sozial-
    wissenschaften. Stuttgart: Gustav Fischer Verlag, 1983.

Bonjean, Charles M., Richard J. Hill und Dale McLemore,
    Sociological Measurement. San Francisco: Chandler
    Publishing Co., 1967.

Bortz, Jürgen, Lehrbuch der Statistik. Berlin: Springer
    Verlag, 1979.

Bortz, Jürgen, Lehrbuch der empirischen Forschung. Berlin:
    Springer Verlag, 1984.

Bradbeer, Robin et al., Das Computerbuch. Stuttgart: Klett
    Verlag, 1983.

Chiu, H.Y und J. Sedransk, "A Bayesian Procedure for Imputing
    Missing Values in Sample Surveys."Journal of the American
    Statistical Association 81, 1986: 667-676.

Dreisow, Jörg, Informatik. München: Ehrenwirth Verlag, 1982.

Fiedler, Judith, Field Research: A Manual for Logistics and
    Management of Scientific Studies in Natural Settings.
    San Francisco: Jossey-Bass, 1978.

Galtung, Johan, Theory and Methods of Social Research. Oslo:
    Universittetsforlaget, 1967.

Haft, Fritjof, Klipp und Klar: 100x Computer. Mannheim:
    Bibliographisches Institut, 1979.

Hansen, Hans Robert, Wirtschaftsinformatik I. Stuttgart:
    Gustav Fischer Verlag, 1978.

Heidenreich, Klaus, "Entwicklung von Skalen", in: Roth, Erwin
    (Hg.), Sozialwissenschaftliche Methoden. München:
    R. Oldenbourg Verlag, 1984:417-449.

Henry, Frank, "Multivariate Analysis and Ordinal Data,"
    American Sociological Review 47. 1982: 299-307.

Kähler, Wolf-Michael, SPSS-X für Anfänger. Braunschweig:
    Vieweg & Sohn, 1986.

Karmasin, Fritz und Helene Karmasin, Einführung in die
    Methoden und Probleme der Umfrageforschung. Graz:
    Herrmann Böhlaus Nachf. GmbH, 1979.

Kim, Jae-On und James Curry, "The Treatment of Missing Data in
    Multivariate Analysis." in: D.F. Alwin (Hg.), Survey Design
    and Analysis. London: Sage Publications, 1978: 91-116.

Kreutz, Henrik und Stefan Titscher, "Die Konstruktion von
    Fragebögen", in J.v.Koolwijk und M.Wieken-Mayser (Hg.),
    Techniken der empirischen Sozialforschung, Bd.4.
    München: R. Oldenbourg Verlag, 1974: 24-82.

Kriz, Jürgen, Datenverarbeitung für Sozialwissenschaftler.
    Hamurg: Rohwohlt, 1975.

Küchler, Manfred, Multivariate Analyseverfahren. Stuttgart:
    B.G.Teubner, 1979.

Lamnek, Siegfried und Almut Krutwa, Grundriß der elektroni-
    schen Datenverarbeitung. München: Rathgeber Verlag, 1975.

Lansing, John B. und James N. Morgan, Economic Survey Methods.
    Ann Arbor: Institute for Social Research, 1971.

Leeson, Marjorie, Basic Concepts in Data Processing. Dubuque,
    Iowa: Wm.C.Brown, 1975.

Lepsius, Rainer M., Erwin K. Scheuch und Rolf Ziegler,
    Allgemeine Bevölkerungsumfrage der Sozialwissenschaften:
    Allbus 1980. Codebuch mit Methodenbericht und Vergleichs-
    daten. Köln: Zentralarchiv, 1982.

Lepsius, Rainer M., Erwin K. Scheuch und Rolf Ziegler,
    Allgemeine Bevölkerungsumfrage der Sozialwissenschaften:
    Allbus 1982. Codebuch mit Methodenbericht und Vergleichs-
    daten. Köln: Zentralarchiv, 1984.

Lisch, Ralf und Jürgen Kriz, Grundlagen und Modelle der
    Inhaltsanalyse. Hamburg: Rowohlt, 1978.

Moser, C.A. und G. Kalton, Survey Methods in Social
    Investigation. London: Heinemann Educational Books, 1971.

Noelle, Elisabeth, Umfragen in der Massengesellschaft.
    Hamburg: Rowohlt, 1963.

Norusis, Marija J., SPSS-X Introductory Guide. New York:
    McGraw-Hill, 1983.

Norusis, Marija J., SPSS-X Advanced Statistics Guide.
    New York: McGraw-Hill, 1985.

O'Brien, Robert M., "Rank Order Versus Category Measures of
    Continuous Variables," American Sociological Review 48.
    1983: 284-286.

Obermair, Gilbert, EDV Grundwissen für Führungskräfte.
    München: Wilhelm Heyne Verlag, 1975.

Payne, Clive, "The Preparation and Processing of Survey Data."
    in: C.A. O'Muircheartaigh und C. Payne (Hg.), Exploring
    Data Structures. New York: John Wiley, 1977: 41-61.

Porst, Rolf, Praxis der Umfrageforschung. Stuttgart: B.G.
    Teubner, 1985.

Rattenburg, Judith und Paula Pelletier, Data Processing in
    the Social Sciences with OSIRIS. Ann Arbor: Institute
    for Social Research, 1974.

Robinson, John P., Jerrold G. Rusk and Kendra B. Head,
    Measures of Political Attitudes. Ann Arbor: Institute of
    Social Research, 1973a.

Robinson, John P., Robert Athanasiou and Kendra B. Head,
  Measures of Occupational Attitudes and Occupational
  Characteristics. Ann Arbor: Institute of Social Research,
  1973b.

Robinson, John P., and Philip R. Shaver,
  Measures of Sociala-Psychological Attitudes. Ann Arbor:
  Institute of Social Research, 1973c.

Roth, Erwin (Hg.), Sozialwissenschaftliche Methoden.
  München: R. Oldenbourg Verlag, 1984.

Sahner, H., Schließende Statistik. Stuttgart: B.G.Teubner,
  1971.

Saris, Willem, und Henk Stronhorst, Causal Modelling in Non-
  experimental Research: An Introduction to the LISREL
  Approach. Amsterdam: Sociometric Research Foundation,
  1984.

Scheuch, Erwin K. und H. Zehnpfennig, "Skalierungsverfahren in
  der Sozialforschung". in: R. König (Hg.), Handbuch der
  empirischen Sozialforschung, Bd. 3a. Freiburg: Enke Verlag,
  1974: 97-203.

Schubö, Werner und Hans-Martin Uehlinger, SPSS-X: Handbuch
  der Programmversion 2. Stuttgart: Gustav Fischer Verlag,
  1984.

Schuman, Howard und Stanley Presser, Questions and Answers
  in Attitude Surveys: Experiments on Question Form,Wording
  and Context. New York: Academic Press, 1981.

Shaw, Marvin E. und Jack M. Wright, Scales for the Measurment
  of Attitudes. New York: McGraw-Hill, 1967.

Simon, Julian L., Basic Research Methods in Social Science.
  New York: Random House, 1967.

SPSS, Inc., SPSS-X: User's Guide. New York: McGraw-Hill, 1983.

Sudman, Howard und Norman M. Bradburn, Improving Interview
  Method and Questionnaire Design. Chicago: Aldine Publishing
  Co., 1979.

Sudman, Howard und Norman M. Bradburn, Asking Questions:
  A Practical Guide to Questionnaire Design. Chicago: Aldine
  Publishing Co., 1982.

Sullivan, John L., "Multiple Indicators: Some Criteria of
  Selection." in: H.M. Blalock (Hg.), Measurement in the
  Social Sciences: Theories and Strategies. London: McMillan:
  1974 :243-269.

TIME/LIFE, Grundlagen der Computertechnik. Amsterdam:
    Time/Life Bücher, 1986.

Urban, Dieter, Regressionstheorie und Regresssionstechnik.
    Stuttgart: B.G.Teubner, 1982.

Wallis, W. Allen und Harry V. Roberts, Methoden der Statistik.
    Hamburg: Rowohlt, 1969.

Walker, Helen M. und Joseph Lev, Statistical Inference.
    New York: Holt, Rinehart und Winston, 1953.

Wegener, Bernd, "Wer skaliert? Die Meßfehler-Testtheorie und
    die Frage nach dem Akteur." in: K.U. Mayer und P. Schmid
    (Hg.), Handbuch sozialwissenschaftlicher Skalen, Bd 1.
    Bonn: Informationszentrum Sozialwissenschaften, 1984:
    TE1-TE110.

Worsch, Peter, Kleines Lehrbuch der Datenverarbeitung.
    München: Verlag Moderne Industrie Wolfgang Drummer & Co.,
    1973

Yamane, Taro, Statistik, Bd.1+2. Frankfurt: Fischer Verlag,
    1976.

ZUMA (Hg.), Handbuch sozialwissenschaftlicher Skalen. Bonn:
    Informationszentrum Sozialwissenschaften, 1984.

KOMMANDO-INDEX

END CASE	---	(UG: 12.14-12.18)
END DATA	5.6	---
END FILE	---	(UG: 12.16-12.18)
END IF	9.4.1	---
END INPUT PROGRAM	---	(UG: 12.12-12.24)
END LOOP	9.5.6	(UG: 12.1-12.8)
END REPEAT	9.5.6	(UG: 6.39-6.41)
EXECUTE	9.2	---
EXPORT	---	UG: 16.11 - 16.19
FACTOR	---	(UG: 35)
FILE HANDLE	5.1	(Spezifikation)
FILE LABEL	7.3	(Spezifikation)
FILE TYPE	12.1.1	MIXED, GROUPED, NESTED
FINISH	4.0	---
FORMATS	9.5.7	(Spezifikation)
FREQUENCIES	11.1	VARIABLES FORMAT, MISSING, BARCHART, HISTOGRAM, HBAR, NTILES, PERCENTILES, STATISTICS
GET	7.2	FILE, KEEP, DROP, RENAME, MAP,
GET SCSS	---	(UG: 16.7-16.10)
GRAPHICS OUTPUT	---	(UG: 24.66)
IF	9.4	(Spezifikation)
IMPORT	---	(UG: 16.20 - 16.23)
INFO	4.4.1	OUTFILE, OVERVIEW, LOCAL, FACILITIES, PROCEDURES, ALL, SINCE, procedure name
INPUT MATRIX	---	(UG: 17.11)
INPUT PROGRAM	---	(UG 12.12-12.18)
LEAVE	9.5.4	(Spezifikation)

LINECHART	---	(UG: 24.42-24.64)
LIST	10.1	VARIABLES, CASES, FORMAT
LOGLINEAR	---	(UG: 29)
LOOP	9.5.6	(UG: 12.1-12.8)
MANOVA	---	(UG: 28)
MATCH FILES	---	(UG: 15.1-15.16)
MISSING VALUES	5.3	Spezifikation
MULT RESPONSE	11.3	GROUPS, VARIABLES, FREQUENCIES TABLES
N OF CASES	8.5	Spezifikation
NONPAR CORR	11.10	Spezifikation
NPAR TESTS	11.11	CHISQUARE, K-S, RUNS, BINOMIAL MCNEMAR, SIGN, WILCOXON, M-W, COCHRAN, FRIEDMAN, KENDALL, MEDIAN, W-W, MOSES, K-W
NUMBERED	6.3	---
NUMERIC	9.5.5	Spezifikation
ONEWAY	11.13	Spezifikation POLYNOMIAL, CONTRAST, RANGES
OPTIONS	11	Spezifikation
PARTIAL CORR	11.8	Spezifikation
PEARSON CORR	11.7	Spezifikation
PIECHART	---	(UG: 24.2-24.22)
PRINT	10.2	OUTFILE, RECORDS,TABLE,NOTABLE Spezifikation
PRINT EJECT	10.2.1	OUTFILE, RECORDS,TABLE,NOTABLE Spezifikation
PRINT FORMATS	9.5.7	Spezifikation
PRINT SPACE	10.2	(UG: 9.10)
PROCEDURE OUTPUT	---	(UG: 17.7-17.10)
RECODE	9.1	Spezifikation

REFORMAT	---	(UG: A.39)
REGRESSION	11.9	READ, WRITE, WIDTH, SELECT, MISSING, DESCRIPTIVE, VARIABLES,CRITERIA,STATISTICS, ORIGIN, NOORIGIN, DEPENDENT, FORWARD, BACKWARD, STEPWISE, ENTER, REMOVE, TEST, RESIDUALS CASEWISE, SCATTERPLOT, SAVE, PARTIALPLOT
RELIABILITY	---	(UG: 39)
REPEATING DATA	---	(UG: 11.31-11.40)
REPORT	---	(UG: 23)
REREAD	---	(UG: 12.19-12.20)
SAMPLE	8.4	Spezifikation
SAVE	7.1	OUTFILE, KEEP, DROP, RENAME, MAP, COMPRESSED, UNCOMPRESSED
SAVE SCSS	---	(UG: 16.2-16.6)
SCATTERGRAMM	11.6	Spezifikation
SELECT IF	8.3	Spezifikation
SET	6.4	BLANKS, CASE, COMPRESSION, FORMAT, LENGTH, WIDTH, PRINTBACK, MAXERRS, MAXWARNS, MAXLOOPS, SEED, UNDEFINED,
SHOW	6.4	wie für SET plus: N, WEIGHT, SYSMIS, $VARS, ALL
SORT CASES	8.1	Spezifikation
SPLIT FILE	8.2	Spezifikation
STATISTICS	11	Spezifikation
STRING	---	(UG: 7)
SUBTITLE	6.1	(Text)
SURVIVAL	---	(UG: 40)
T-TEST	11.12	GROUPS, VARIABLES, PAIRS
TEMPORARY	9.5.1	---
TITLE	6.1	(Text)

SACHREGISTER